线性代数

Linear Algebra

张玲　王烨　侯冬梅◇编

北京大学出版社
PEKING UNIVERSITY PRESS

黑龙江大学出版社
HEILONGJIANG UNIVERSITY PRESS

图书在版编目(CIP)数据

线性代数 / 张玲，王烨，侯冬梅编. -- 哈尔滨：黑龙江大学出版社；北京：北京大学出版社，2014.9(2016.8 重印)
ISBN 978 - 7 - 81129 - 753 - 9

Ⅰ. ①线… Ⅱ. ①张… ②王… ③侯… Ⅲ. ①线性代数 Ⅳ. ①O151.2

中国版本图书馆 CIP 数据核字(2014)第 115611 号

线性代数
XIANXING DAISHU
张 玲 王 烨 侯冬梅 编

责任编辑 陈 欣
出版发行 北京大学出版社 黑龙江大学出版社
地 址 北京市海淀区成府路 205 号 哈尔滨市南岗区学府路 74 号
印 刷 北京虎彩文化传播有限公司
开 本 720 × 1000 1/16
印 张 13
字 数 255 千
版 次 2014 年 9 月第 1 版
印 次 2016 年 8 月第 2 次印刷
书 号 ISBN 978 - 7 - 81129 - 753 - 9
定 价 24.00 元

内容简介

本书是由三所地方本科高校教师依据理工类、经管类本科线性代数课程教学基本要求编写而成的. 此次编写参照了近年来线性代数课程及教材建设的经验与成果, 对原来使用的线性代数教材进行了重新编写. 重新编写的基本思想是在满足教学基本要求的前提下, 适当地降低理论推导的要求, 增加运用理论解决问题的方法内容, 注重提高学生应用数学的能力. 对线性代数的知识进行了全面的审视与修改, 并按照由易到难, 由简到繁的思想安排了适合学生学习的例题和课后习题.

本书的内容分为矩阵、矩阵的行列式、向量空间与线性方程组、相似矩阵与二次型. 各章均配有一定数量的习题, 书末附有习题参考答案.

本书可作为高等院校理工类、经管类 (非数学类) 及相关专业的教材, 也可作为教师、学生和工程技术人员的参考书.

前言

线性代数是数学学科的一个分支，它的研究对象是向量、向量空间、线性变换和有限维的线性方程组．向量空间是现代数学的一个重要课题，因而线性代数被广泛地应用于抽象代数和泛函分析中，通过解析几何，线性代数得以被具体表示，线性代数的理论已被泛化为算子理论．由于科学研究中的非线性模型通常可以被近似为线性模型，因此线性代数被广泛地应用于自然科学和社会科学中．线性代数是理工类、经管类数学课程的重要内容．

编写本书的主要目的是为理工科本科生提供一本比较系统完整的线性代数教材．作者一方面汇总了国内外同类教材的主要优点，另一方面融合了众多教师长期讲授该门课程的经验体会，力求使本书思路清晰、推证简洁且可读性强，从而满足广大师生的教、学需求．

本书在每章节给出了相应例题与课后习题，并在书后给出相应的参考答案，帮助读者对所学的内容进行检验，培养读者独立思考、分析解决问题能力．全书的习题经过教学实践的不断积累与更新，其内容涵盖了全书主要讲授内容的基本概念、基本理论和基本方法，既有一般的基础习题，也有难度较大的提高题．书后除给出了习题的答案外，还给出部分习题的解答提示，其目的在于帮助读者尽快掌握本书所教授的内容．

本书的第 1 章内容由张玲编写，约 5.6 万字；第 2 章与第 4 章内容由王烨编写，约 10 万字；第 3 章内容及课后习题参考答案由侯冬梅编写，约 8.4 万字．

由于作者水平有限，同时编写时间也比较仓促，因此教材中难免存在不足之处，敬请广大读者批评与指正，以便进一步改善．

作　者

2014 年 6 月

目　录

第 1 章　矩阵

矩阵是一个重要的数学工具，它在工程技术、物理学、控制论及经济学等许多领域中有着广泛的应用，也是线性代数研究的主要对象之一．本章将介绍矩阵的概念及其运算，然后讨论矩阵初等变换和初等矩阵等相关知识．

1.1　矩阵的概念

1.1.1　矩阵的定义

在生产实践中经常会遇到各种各样的数表．例如，某企业有三种产品，需要运往四个销地，其调运方案如下表：

单位：吨

产量＼销地／产品	销地 1	销地 2	销地 3	销地 4	销地 5
产品 1	3	4	6	5	7
产品 2	1	1	3	2	5
产品 3	2	2	7	4	6

如果在上表中隐去产品、产量、销地，上述调运方案可简化成如下数表

$$\begin{pmatrix} 3 & 4 & 6 & 5 & 7 \\ 1 & 1 & 3 & 2 & 5 \\ 2 & 2 & 7 & 4 & 6 \end{pmatrix}. \tag{1.1.1}$$

又例如，对于线性方程组

$$\begin{cases} 3x_1+4x_2+6x_3+5x_4=7, \\ x_1+x_2+3x_3+2x_4=5, \\ 2x_1+2x_2+7x_3+4x_4=6, \end{cases}$$

我们隐去三个方程中的未知量 x_1，x_2，x_3，x_4 及 $=,+$，分离出未知量的系数及常数项，上述方程组也可简化成数表 (1.1.1)．

由上面的讨论可知，数表可以简化实际问题的表示方法，而同一个数表可以表示不同的实际问题．通常数表 (1.1.1) 中的横排称为行，竖排称为列，数表 (1.1.1) 称为 3 行 5 列矩阵．一般地，我们有如下定义．

定义 1.1.1 由 $m\times n$ 个元素 a_{ij} $(i=1,2,\cdots m;\ j=1,2,\cdots n)$ 排成的 m 行 n 列的元素表

$$\begin{pmatrix} a_{11} & a_{12} & \cdots & a_{1n} \\ a_{21} & a_{22} & \cdots & a_{2n} \\ \cdots & \cdots & \cdots & \cdots \\ a_{m1} & a_{m2} & \cdots & a_{mn} \end{pmatrix},$$

称为 m 行 n 列的矩阵，简称为 $m\times n$ (阶) 矩阵.

元素是实数的矩阵称为实矩阵，元素是复数的矩阵称为复矩阵. 本教材所涉及的矩阵，除特别说明外均指实矩阵. 通常用大写黑斜体英文字母 $\boldsymbol{A}$, $\boldsymbol{B}$, $\boldsymbol{C}$,$\cdots$ 表示矩阵，例如，定义 1.1.1 中的矩阵可记为 $\boldsymbol{A}$, 即

$$\boldsymbol{A}=\begin{pmatrix} a_{11} & a_{12} & \cdots & a_{1n} \\ a_{21} & a_{22} & \cdots & a_{2n} \\ \cdots & \cdots & \cdots & \cdots \\ a_{m1} & a_{m2} & \cdots & a_{mn} \end{pmatrix},$$

也简记为 $\boldsymbol{A}=(a_{ij})_{m\times n}$ 或 $\boldsymbol{A}=(a_{ij})$, $m\times n$ 矩阵 $\boldsymbol{A}$ 有时也记为 $\boldsymbol{A}_{m\times n}$. 此时， $\boldsymbol{A}$ 中第 i 行第 j 列元素 a_{ij} 称为矩阵 $\boldsymbol{A}$ 的位于 (i,j) 位置的元素， a_{ij} 的下标 i, j 分别称为 a_{ij} 的行标和列标.

1.1.2　几种特殊形式的矩阵

1. 行数与列数都等于 n 的矩阵 $\boldsymbol{A}$ 称为 n 阶矩阵或 n 阶方阵，即

$$\boldsymbol{A}=\begin{pmatrix} a_{11} & a_{12} & \cdots & a_{1n} \\ a_{21} & a_{22} & \cdots & a_{2n} \\ \cdots & \cdots & \cdots & \cdots \\ a_{n1} & a_{n2} & \cdots & a_{nn} \end{pmatrix}.$$

此时，称 $a_{11}, a_{22}, \cdots, a_{nn}$ 为主对角线元素，它们所在的对角线称为主对角线.

2. 主对角线以上的元素全为零的方阵 $\boldsymbol{A}$ 称为下三角矩阵，即

$$\boldsymbol{A}=\begin{pmatrix} a_{11} & 0 & \cdots & 0 \\ a_{21} & a_{22} & \cdots & 0 \\ \vdots & \vdots & \ddots & \vdots \\ a_{n1} & \cdots & \cdots & a_{nn} \end{pmatrix}.$$

主对角线以下的元素全为零的方阵 $\boldsymbol{B}$ 称为上三角矩阵，即

$$\boldsymbol{B}=\begin{pmatrix} b_{11} & b_{12} & \cdots & b_{1n} \\ 0 & b_{22} & \cdots & b_{2n} \\ \vdots & \vdots & \ddots & \vdots \\ 0 & 0 & \cdots & b_{nn} \end{pmatrix}$$

3. 主对角线以外的元素全为零的方阵 Λ 称为对角矩阵，即

$$\Lambda=\begin{pmatrix}\lambda_1 & 0 & \cdots & 0\\ 0 & \lambda_2 & \cdots & 0\\ \vdots & \vdots & \ddots & \vdots\\ 0 & 0 & \cdots & \lambda_n\end{pmatrix}.$$

也简记为 $\mathrm{diag}(\lambda_1,\lambda_2,\cdots,\lambda_n)$, 即

$$\Lambda=\mathrm{diag}(\lambda_1,\lambda_2,\cdots,\lambda_n).$$

当 $\lambda_1=\lambda_2=\cdots=\lambda_n=\lambda$ 时，称 $\mathrm{diag}(\underbrace{\lambda,\ \lambda,\cdots,\lambda}_{n})$ 为数量矩阵，即

$$\mathrm{diag}(\lambda,\ \lambda,\cdots,\lambda)=\begin{pmatrix}\lambda & 0 & \cdots & 0\\ 0 & \lambda & \cdots & 0\\ \vdots & \vdots & \ddots & \vdots\\ 0 & 0 & \cdots & \lambda\end{pmatrix}.$$

特别地，称 $\mathrm{diag}(\underbrace{1,\ 1,\cdots,1}_{n})$ 为单位矩阵，记为 $\boldsymbol{E}_n$ 或 $\boldsymbol{E}$, 即

$$\boldsymbol{E}=\begin{pmatrix}1 & 0 & \cdots & 0\\ 0 & 1 & \cdots & 0\\ \vdots & \vdots & \ddots & \vdots\\ 0 & 0 & \cdots & 1\end{pmatrix}.$$

4. $1\times n$ 矩阵 $\boldsymbol{A}$ 称为行矩阵， $m\times 1$ 的矩阵 $\boldsymbol{B}$ 称为列矩阵，即

$$\boldsymbol{A}=(a_1\ a_2\ \cdots\ a_n),\quad \boldsymbol{B}=\begin{pmatrix}b_1\\ b_2\\ \vdots\\ b_m\end{pmatrix}.$$

为了不致混淆，行矩阵 $\boldsymbol{A}$ 也记为 $\boldsymbol{A}=(a_1,a_2,\cdots,a_n)$. 特别地， 1 阶方阵，即 1×1 矩阵 (a_1) 也用数 a_1 表示，即 $(a_1)=a_1$.

5. 元素都是零的 $m\times n$ 矩阵称为零矩阵，记为 $\boldsymbol{O}_{m\times n}$. 通常在不致混淆的情况下，也简记为 $\boldsymbol{O}$.

例 1.1.1 对于一般情形的线性方程组

$$\begin{cases}a_{11}x_1+a_{12}x_2+\cdots+a_{1n}x_n=b_1,\\ a_{21}x_1+a_{22}x_2+\cdots+a_{2n}x_n=b_2,\\ \cdots\cdots\cdots\cdots\cdots\cdots\cdots\cdots\cdots\\ a_{m1}x_1+a_{m2}x_2+\cdots+a_{mn}x_n=b_m,\end{cases}$$

方程组的系数可表示为一个 $m\times n$ 矩阵 $\boldsymbol{A}$, 即

$$\boldsymbol{A}=\begin{pmatrix}a_{11}&a_{12}&\cdots&a_{1n}\\a_{21}&a_{22}&\cdots&a_{2n}\\\cdots&\cdots&\cdots&\cdots\\a_{m1}&a_{m2}&\cdots&a_{mn}\end{pmatrix},$$

称其为线性方程组的系数矩阵. 方程组中的未知量和常数项可表示为 $n\times 1$ 矩阵 $\boldsymbol{X}$ 和 $m\times 1$ 矩阵 $\boldsymbol{B}$, 即

$$\boldsymbol{X}=\begin{pmatrix}x_1\\x_2\\\vdots\\x_n\end{pmatrix},\quad \boldsymbol{B}=\begin{pmatrix}b_1\\b_2\\\vdots\\b_m\end{pmatrix}.$$

方程组的系数与常数项可表示为一个 $m\times(n+1)$ 矩阵, 即

$$\begin{pmatrix}a_{11}&a_{12}&\cdots&a_{1n}&b_1\\a_{21}&a_{22}&\cdots&a_{2n}&b_2\\\cdots&\cdots&\cdots&\cdots&\cdots\\a_{m1}&a_{m2}&\cdots&a_{mn}&b_m\end{pmatrix},$$

称为线性方程组的增广矩阵, 记为 $(\boldsymbol{A}\mid\boldsymbol{B})$.

习题 1.1

1.1.1 已知某公司有甲、乙、丙 3 个销售点, 销售 4 个产地 A 、 B 、 C 、 D 的纯净水. 甲销售点每天销售量 (单位: 桶) 分别为 890, 780, 350, 610, 乙销售点每天销售量分别为 140, 480, 750, 310, 丙销售点每天销售量分别为 590, 570, 450, 460, 试用矩阵表示该公司每天的销售量, 并计算出甲、乙、丙每天销售纯净水的总量.

1.1.2 写出方程组

$$\begin{cases}x_1+x_2+x_3=6,\\x_1-2x_2+x_3=0,\\2x_1+3x_2-x_3=5\end{cases}$$

的系数矩阵及常数项矩阵, 并求解.

1.2 矩阵的运算

矩阵的意义不仅在于将大量的数据清晰地排成一个数表, 而且由于对它定义了一些具有理论意义及实际意义的运算法则, 因此它成为进行理论研究及解决实际问题的有力工具.

1.2.1 矩阵的线性运算

定义 1.2.1 如果 $\boldsymbol{A}$ 与 $\boldsymbol{B}$ 都是 $m\times n$ 矩阵，则称 $\boldsymbol{A}$ 与 $\boldsymbol{B}$ 为同型矩阵. 如果同型矩阵 $\boldsymbol{A}=(a_{ij})_{m\times n}$ 与 $\boldsymbol{B}=(b_{ij})_{m\times n}$ 的对应元素都相等，即

$$a_{ij}=b_{ij}\quad(i=1,\ 2,\cdots,m;\ j=1,\ 2,\cdots,n),$$

则称 $\boldsymbol{A}$ 与 $\boldsymbol{B}$ 相等，记为 $\boldsymbol{A}=\boldsymbol{B}$.

定义 1.2.2 设 $\boldsymbol{A}=(a_{ij})_{m\times n}$，$\boldsymbol{B}=(b_{ij})_{m\times n}$，$\lambda$ 是一个数. 称矩阵 $(a_{ij}+b_{ij})_{m\times n}$ 为 $\boldsymbol{A}$ 与 $\boldsymbol{B}$ 的和，记为 $\boldsymbol{A}+\boldsymbol{B}$, 即

$$\boldsymbol{A}+\boldsymbol{B}=\begin{pmatrix} a_{11}+b_{11} & a_{12}+b_{12} & \cdots & a_{1n}+b_{1n} \\ a_{21}+b_{21} & a_{22}+b_{22} & \cdots & a_{2n}+b_{2n} \\ \cdots & \cdots & \cdots & \cdots \\ a_{m1}+b_{m1} & a_{m2}+b_{m2} & \cdots & a_{mn}+b_{mn} \end{pmatrix};$$

称 $(-a_{ij})_{m\times n}$ 为 $\boldsymbol{A}=(a_{ij})_{m\times n}$ 的负矩阵, 记为 $-\boldsymbol{A}$, 规定 $\boldsymbol{A}-\boldsymbol{B}$ 的意义为 $\boldsymbol{A}+(-\boldsymbol{B})$; 称 $(\lambda a_{ij})_{m\times n}$ 为数 λ 与 $\boldsymbol{A}$ 的乘积，记为 $\lambda\boldsymbol{A}$, 即

$$\lambda\boldsymbol{A}=\begin{pmatrix} \lambda a_{11} & \lambda a_{12} & \cdots & \lambda a_{1n} \\ \lambda a_{21} & \lambda a_{22} & \cdots & \lambda a_{2n} \\ \cdots & \cdots & \cdots & \cdots \\ \lambda a_{m1} & \lambda a_{m2} & \cdots & \lambda a_{mn} \end{pmatrix},$$

规定 $\boldsymbol{A}\lambda$ 与 $\lambda\boldsymbol{A}$ 相等.

由定义 1.2.2 可知，只有同型矩阵才可以相加. 矩阵的加法运算和数乘运算统称为线性运算，容易验证矩阵的线性运算满足下列运算规则：

(1) $\boldsymbol{A}+\boldsymbol{B}=\boldsymbol{B}+\boldsymbol{A}$; (2) $(\boldsymbol{A}+\boldsymbol{B})+\boldsymbol{C}=\boldsymbol{A}+(\boldsymbol{B}+\boldsymbol{C})$;

(3) $\boldsymbol{A}+\boldsymbol{O}=\boldsymbol{A}$; (4) $\boldsymbol{A}+(-\boldsymbol{A})=\boldsymbol{O}$;

(5) $(\lambda\mu)\boldsymbol{A}=\lambda(\mu\boldsymbol{A})$; (6) $\lambda(\boldsymbol{A}+\boldsymbol{B})=\lambda\boldsymbol{A}+\lambda\boldsymbol{B}$;

(7) $(\lambda+\mu)\boldsymbol{A}=\lambda\boldsymbol{A}+\mu\boldsymbol{A}$; (8) $1\boldsymbol{A}=\boldsymbol{A}$.

以上 (1)—(8) 是矩阵线性运算的基本运算规则，由定义 1.2.2 还可以验证：

(1) $\boldsymbol{A}+\boldsymbol{X}=\boldsymbol{B}\Longleftrightarrow$ ① $\boldsymbol{X}=\boldsymbol{B}-\boldsymbol{A}$;

(2) $\lambda\boldsymbol{A}=\boldsymbol{O}\Longleftrightarrow\lambda=0$ 或 $\boldsymbol{A}=\boldsymbol{O}$.

如果一个矩阵的 (i,j) 位置元素为 1, 其余位置是 0, 则称该矩阵为矩阵单位，通常用 $\boldsymbol{E}_{ij}$ 来表示，其行数和列数通常可由上下文得知，一个矩阵总可以用矩阵单位的线性运算来表示.

---

①符号 $\Longleftrightarrow$ 表示“当且仅当”或“充分必要条件”.

例如，矩阵 $\boldsymbol{A}=(a_{ij})_{m\times n}$ 可表示为

$$\boldsymbol{A}=\sum_{i=1}^{m}\sum_{j=1}^{n}a_{ij}\boldsymbol{E}_{ij}=\sum_{j=1}^{n}\sum_{i=1}^{m}a_{ij}\boldsymbol{E}_{ij}.$$

为了说明线性运算在实际问题中的意义，举例如下.

例 1.2.1 设某企业有三种产品 (单位为吨), 需两次运往四个销地，并且第一次调运方案可以表示为

$$\begin{array}{c} \\ \boldsymbol{A}= \end{array}\begin{array}{c} \text{销地 1}\quad\text{销地 2}\quad\text{销地 3}\quad\text{销地 4} \\ \begin{pmatrix}5&1&3&2\\0&7&1&6\\2&3&1&4\end{pmatrix} \end{array}\begin{array}{l} \\ \text{产品 1}\\ \text{产品 2}\\ \text{产品 3,}\end{array}$$

第二次调运方案可以表示为

$$\begin{array}{c} \\ \boldsymbol{B}= \end{array}\begin{array}{c} \text{销地 1}\quad\text{销地 2}\quad\text{销地 3}\quad\text{销地 4} \\ \begin{pmatrix}1&2&3&4\\2&1&3&0\\5&0&2&3\end{pmatrix} \end{array}\begin{array}{l} \\ \text{产品 1}\\ \text{产品 2}\\ \text{产品 3,}\end{array}$$

则两次运往各销地的产品总量为

$$\begin{array}{c} \\ \boldsymbol{A}+\boldsymbol{B}= \end{array}\begin{array}{c} \text{销地 1}\quad\text{销地 2}\quad\text{销地 3}\quad\text{销地 4} \\ \begin{pmatrix}6&3&6&6\\2&8&4&6\\7&3&3&7\end{pmatrix} \end{array}\begin{array}{l} \\ \text{产品 1}\\ \text{产品2}\\ \text{产品 3,}\end{array}$$

且第一次比第二次多运 (正值) 或少运 (负值) 三种产品的数量为

$$\begin{array}{c} \\ \boldsymbol{A}-\boldsymbol{B}= \end{array}\begin{array}{c} \text{销地 1}\quad\text{销地 2}\quad\text{销地 3}\quad\text{销地 4} \\ \begin{pmatrix}4&-1&0&-2\\-2&6&-2&6\\-3&3&-1&1\end{pmatrix} \end{array}\begin{array}{l} \\ \text{产品 1}\\ \text{产品 2}\\ \text{产品 3.}\end{array}$$

如果两次运往各销地的运费为 λ 元 / 吨，则两次运往各销地的总运费为

$$\begin{array}{c} \\ \lambda(\boldsymbol{A}+\boldsymbol{B})= \end{array}\begin{array}{c} \text{销地 1}\quad\text{销地 2}\quad\text{销地 3}\quad\text{销地 4} \\ \begin{pmatrix}6\lambda&3\lambda&6\lambda&6\lambda\\2\lambda&8\lambda&4\lambda&6\lambda\\7\lambda&3\lambda&3\lambda&7\lambda\end{pmatrix} \end{array}\begin{array}{l} \\ \text{产品 1}\\ \text{产品 2}\\ \text{产品 3.}\end{array}$$

例 1.2.2 问当 x, y 取何值时，有

$$x\begin{pmatrix}1&-1\\0&3\end{pmatrix}-y\begin{pmatrix}1&3\\0&-2\end{pmatrix}=\begin{pmatrix}3&5\\0&-1\end{pmatrix}.$$

解 由线性运算定义可知，所给矩阵等式可写为

$$\begin{pmatrix} x-y & -x-3y \\ 0 & 3x+2y \end{pmatrix} = \begin{pmatrix} 3 & 5 \\ 0 & -1 \end{pmatrix},$$

从而由矩阵相等定义可知， x, y 应满足方程组

$$\begin{cases} x-y=3, \\ -x-3y=5, \\ 3x+2y=-1, \end{cases}$$

解此方程组得 $x=1$, $y=-2$, 即当 $x=1$, $y=-2$ 时，所给矩阵等式成立.

1.2.2 矩阵的乘法运算

为了定义矩阵的乘法，我们来看下面的例子.

对于给定的一组变量 $x_1, x_2, \cdots, x_n$, 如果令

$$\begin{cases} y_1 = b_{11}x_1 + b_{12}x_2 + \cdots + b_{1n}x_n, \\ y_2 = b_{21}x_1 + b_{22}x_2 + \cdots + b_{2n}x_n, \\ \cdots\cdots\cdots\cdots\cdots\cdots\cdots\cdots\cdots \\ y_s = b_{s1}x_1 + b_{s2}x_2 + \cdots + b_{sn}x_n, \end{cases}$$

我们可以得到一组新的变量 $y_1, y_2, \cdots, y_s$. 如果再令

$$\begin{cases} z_1 = a_{11}y_1 + a_{12}y_2 + \cdots + a_{1s}y_s, \\ z_2 = a_{21}y_1 + a_{22}y_2 + \cdots + a_{2s}y_s, \\ \cdots\cdots\cdots\cdots\cdots\cdots\cdots\cdots\cdots \\ z_m = a_{m1}y_1 + a_{m2}y_2 + \cdots + a_{ms}y_s, \end{cases}$$

我们又可以得到一组新的变量 $z_1, z_2, \cdots, z_m$.

另一方面，将第 1 个方程组的 y_i, $(i=1,2,\cdots,s)$ 代入第 2 个方程组的 z_i, 得

$$\begin{aligned} z_i &= a_{i1}\sum_{j=1}^{n} b_{1j}x_j + a_{i2}\sum_{j=1}^{n} b_{2j}x_j + \cdots + a_{is}\sum_{j=1}^{n} b_{sj}x_j \\ &= \left(\sum_{k=1}^{s} a_{ik}b_{k1}\right)x_1 + \left(\sum_{k=1}^{s} a_{ik}b_{k2}\right)x_2 + \cdots + \left(\sum_{k=1}^{s} a_{ik}b_{kn}\right)x_n, \end{aligned}$$

从而可以直接从变量 $x_1, x_2, \cdots, x_n$ 得到变量 $z_1, z_2, \cdots, z_m$, 即

$$\begin{cases} z_1 = c_{11}x_1 + c_{12}x_2 + \cdots + c_{1n}x_n, \\ z_2 = c_{21}x_1 + c_{22}x_2 + \cdots + c_{2n}x_n, \\ \cdots\cdots\cdots\cdots\cdots\cdots\cdots\cdots\cdots \\ z_m = c_{m1}x_1 + c_{m2}x_2 + \cdots + c_{mn}x_n, \end{cases}$$

其中

$$c_{ij}=a_{i1}b_{1j}+a_{i2}b_{2j}+\cdots+a_{is}b_{sj},\quad i=1,2,\cdots,m;\ j=1,2,\cdots,n.$$

我们类似地定义矩阵的乘法.

定义 1.2.3 设 $\boldsymbol{A}=(a_{ij})_{m\times s}$，$\boldsymbol{B}=(b_{ij})_{s\times n}$，称矩阵 $\boldsymbol{C}=(c_{ij})_{m\times n}$ 为 $\boldsymbol{A}$ 与 $\boldsymbol{B}$ 的乘积，记为 $\boldsymbol{C}=\boldsymbol{AB}$，其中

$$c_{ij}=\sum_{k=1}^{s}a_{ik}b_{kj}=a_{i1}b_{1j}+a_{i2}b_{2j}+\cdots+a_{is}b_{sj},\quad 1\leqslant i\leqslant m,\ 1\leqslant j\leqslant n.$$

在定义 1.2.3 中，只有 $\boldsymbol{A}$ 的列数与 $\boldsymbol{B}$ 的行数相等时 $\boldsymbol{AB}$ 才有意义，且乘积 $\boldsymbol{AB}$ 的 (i,j) 位置元素恰好为 $\boldsymbol{A}$ 的第 i 行各元素与 $\boldsymbol{B}$ 的第 j 列对应元素乘积之和，矩阵 $\boldsymbol{AB}$ 的行数与列数是由 $\boldsymbol{A}$ 的行数与 $\boldsymbol{B}$ 的列数决定的.

如果记

$$\boldsymbol{X}=\begin{pmatrix}x_1\\ \vdots\\ x_n\end{pmatrix},\quad \boldsymbol{Y}=\begin{pmatrix}y_1\\ \vdots\\ y_s\end{pmatrix},\quad \boldsymbol{Z}=\begin{pmatrix}z_1\\ \vdots\\ z_m\end{pmatrix},$$

上面方程组的系数矩阵为 $\boldsymbol{B}=(b_{ij})$，$\boldsymbol{A}=(a_{ij})$，$\boldsymbol{C}=(c_{ij})$，则上述变换分别表示为

$$\boldsymbol{Y}=\boldsymbol{BX},\quad \boldsymbol{Z}=\boldsymbol{AY},\quad \boldsymbol{Z}=\boldsymbol{CX}=\boldsymbol{ABX}.$$

例 1.2.3 已知矩阵

$$\boldsymbol{A}=\begin{pmatrix}2&0&-2\\1&3&0\\5&-1&4\end{pmatrix},\quad \boldsymbol{B}=\begin{pmatrix}1&3\\2&0\\3&1\end{pmatrix},$$

求矩阵 $\boldsymbol{AB}$ 和 $\boldsymbol{BA}$.

解 由 $\boldsymbol{A}$ 是 3×3 矩阵，$\boldsymbol{B}$ 是 3×2 矩阵可知，$\boldsymbol{A}$ 的列数等于 $\boldsymbol{B}$ 的行数，从而由定义 1.2.3 可得

$$\begin{aligned}\boldsymbol{AB}&=\begin{pmatrix}2&0&-2\\1&3&0\\5&-1&4\end{pmatrix}\begin{pmatrix}1&3\\2&0\\3&1\end{pmatrix}\\&=\begin{pmatrix}2\times1+0\times2+(-2)\times3 & 2\times3+0\times0+(-2)\times1\\1\times1+3\times2+0\times3 & 1\times3+3\times0+0\times1\\5\times1+(-1)\times2+4\times3 & 5\times3+(-1)\times0+4\times1\end{pmatrix}\\&=\begin{pmatrix}-4&4\\7&3\\15&19\end{pmatrix}.\end{aligned}$$

由 $\boldsymbol{B}$ 的列数不等于 $\boldsymbol{A}$ 的行数可知，$\boldsymbol{BA}$ 无意义.

例 1.2.4 求矩阵 $\boldsymbol{AB}$、$\boldsymbol{BA}$、$\boldsymbol{AC}$, 其中

$$\boldsymbol{A}=\begin{pmatrix}1&1\\1&1\end{pmatrix},\quad \boldsymbol{B}=\begin{pmatrix}1&1\\-1&-1\end{pmatrix},\quad \boldsymbol{C}=\begin{pmatrix}-2&3\\2&-3\end{pmatrix}.$$

解 由矩阵乘积的定义，得

$$\boldsymbol{AB}=\begin{pmatrix}1&1\\1&1\end{pmatrix}\begin{pmatrix}1&1\\-1&-1\end{pmatrix}=\begin{pmatrix}0&0\\0&0\end{pmatrix};$$

$$\boldsymbol{BA}=\begin{pmatrix}1&1\\-1&-1\end{pmatrix}\begin{pmatrix}1&1\\1&1\end{pmatrix}=\begin{pmatrix}2&2\\-2&-2\end{pmatrix};$$

$$\boldsymbol{AC}=\begin{pmatrix}1&1\\1&1\end{pmatrix}\begin{pmatrix}-2&3\\2&-3\end{pmatrix}=\begin{pmatrix}0&0\\0&0\end{pmatrix}.$$

通过例 1.2.4 可以看出：

(1) 矩阵的乘法不满足交换律，即一般情况下 $\boldsymbol{AB}\neq\boldsymbol{BA}$. 因此，在做矩阵乘法运算时一定要注意乘积的顺序. 通常称 $\boldsymbol{AB}$ 为 $\boldsymbol{A}$ 左乘 $\boldsymbol{B}$, 称 $\boldsymbol{BA}$ 为 A 右乘 $\boldsymbol{B}$. 如果 $\boldsymbol{AB}=\boldsymbol{BA}$, 则称 $\boldsymbol{A}$ 与 $\boldsymbol{B}$ 是可交换矩阵.

(2) 矩阵的乘法不满足消去律, 即一般情况下, 由 $\boldsymbol{AB}=\boldsymbol{AC}$ 不能推出 $\boldsymbol{B}=\boldsymbol{C}$.

(3) 一般情况下，由 $\boldsymbol{AB}=\boldsymbol{O}$ 不能推出 $\boldsymbol{A}=\boldsymbol{O}$ 或 $\boldsymbol{B}=\boldsymbol{O}$.

虽然矩阵的乘法不满足交换律，但仍满足下列运算规律：

(1) $(\boldsymbol{AB})\boldsymbol{C}=\boldsymbol{A}(\boldsymbol{BC})$;

(2) $\boldsymbol{A}(\boldsymbol{B}+\boldsymbol{C})=\boldsymbol{AB}+\boldsymbol{AC}$, $(\boldsymbol{A}+\boldsymbol{B})\boldsymbol{C}=\boldsymbol{AC}+\boldsymbol{BC}$;

(3) $\lambda(\boldsymbol{AB})=(\lambda\boldsymbol{A})\boldsymbol{B}=\boldsymbol{A}(\lambda\boldsymbol{B})$;

(4) $\boldsymbol{E}_m\boldsymbol{A}_{m\times n}=\boldsymbol{A}_{m\times n}$, $\boldsymbol{A}_{m\times n}\boldsymbol{E}_n=\boldsymbol{A}_{m\times n}$.

上述的式 (4) 说明，单位矩阵在矩阵乘法运算中的作用，类似于数 1 在实数乘法中的作用.

例 1.2.5 设 $\boldsymbol{A}=\operatorname{diag}(a_1,a_2,\cdots,a_n)$, $\boldsymbol{B}=\operatorname{diag}(b_1,b_2,\cdots,b_n)$, 且 λ 是一个实数，求 $\boldsymbol{A}+\boldsymbol{B}$, $\lambda\boldsymbol{A}$, $\boldsymbol{AB}$.

解 因为 $\boldsymbol{A}$ 与 $\boldsymbol{B}$ 为同型对角矩阵，所以

$$\boldsymbol{A}+\boldsymbol{B}=\begin{pmatrix}a_1&0&\cdots&0\\0&a_2&\cdots&0\\\cdots&\cdots&\cdots&\cdots\\0&0&\cdots&a_n\end{pmatrix}+\begin{pmatrix}b_1&0&\cdots&0\\0&b_2&\cdots&0\\\cdots&\cdots&\cdots&\cdots\\0&0&\cdots&b_n\end{pmatrix}$$

$$=\begin{pmatrix}a_1+b_1&0&\cdots&0\\0&a_2+b_2&\cdots&0\\\cdots&\cdots&\cdots&\cdots\\0&0&\cdots&a_n+b_n\end{pmatrix}.$$

同理可得

$$\lambda \boldsymbol{A} = \mathrm{diag}(\lambda a_1, \lambda a_2, \cdots, \lambda a_n); \quad \boldsymbol{AB} = \mathrm{diag}(a_1 b_1, a_2 b_2, \cdots, a_n b_n).$$

由此例可看出，同阶对角矩阵经过矩阵的加法、数乘及矩阵乘法运算后，得到的矩阵仍为对角矩阵．类似地，同阶上 (下) 三角矩阵经过矩阵的加法、数乘及矩阵乘法运算后，得到的矩阵仍为上 (下) 三角矩阵．

由于矩阵乘法适合分配律，有限个方阵的连乘积可以不加括号，对于 n 阶方阵，我们可以定义 $\boldsymbol{A}^k$ 为 k 个 $\boldsymbol{A}$ 的连乘积，并规定 $\boldsymbol{A}^0 = \boldsymbol{E}$．

显然当 s, t 为非负整数时，有

$$\boldsymbol{A}^s \boldsymbol{A}^t = \boldsymbol{A}^{s+t}, \quad (\boldsymbol{A}^s)^t = \boldsymbol{A}^{st}.$$

对于给定的 m 次多项式

$$f(x) = a_m x^m + a_{m-1} x^{m-1} + \cdots + a_1 x + a_0 \quad (a_m \neq 0),$$

可以定义矩阵多项式，即对于 n 阶方阵 $\boldsymbol{A}$, 称

$$f(\boldsymbol{A}) = a_m \boldsymbol{A}^m + a_{m-1} \boldsymbol{A}^{m-1} + \cdots + a_1 \boldsymbol{A} + a_0 \boldsymbol{E}_n$$

为 $\boldsymbol{A}$ 的 m 次多项式．

例 1.2.6 设 k 为正整数，且 $\boldsymbol{A} = (a_i)_{1\times n}$，$\boldsymbol{B} = (b_j)_{n\times 1}$, 求 $(\boldsymbol{AB})^k$ 与 $(\boldsymbol{BA})^k$.

解 由矩阵乘积的定义可得

$$\boldsymbol{AB} = (a_1 \ a_2 \ \cdots \ a_n) \begin{pmatrix} b_1 \\ b_2 \\ \vdots \\ b_n \end{pmatrix} = (a_1 b_1 + a_2 b_2 + \cdots + a_n b_n)_{1\times 1},$$

$$\boldsymbol{BA} = \begin{pmatrix} b_1 a_1 & b_1 a_2 & \cdots & b_1 a_n \\ b_2 a_1 & b_2 a_2 & \cdots & b_2 a_n \\ \cdots & \cdots & \cdots & \cdots \\ b_n a_1 & b_n a_2 & \cdots & b_n a_n \end{pmatrix},$$

从而对于正整数 k, 有

$$(\boldsymbol{AB})^k = (a_1 b_1 + a_2 b_2 + \cdots + a_n b_n)_{1\times 1}^k = \left(\sum_{j=1}^{n} a_j b_j\right)^k,$$

并由

$$(\boldsymbol{BA})^k = \boldsymbol{B} \underbrace{(\boldsymbol{AB})(\boldsymbol{AB}) \cdots (\boldsymbol{AB})}_{k-1} \boldsymbol{A} = \boldsymbol{B}(\boldsymbol{AB})^{k-1} \boldsymbol{A} = (\boldsymbol{AB})^{k-1}(\boldsymbol{BA})$$

可得

$$(\boldsymbol{BA})^k = \left(\sum_{j=1}^{n} a_j b_j\right)^{k-1} \begin{pmatrix} b_1a_1 & b_1a_2 & \cdots & b_1a_n \\ b_2a_1 & b_2a_2 & \cdots & b_2a_n \\ \cdots & \cdots & \cdots & \cdots \\ b_na_1 & b_na_2 & \cdots & b_na_n \end{pmatrix}.$$

例 1.2.7 设 $f(x) = 2x^2 + 3x - 4$, 求 $f(\boldsymbol{A})$, 其中

$$\boldsymbol{A} = \begin{pmatrix} 1 & 2 \\ 2 & 1 \end{pmatrix}.$$

解 设 $\boldsymbol{E}$ 为 2 阶单位矩阵，则由矩阵多项式的定义可得

$$\begin{aligned} f(\boldsymbol{A}) &= 2\boldsymbol{A}^2 + 3\boldsymbol{A} - 4\boldsymbol{E} \\ &= 2\begin{pmatrix} 1 & 2 \\ 2 & 1 \end{pmatrix}^2 + 3\begin{pmatrix} 1 & 2 \\ 2 & 1 \end{pmatrix} - 4\begin{pmatrix} 1 & 0 \\ 0 & 1 \end{pmatrix} \\ &= \begin{pmatrix} 10 & 8 \\ 8 & 10 \end{pmatrix} + \begin{pmatrix} 3 & 6 \\ 6 & 3 \end{pmatrix} - \begin{pmatrix} 4 & 0 \\ 0 & 4 \end{pmatrix} = \begin{pmatrix} 9 & 14 \\ 14 & 9 \end{pmatrix}. \end{aligned}$$

1.2.3 矩阵的转置

前面我们讨论了矩阵的线性运算和矩阵的乘法运算，下面给出转置矩阵的定义，它也可以称为矩阵的转置运算.

定义 1.2.4 对于给定的矩阵 $\boldsymbol{A} = (a_{ij})_{m\times n}$ 与 $\boldsymbol{B} = (b_{ij})_{n\times m}$, 如果

$$a_{ij} = b_{ji}, \quad i = 1, 2, \cdots, m;\ j = 1, 2, \cdots, n,$$

则称 $\boldsymbol{B}$ 为 $\boldsymbol{A}$ 的转置矩阵，记为 $\boldsymbol{A}^{\mathrm{T}}$, 即

$$\boldsymbol{A}^{\mathrm{T}} = \begin{pmatrix} a_{11} & a_{12} & \cdots & a_{1n} \\ a_{21} & a_{22} & \cdots & a_{2n} \\ \cdots & \cdots & \cdots & \cdots \\ a_{m1} & a_{m2} & \cdots & a_{mn} \end{pmatrix}^{\mathrm{T}} = \begin{pmatrix} a_{11} & a_{21} & \cdots & a_{m1} \\ a_{12} & a_{22} & \cdots & a_{m2} \\ \cdots & \cdots & \cdots & \cdots \\ a_{1n} & a_{2n} & \cdots & a_{mn} \end{pmatrix}.$$

由定义 1.2.4 可知， $\boldsymbol{A}^{\mathrm{T}}$ 是将矩阵 $\boldsymbol{A}$ 的各行依次变为各列所得到的矩阵，即矩阵 $\boldsymbol{A}$ 位于 (i,j) 位置的元素恰好是 $\boldsymbol{A}^{\mathrm{T}}$ 位于 (j,i) 位置的元素．特别地，对任意 n 阶方阵 $\boldsymbol{A}$, 如果 $\boldsymbol{A}^{\mathrm{T}} = \boldsymbol{A}$, 则称 $\boldsymbol{A}$ 为对称矩阵；如果 $\boldsymbol{A}^{\mathrm{T}} = -\boldsymbol{A}$, 则称 $\boldsymbol{A}$ 为反对称矩阵．例如，下列矩阵

$$\boldsymbol{A} = \begin{pmatrix} 3 & 0 & 1 \\ 0 & 2 & -5 \\ 1 & -5 & 7 \end{pmatrix}, \quad \boldsymbol{B} = \begin{pmatrix} 0 & 1 & -2 \\ -1 & 0 & -5 \\ 2 & 5 & 0 \end{pmatrix}$$

分别为 3 阶对称矩阵和 3 阶反对称矩阵，即 $\boldsymbol{A}^{\mathrm{T}} = \boldsymbol{A}$, $\boldsymbol{B}^{\mathrm{T}} = -\boldsymbol{B}$.

矩阵的转置也是一种运算，且满足下列运算规律：

(1) $(\boldsymbol{A}^{\mathrm{T}})^{\mathrm{T}}=\boldsymbol{A}$; (2) $(\boldsymbol{A}+\boldsymbol{B})^{\mathrm{T}}=\boldsymbol{A}^{\mathrm{T}}+\boldsymbol{B}^{\mathrm{T}}$;

(3) $(\boldsymbol{AB})^{\mathrm{T}}=\boldsymbol{B}^{\mathrm{T}}\boldsymbol{A}^{\mathrm{T}}$; (4) $(\lambda\boldsymbol{A})^{\mathrm{T}}=\lambda\boldsymbol{A}^{\mathrm{T}}$.

证明 我们仅证明 (3), 其余留给读者自行完成.

事实上，对于给定的矩阵 $\boldsymbol{A}=(a_{ij})_{m\times s}$，$\boldsymbol{B}=(b_{ij})_{s\times n}$，由矩阵乘法运算可得

$$\boldsymbol{AB}=\begin{pmatrix}a_{11}&a_{12}&\cdots&a_{1s}\\a_{21}&a_{22}&\cdots&a_{2s}\\\cdots&\cdots&\cdots&\cdots\\a_{m1}&a_{m2}&\cdots&a_{ms}\end{pmatrix}\begin{pmatrix}b_{11}&b_{12}&\cdots&b_{1n}\\b_{21}&b_{22}&\cdots&b_{2n}\\\cdots&\cdots&\cdots&\cdots\\b_{s1}&b_{s2}&\cdots&b_{sn}\end{pmatrix}$$

$$=\begin{pmatrix}\sum\limits_{k=1}^{s}a_{1k}b_{k1}&\sum\limits_{k=1}^{s}a_{1k}b_{k2}&\cdots&\sum\limits_{k=1}^{s}a_{1k}b_{kn}\\\sum\limits_{k=1}^{s}a_{2k}b_{k1}&\sum\limits_{k=1}^{s}a_{2k}b_{k2}&\cdots&\sum\limits_{k=1}^{s}a_{2k}b_{kn}\\\cdots&\cdots&\cdots&\cdots\\\sum\limits_{k=1}^{s}a_{mk}b_{k1}&\sum\limits_{k=1}^{s}a_{mk}b_{k2}&\cdots&\sum\limits_{k=1}^{s}a_{mk}b_{kn}\end{pmatrix},$$

并由矩阵的转置运算可得

$$\boldsymbol{B}^{\mathrm{T}}\boldsymbol{A}^{\mathrm{T}}=\begin{pmatrix}b_{11}&b_{21}&\cdots&b_{s1}\\b_{12}&b_{22}&\cdots&b_{s2}\\\cdots&\cdots&\cdots&\cdots\\b_{1n}&b_{2n}&\cdots&b_{sn}\end{pmatrix}\begin{pmatrix}a_{11}&a_{21}&\cdots&a_{m1}\\a_{12}&a_{22}&\cdots&a_{m2}\\\cdots&\cdots&\cdots&\cdots\\a_{1s}&a_{s2}&\cdots&a_{ms}\end{pmatrix}$$

$$=\begin{pmatrix}\sum\limits_{k=1}^{s}a_{1k}b_{k1}&\sum\limits_{k=1}^{s}a_{2k}b_{k1}&\cdots&\sum\limits_{k=1}^{s}a_{mk}b_{k1}\\\sum\limits_{k=1}^{s}a_{1k}b_{k2}&\sum\limits_{k=1}^{s}a_{2k}b_{k2}&\cdots&\sum\limits_{k=1}^{s}a_{mk}b_{k2}\\\cdots&\cdots&\cdots&\cdots\\\sum\limits_{k=1}^{s}a_{1k}b_{kn}&\sum\limits_{k=1}^{s}a_{2k}b_{kn}&\cdots&\sum\limits_{k=1}^{s}a_{mk}b_{kn}\end{pmatrix},$$

从而

$$(\boldsymbol{AB})^{\mathrm{T}}=\boldsymbol{B}^{\mathrm{T}}\boldsymbol{A}^{\mathrm{T}}.$$ ▌

例 1.2.8 已知矩阵

$$\boldsymbol{A}=\begin{pmatrix}2&0&-1\\1&3&2\end{pmatrix},\quad \boldsymbol{B}=\begin{pmatrix}1&7&-1\\4&2&3\\2&0&1\end{pmatrix},$$

求 $(\boldsymbol{AB})^{\mathrm{T}}$.

解 利用转置运算性质 (3), 得

$$(\boldsymbol{AB})^{\mathrm{T}}=\boldsymbol{B}^{\mathrm{T}}\boldsymbol{A}^{\mathrm{T}}=\begin{pmatrix}1&4&2\\7&2&0\\-1&3&1\end{pmatrix}\begin{pmatrix}2&1\\0&3\\-1&2\end{pmatrix}=\begin{pmatrix}0&17\\14&13\\-3&10\end{pmatrix}.$$

例 1.2.9 设 $\boldsymbol{A}=(1,-1,0)$, $\boldsymbol{B}=(3,2,1)$, 求 $\boldsymbol{AB}^{\mathrm{T}}$, $\boldsymbol{B}^{\mathrm{T}}\boldsymbol{A}$.

解 由矩阵乘积和矩阵转置的定义，得

$$\boldsymbol{AB}^{\mathrm{T}}=(1,-1,0)\begin{pmatrix}3\\2\\1\end{pmatrix}=1,$$

$$\boldsymbol{B}^{\mathrm{T}}\boldsymbol{A}=\begin{pmatrix}3\\2\\1\end{pmatrix}(1,-1,0)=\begin{pmatrix}3&-3&0\\2&-2&0\\1&-1&0\end{pmatrix}.$$

1.2.4 逆矩阵

在前面所研究的运算中还未涉及到除法，在数的运算中只要弄清楚倒数是什么，除法就会变成乘法. 例如，当 $a\neq 0$ 时，数 $\dfrac{1}{a}$ 满足

$$a\times\frac{1}{a}=\frac{1}{a}\times a=1.$$

我们类似地定义矩阵的逆矩阵.

定义 1.2.5 设 $\boldsymbol{A}$ 为 n 阶矩阵， $\boldsymbol{E}$ 为 n 阶单位矩阵. 如果存在矩阵 $\boldsymbol{B}$, 使得

$$\boldsymbol{AB}=\boldsymbol{BA}=\boldsymbol{E},$$

则称 $\boldsymbol{A}$ 为可逆矩阵，简称 $\boldsymbol{A}$ 可逆，称 $\boldsymbol{B}$ 为 $\boldsymbol{A}$ 的逆矩阵.

由定义 1.2.5 可知，上面的 $\dfrac{1}{a}$ $(a\neq 0)$ 就是一阶方阵 a 的逆矩阵，且逆矩阵 $\dfrac{1}{a}$ 是唯一的. 对于一般的 n 阶方阵 $\boldsymbol{A}$, 如果 $\boldsymbol{A}$ 可逆，且 $\boldsymbol{B}$ 与 $\boldsymbol{C}$ 都是 $\boldsymbol{A}$ 的逆矩阵，则

$$\boldsymbol{AB}=\boldsymbol{BA}=\boldsymbol{E},\quad \boldsymbol{AC}=\boldsymbol{CA}=\boldsymbol{E},$$

于是

$$\boldsymbol{B}=\boldsymbol{BE}=\boldsymbol{B}(\boldsymbol{AC})=(\boldsymbol{BA})\boldsymbol{C}=\boldsymbol{EC}=\boldsymbol{C}.$$

由此可知，可逆矩阵 $\boldsymbol{A}$ 的逆矩阵是唯一的，我们把 $\boldsymbol{A}$ 的逆矩阵记为 $\boldsymbol{A}^{-1}$, 也称为矩阵的逆运算. 可逆矩阵有如下性质.

性质 1.2.1 设 $\boldsymbol{A}$ 与 $\boldsymbol{B}$ 都是可逆矩阵， λ 是一个非零实数， n 为正整数，则

(1) $\boldsymbol{A}^{-1}$ 为可逆矩阵，且 $(\boldsymbol{A}^{-1})^{-1}=\boldsymbol{A}$;

(2) $\lambda \boldsymbol{A}$ 为可逆矩阵，且 $(\lambda \boldsymbol{A})^{-1} = \dfrac{1}{\lambda} \boldsymbol{A}^{-1}$;

(3) $\boldsymbol{A}^{\mathrm{T}}$ 为可逆矩阵，且 $(\boldsymbol{A}^{\mathrm{T}})^{-1} = (\boldsymbol{A}^{-1})^{\mathrm{T}}$;

(4) $\boldsymbol{AB}$ 为可逆矩阵，且 $(\boldsymbol{AB})^{-1} = \boldsymbol{B}^{-1}\boldsymbol{A}^{-1}$;

(5) $\boldsymbol{A}^n$ 为可逆矩阵，且 $(\boldsymbol{A}^n)^{-1} = (\boldsymbol{A}^{-1})^n$.

证明 只证明 (3) 和 (4), 其他的留给读者.

(3) 设 $\boldsymbol{A}$ 为可逆矩阵，则由转置矩阵的性质，得

$$\boldsymbol{A}^{\mathrm{T}}(\boldsymbol{A}^{-1})^{\mathrm{T}} = (\boldsymbol{A}^{-1}\boldsymbol{A})^{\mathrm{T}} = \boldsymbol{E},\quad (\boldsymbol{A}^{-1})^{\mathrm{T}}\boldsymbol{A}^{\mathrm{T}} = (\boldsymbol{A}\boldsymbol{A}^{-1})^{\mathrm{T}} = \boldsymbol{E},$$

从而 $\boldsymbol{A}^{\mathrm{T}}$ 为可逆矩阵，且

$$(\boldsymbol{A}^{\mathrm{T}})^{-1} = (\boldsymbol{A}^{-1})^{\mathrm{T}}.$$

(4) 设 $\boldsymbol{A}$ 与 $\boldsymbol{B}$ 都是可逆矩阵，则由矩阵乘积的性质，得

$$(\boldsymbol{AB})(\boldsymbol{B}^{-1}\boldsymbol{A}^{-1}) = \boldsymbol{A}(\boldsymbol{B}\boldsymbol{B}^{-1})\boldsymbol{A}^{-1} = \boldsymbol{AEA}^{-1} = \boldsymbol{AA}^{-1} = \boldsymbol{E},$$
$$(\boldsymbol{B}^{-1}\boldsymbol{A}^{-1})(\boldsymbol{AB}) = \boldsymbol{B}^{-1}(\boldsymbol{A}^{-1}\boldsymbol{A})\boldsymbol{B} = \boldsymbol{B}^{-1}\boldsymbol{EB} = \boldsymbol{B}^{-1}\boldsymbol{B} = \boldsymbol{E},$$

从而 $\boldsymbol{AB}$ 为可逆矩阵，且

$$(\boldsymbol{AB})^{-1} = \boldsymbol{B}^{-1}\boldsymbol{A}^{-1}.$$

∎

例 1.2.10 设 n 阶方阵 $\boldsymbol{A}$ 满足

$$\boldsymbol{A}^2 + \boldsymbol{A} - 4\boldsymbol{E} = \boldsymbol{O},$$

求证 $\boldsymbol{A} - \boldsymbol{E}$ 可逆，并求 $(\boldsymbol{A} - \boldsymbol{E})^{-1}$.

证明 由条件 $\boldsymbol{A}^2 + \boldsymbol{A} - 4\boldsymbol{E} = \boldsymbol{O}$ 可得

$$\boldsymbol{A}^2 + \boldsymbol{A} - 2\boldsymbol{E} = (\boldsymbol{A}^2 - \boldsymbol{A}) + (2\boldsymbol{A} - 2\boldsymbol{E}) = (\boldsymbol{A} - \boldsymbol{E})(\boldsymbol{A} + 2\boldsymbol{E}) = 2\boldsymbol{E},$$

从而由

$$(\boldsymbol{A} - \boldsymbol{E})\left(\frac{1}{2}\boldsymbol{A} + \boldsymbol{E}\right) = \left(\frac{1}{2}\boldsymbol{A} + \boldsymbol{E}\right)(\boldsymbol{A} - \boldsymbol{E}) = \boldsymbol{E}$$

可知，$\boldsymbol{A} - \boldsymbol{E}$ 可逆，且 $(\boldsymbol{A} - \boldsymbol{E})^{-1} = \dfrac{1}{2}\boldsymbol{A} + \boldsymbol{E}$.

例 1.2.11 设 $\boldsymbol{A}$、$\boldsymbol{B}$、$\boldsymbol{C}$ 均为 n 阶方阵，且 $\boldsymbol{A}$、$\boldsymbol{B}$ 均为可逆矩阵，试化简矩阵

$$(\boldsymbol{C}^{\mathrm{T}}\boldsymbol{B}^{-1})^{\mathrm{T}} - (\boldsymbol{AB}^{\mathrm{T}})^{-1}(\boldsymbol{C}^{\mathrm{T}}\boldsymbol{A}^{\mathrm{T}} + \boldsymbol{E})^{\mathrm{T}}.$$

解 令 $\boldsymbol{M} = (\boldsymbol{C}^{\mathrm{T}}\boldsymbol{B}^{-1})^{\mathrm{T}} - (\boldsymbol{AB}^{\mathrm{T}})^{-1}(\boldsymbol{C}^{\mathrm{T}}\boldsymbol{A}^{\mathrm{T}} + \boldsymbol{E})^{\mathrm{T}}$, 则由转置矩阵和逆矩阵的性质可得

$$(\boldsymbol{C}^{\mathrm{T}}\boldsymbol{B}^{-1})^{\mathrm{T}} = (\boldsymbol{B}^{-1})^{\mathrm{T}}(\boldsymbol{C}^{\mathrm{T}})^{\mathrm{T}} = (\boldsymbol{B}^{\mathrm{T}})^{-1}\boldsymbol{C},\quad (\boldsymbol{AB}^{\mathrm{T}})^{-1} = (\boldsymbol{B}^{\mathrm{T}})^{-1}\boldsymbol{A}^{-1},$$
$$(\boldsymbol{C}^{\mathrm{T}}\boldsymbol{A}^{\mathrm{T}} + \boldsymbol{E})^{\mathrm{T}} = (\boldsymbol{C}^{\mathrm{T}}\boldsymbol{A}^{\mathrm{T}})^{\mathrm{T}} + \boldsymbol{E}^{\mathrm{T}} = \boldsymbol{AC} + \boldsymbol{E},$$

于是

$$\begin{aligned}\boldsymbol{M}&=(\boldsymbol{C}^{\mathrm{T}}\boldsymbol{B}^{-1})^{\mathrm{T}}-(\boldsymbol{A}\boldsymbol{B}^{\mathrm{T}})^{-1}(\boldsymbol{C}^{\mathrm{T}}\boldsymbol{A}^{\mathrm{T}}+E)^{\mathrm{T}}\\&=(\boldsymbol{B}^{\mathrm{T}})^{-1}\boldsymbol{C}-(\boldsymbol{B}^{\mathrm{T}})^{-1}\boldsymbol{A}^{-1}(\boldsymbol{A}\boldsymbol{C}+\boldsymbol{E})\\&=(\boldsymbol{B}^{\mathrm{T}})^{-1}\boldsymbol{C}-(\boldsymbol{B}^{\mathrm{T}})^{-1}(\boldsymbol{C}+\boldsymbol{A}^{-1})\\&=(\boldsymbol{B}^{\mathrm{T}})^{-1}\boldsymbol{C}-(\boldsymbol{B}^{\mathrm{T}})^{-1}\boldsymbol{C}-(\boldsymbol{B}^{\mathrm{T}})^{-1}\boldsymbol{A}^{-1}\\&=-(\boldsymbol{A}\boldsymbol{B}^{\mathrm{T}})^{-1}.\end{aligned}$$

习题 1.2

1.2.1 计算下列矩阵:

(1) $\begin{pmatrix}3&0\\-5&-6\\1&2\end{pmatrix}\begin{pmatrix}2&4&-7\\0&5&3\end{pmatrix}$;

(2) $\begin{pmatrix}2\\-1\\3\end{pmatrix}^{\mathrm{T}}\begin{pmatrix}2&1&2\\-3&-2&-1\\0&3&4\end{pmatrix}^{\mathrm{T}}$;

(3) $(x,y,z)\begin{pmatrix}a&d&e\\d&b&f\\e&f&c\end{pmatrix}\begin{pmatrix}x\\y\\z\end{pmatrix}$;

(4) $\begin{pmatrix}1\\-1\\2\\0\end{pmatrix}(3,-2,6,4)$;

(5) $\begin{pmatrix}\lambda&1&0\\0&\lambda&1\\0&0&\lambda\end{pmatrix}^n$;

(6) $\begin{pmatrix}1&0&2\\0&1&0\\0&0&1\end{pmatrix}\begin{pmatrix}a_{11}&a_{12}&a_{13}\\a_{21}&a_{22}&a_{23}\\a_{31}&a_{32}&a_{33}\end{pmatrix}$.

1.2.2 已知 $f(x)=2x^3-3x^2+x-4$, 求 $f(\boldsymbol{A})$ 及 $f(\boldsymbol{B})$, 其中

$$\boldsymbol{A}=\begin{pmatrix}2&1\\-1&3\end{pmatrix},\quad \boldsymbol{B}=\begin{pmatrix}1&3&1\\0&-1&0\\0&0&2\end{pmatrix}.$$

1.2.3 求满足一定条件的矩阵 $\boldsymbol{X}$, 使得下列等式成立:

(1) $\begin{pmatrix}1&2\\3&4\end{pmatrix}\boldsymbol{X}=\begin{pmatrix}-1&0&4\\2&3&-1\end{pmatrix}$;

(2) $\boldsymbol{X}\begin{pmatrix}2&3\\0&4\end{pmatrix}-\begin{pmatrix}4&-1\\3&1\end{pmatrix}=\begin{pmatrix}5&-10\\7&0\end{pmatrix}$;

(3) $\boldsymbol{X}\begin{pmatrix}1&0\\0&0\end{pmatrix}=\begin{pmatrix}1&0\\0&0\end{pmatrix}\boldsymbol{X}$, 且 $\boldsymbol{X}\begin{pmatrix}0&1\\0&0\end{pmatrix}=\begin{pmatrix}0&1\\0&0\end{pmatrix}\boldsymbol{X}$;

(4) $\boldsymbol{X}+\boldsymbol{X}^{\mathrm{T}}=\begin{pmatrix}1&0\\0&2\end{pmatrix}$, 且 $\boldsymbol{X}-2\boldsymbol{X}^{\mathrm{T}}=\begin{pmatrix}-\frac{1}{2}&3\\-3&-1\end{pmatrix}$.

1.2.4 判断下列结论是否正确. 如果正确请说明理由, 如果错误请举出反例:

(1) 对矩阵 $\boldsymbol{A}$ 及 $\boldsymbol{B}$, 如果 $\boldsymbol{AB}=\boldsymbol{O}$, 且 $\boldsymbol{A}\neq\boldsymbol{O}$, 则 $\boldsymbol{B}=\boldsymbol{O}$.

(2) 对于数 λ 及矩阵 $\boldsymbol{A}$, 如果 $\lambda\boldsymbol{A}=\boldsymbol{O}$, 则 $\lambda=0$ 或 $\boldsymbol{A}=\boldsymbol{O}$.

(3) 如果 $\boldsymbol{A}$ 与 $\boldsymbol{B}$ 为同阶方阵, 则 $(\boldsymbol{A}+\boldsymbol{B})^2=\boldsymbol{A}^2+2\boldsymbol{AB}+\boldsymbol{B}^2$.

(4) 如果 $\boldsymbol{A}$ 为 n 阶矩阵, 则 $\boldsymbol{A}^2-\boldsymbol{E}_n=(\boldsymbol{A}+\boldsymbol{E}_n)(\boldsymbol{A}-\boldsymbol{E}_n)$.

(5) 若 $\boldsymbol{A}$、$\boldsymbol{B}$、$\boldsymbol{C}$ 均为 n 阶矩阵, 且 $\boldsymbol{AB}=\boldsymbol{AC}$, 则 $\boldsymbol{B}=\boldsymbol{C}$.

(6) 存在矩阵 $\boldsymbol{A}$ 与 $\boldsymbol{B}$, 使得 $\boldsymbol{AB}-\boldsymbol{BA}=\boldsymbol{E}_n$.

1.2.5 证明 $\boldsymbol{ABC}=\boldsymbol{O}$, 其中

$$\boldsymbol{A}=\begin{pmatrix}0&a_{12}&a_{13}\\0&0&a_{23}\\0&0&a_{33}\end{pmatrix},\ \boldsymbol{B}=\begin{pmatrix}b_{11}&b_{12}&b_{13}\\0&0&b_{23}\\0&0&b_{33}\end{pmatrix},\ \boldsymbol{C}=\begin{pmatrix}c_{11}&c_{12}&c_{13}\\0&c_{22}&c_{23}\\0&0&0\end{pmatrix}.$$

1.2.6 设 $\boldsymbol{A}=(a_{ij})_{m\times n}$, $\boldsymbol{B}=(b_{ij})_{n\times p}$, $\boldsymbol{C}=(c_{ij})_{p\times q}$, 证明 $\boldsymbol{ABC}$ 的 (i,j) 位置元素是

$$\sum_{k=1}^{n}\sum_{s=1}^{p}a_{ik}b_{ks}c_{sj}.$$

1.2.7 求所有与 $\boldsymbol{A}$ 可交换的矩阵, 其中

(1) $\boldsymbol{A}=\mathrm{diag}(a_1,a_2,\cdots,a_n)$, 其中 a_1, a_2, $\cdots$, a_n 互不相等;

(2) $\boldsymbol{A}=\begin{pmatrix}1&1\\0&1\end{pmatrix}$; (3) $\boldsymbol{A}=\begin{pmatrix}1&0&0\\0&1&2\\3&1&2\end{pmatrix}$.

1.2.8 证明: 设 $2\boldsymbol{A}=\boldsymbol{B}+\boldsymbol{E}_n$, 则 $\boldsymbol{A}^2=\boldsymbol{A}$ 的充分必要条件是 $\boldsymbol{B}^2=\boldsymbol{E}_n$.

1.2.9 证明: 设 $\boldsymbol{A}$、$\boldsymbol{B}$ 为 n 阶对称矩阵, 则 $\boldsymbol{AB}$ 为对称矩阵的充分必要条件是 $\boldsymbol{AB}=\boldsymbol{BA}$.

1.2.10 证明: 设 $\boldsymbol{A}^2-4\boldsymbol{A}+3\boldsymbol{E}_n=\boldsymbol{O}$, 则 $\boldsymbol{A}-\boldsymbol{E}$ 为可逆矩阵.

1.3 分块矩阵

1.3.1 分块矩阵的定义

在矩阵计算及某些理论问题的讨论中, 人们发现把矩阵分割成一些小块来研究可以突出要讨论的重点部分. 将矩阵分块就是用若干条水平线和竖直线将矩阵分割成若干小块矩阵, 把每一个小块看作一个新矩阵的元素. 例如, 对于 3 阶矩阵

$$\boldsymbol{A}=\begin{pmatrix}1&0&1\\0&1&2\\-2&0&5\end{pmatrix},$$

则下列矩阵都是 $\boldsymbol{A}$ 的不同形式的分块矩阵:

$$\left(\begin{array}{cc|c}1&0&1\\0&1&2\\\hline -2&0&5\end{array}\right),\quad \left(\begin{array}{c|cc}1&0&1\\0&1&2\\\hline -2&0&5\end{array}\right),\quad \left(\begin{array}{c|c|c}1&0&1\\0&1&2\\-2&0&5\end{array}\right).$$

在实际运算中, 可根据运算的矩阵情况来选择适当的分块方法.

1.3.2 分块矩阵的运算

下面我们不加证明地给出一些分块矩阵的运算公式.

设 λ 为常数, $m\times n$ 矩阵 $\boldsymbol{A}$ 与 $\boldsymbol{B}$ 按相同的方式分块为

$$\boldsymbol{A}=\begin{pmatrix}\boldsymbol{A}_{11} & \boldsymbol{A}_{12} & \cdots & \boldsymbol{A}_{1s}\\ \boldsymbol{A}_{21} & \boldsymbol{A}_{22} & \cdots & \boldsymbol{A}_{2s}\\ \cdots & \cdots & \cdots & \cdots\\ \boldsymbol{A}_{t1} & \boldsymbol{A}_{t2} & \cdots & \boldsymbol{A}_{ts}\end{pmatrix},\quad \boldsymbol{B}=\begin{pmatrix}\boldsymbol{B}_{11} & \boldsymbol{B}_{12} & \cdots & \boldsymbol{B}_{1s}\\ \boldsymbol{B}_{21} & \boldsymbol{B}_{22} & \cdots & \boldsymbol{B}_{2s}\\ \cdots & \cdots & \cdots & \cdots\\ \boldsymbol{B}_{t1} & \boldsymbol{B}_{t2} & \cdots & \boldsymbol{B}_{ts}\end{pmatrix},$$

则分块矩阵 $\boldsymbol{A}$ 与 $\boldsymbol{B}$ 的加法运算为

$$\boldsymbol{A}+\boldsymbol{B}=\begin{pmatrix}\boldsymbol{A}_{11}+\boldsymbol{B}_{11} & \boldsymbol{A}_{12}+\boldsymbol{B}_{12} & \cdots & \boldsymbol{A}_{1s}+\boldsymbol{B}_{1s}\\ \boldsymbol{A}_{21}+\boldsymbol{B}_{21} & \boldsymbol{A}_{22}+\boldsymbol{B}_{22} & \cdots & \boldsymbol{A}_{2s}+\boldsymbol{B}_{2s}\\ \cdots & \cdots & \cdots & \cdots\\ \boldsymbol{A}_{t1}+\boldsymbol{B}_{t1} & \boldsymbol{A}_{t2}+\boldsymbol{B}_{t2} & \cdots & \boldsymbol{A}_{ts}+\boldsymbol{B}_{ts}\end{pmatrix},$$

数 λ 与分块矩阵 $\boldsymbol{A}$ 的数乘运算为

$$\lambda\boldsymbol{A}=\begin{pmatrix}\lambda\boldsymbol{A}_{11} & \lambda\boldsymbol{A}_{12} & \cdots & \lambda\boldsymbol{A}_{1s}\\ \lambda\boldsymbol{A}_{21} & \lambda\boldsymbol{A}_{22} & \cdots & \lambda\boldsymbol{A}_{2s}\\ \cdots & \cdots & \cdots & \cdots\\ \lambda\boldsymbol{A}_{t1} & \lambda\boldsymbol{A}_{t2} & \cdots & \lambda\boldsymbol{A}_{ts}\end{pmatrix},$$

分块矩阵 $\boldsymbol{A}$ 的转置矩阵为

$$\boldsymbol{A}^{\mathrm{T}}=\begin{pmatrix}\boldsymbol{A}_{11} & \boldsymbol{A}_{12} & \cdots & \boldsymbol{A}_{1s}\\ \boldsymbol{A}_{21} & \boldsymbol{A}_{22} & \cdots & \boldsymbol{A}_{2s}\\ \cdots & \cdots & \cdots & \cdots\\ \boldsymbol{A}_{t1} & \boldsymbol{A}_{t2} & \cdots & \boldsymbol{A}_{ts}\end{pmatrix}^{\mathrm{T}}=\begin{pmatrix}\boldsymbol{A}_{11}^{\mathrm{T}} & \boldsymbol{A}_{21}^{\mathrm{T}} & \cdots & \boldsymbol{A}_{s1}^{\mathrm{T}}\\ \boldsymbol{A}_{12}^{\mathrm{T}} & \boldsymbol{A}_{22}^{\mathrm{T}} & \cdots & \boldsymbol{A}_{s2}^{\mathrm{T}}\\ \cdots & \cdots & \cdots & \cdots\\ \boldsymbol{A}_{1t}^{\mathrm{T}} & \boldsymbol{A}_{2t}^{\mathrm{T}} & \cdots & \boldsymbol{A}_{st}^{\mathrm{T}}\end{pmatrix}.$$

设 $m\times n$ 矩阵 $\boldsymbol{A}$ 和 $n\times k$ 矩阵 $\boldsymbol{B}$ 按如下方式分块为

$$\boldsymbol{A}=\begin{matrix} & \begin{matrix} n_1 & n_2 & \cdots & n_s\end{matrix} & \\ & \begin{pmatrix}\boldsymbol{A}_{11} & \boldsymbol{A}_{12} & \cdots & \boldsymbol{A}_{1s}\\ \boldsymbol{A}_{21} & \boldsymbol{A}_{22} & \cdots & \boldsymbol{A}_{2s}\\ \cdots & \cdots & \cdots & \cdots\\ \boldsymbol{A}_{t1} & \boldsymbol{A}_{t2} & \cdots & \boldsymbol{A}_{ts}\end{pmatrix} & \begin{matrix} m_1\\ m_2\\ \vdots\\ m_t\end{matrix}\end{matrix},\quad \boldsymbol{B}=\begin{matrix} & \begin{matrix} k_1 & k_2 & \cdots & k_p\end{matrix} & \\ & \begin{pmatrix}\boldsymbol{B}_{11} & \boldsymbol{B}_{12} & \cdots & \boldsymbol{B}_{1p}\\ \boldsymbol{B}_{21} & \boldsymbol{B}_{22} & \cdots & \boldsymbol{B}_{2p}\\ \cdots & \cdots & \cdots & \cdots\\ \boldsymbol{B}_{s1} & \boldsymbol{B}_{s2} & \cdots & \boldsymbol{B}_{sp}\end{pmatrix} & \begin{matrix} n_1\\ n_2\\ \vdots\\ n_s\end{matrix}\end{matrix},$$

其中 $\boldsymbol{A}_{ij}$ 为 $m_i\times n_j$ 矩阵, $\boldsymbol{B}_{ij}$ 为 $n_i\times k_j$ 矩阵, 且

$$m=\sum_{i=1}^{t}m_i,\quad n=\sum_{i=1}^{s}n_i,\quad k=\sum_{i=1}^{p}k_i,$$

则分块矩阵 $\boldsymbol{A}$ 与 $\boldsymbol{B}$ 的乘法运算为

$$\boldsymbol{AB}=\begin{array}{c}\begin{matrix} \quad n_1 \quad & \quad n_2 \quad & \cdots & \quad n_s \quad\end{matrix}\\ \begin{pmatrix} \sum\limits_{j=1}^{s}\boldsymbol{A}_{1j}\boldsymbol{B}_{j1} & \sum\limits_{j=1}^{s}\boldsymbol{A}_{1j}\boldsymbol{B}_{j2} & \cdots & \sum\limits_{j=1}^{s}\boldsymbol{A}_{1j}\boldsymbol{B}_{jp} \\ \sum\limits_{j=1}^{s}\boldsymbol{A}_{2j}\boldsymbol{B}_{j1} & \sum\limits_{j=1}^{s}\boldsymbol{A}_{2j}\boldsymbol{B}_{j2} & \cdots & \sum\limits_{j=1}^{s}\boldsymbol{A}_{2j}\boldsymbol{B}_{jp} \\ \cdots & \cdots & \cdots & \cdots \\ \sum\limits_{j=1}^{s}\boldsymbol{A}_{tj}\boldsymbol{B}_{j1} & \sum\limits_{j=1}^{s}\boldsymbol{A}_{tj}\boldsymbol{B}_{j2} & \cdots & \sum\limits_{j=1}^{s}\boldsymbol{A}_{tj}\boldsymbol{B}_{jp} \end{pmatrix}\end{array}\begin{matrix} \\ m_1 \\ m_2 \\ \vdots \\ m_t\end{matrix},$$

例如， 3 阶矩阵 $\boldsymbol{A}$ 与 3×4 矩阵 $\boldsymbol{B}$ 按如下方式分块

$$\boldsymbol{A}=\begin{pmatrix}\boldsymbol{A}_{11} & \boldsymbol{A}_{12}\\ \boldsymbol{A}_{21} & \boldsymbol{A}_{22}\end{pmatrix}=\left(\begin{array}{cc|c} 2 & 0 & -3\\ 1 & 5 & -1\\ \hline 0 & -2 & 4\end{array}\right),$$

$$\boldsymbol{B}=\begin{pmatrix}\boldsymbol{B}_{11} & \boldsymbol{B}_{12}\\ \boldsymbol{B}_{21} & \boldsymbol{B}_{22}\end{pmatrix}=\left(\begin{array}{c|ccc} 1 & 2 & 3 & 0\\ 0 & 1 & 0 & 1\\ \hline -1 & 2 & 5 & 2\end{array}\right),$$

则按分块矩阵的乘法运算，得

$$\boldsymbol{AB}=\begin{pmatrix}\boldsymbol{A}_{11}\boldsymbol{B}_{11}+\boldsymbol{A}_{12}\boldsymbol{B}_{21} & \boldsymbol{A}_{11}\boldsymbol{B}_{12}+\boldsymbol{A}_{12}\boldsymbol{B}_{22}\\ \boldsymbol{A}_{21}\boldsymbol{B}_{11}+\boldsymbol{A}_{22}\boldsymbol{B}_{21} & \boldsymbol{A}_{21}\boldsymbol{B}_{12}+\boldsymbol{A}_{22}\boldsymbol{B}_{22}\end{pmatrix},$$

从而由

$$\begin{aligned}
\boldsymbol{A}_{11}\boldsymbol{B}_{11}+\boldsymbol{A}_{12}\boldsymbol{B}_{21}&=\begin{pmatrix}2 & 0\\ 1 & 5\end{pmatrix}\begin{pmatrix}1\\ 0\end{pmatrix}+\begin{pmatrix}-3\\ -1\end{pmatrix}(-1)=\begin{pmatrix}5\\ 2\end{pmatrix},\\
\boldsymbol{A}_{11}\boldsymbol{B}_{12}+\boldsymbol{A}_{12}\boldsymbol{B}_{22}&=\begin{pmatrix}2 & 0\\ 1 & 5\end{pmatrix}\begin{pmatrix}2 & 3 & 0\\ 1 & 0 & 1\end{pmatrix}+\begin{pmatrix}-3\\ -1\end{pmatrix}(2\quad 5\quad 2)\\
&=\begin{pmatrix}-2 & -9 & -6\\ 5 & -2 & 3\end{pmatrix},\\
\boldsymbol{A}_{21}\boldsymbol{B}_{11}+\boldsymbol{A}_{22}\boldsymbol{B}_{21}&=(0\quad -2)\begin{pmatrix}1\\ 0\end{pmatrix}+(4)(-1)=(-4),\\
\boldsymbol{A}_{21}\boldsymbol{B}_{12}+\boldsymbol{A}_{22}\boldsymbol{B}_{22}&=(0\quad -2)\begin{pmatrix}2 & 3 & 0\\ 1 & 0 & 1\end{pmatrix}+(4)(2\quad 5\quad 2)\\
&=(6\quad 20\quad 6)
\end{aligned}$$

可得

$$\boldsymbol{AB}=\left(\begin{array}{c|ccc} 5 & -2 & -9 & -6\\ 2 & 5 & -2 & 3\\ \hline -4 & 6 & 20 & 6\end{array}\right).$$

例 1.3.1 设 $\boldsymbol{A}$ 为 $m\times n$ 矩阵，矩阵 $\boldsymbol{O}_{m\times n}$ 与矩阵 $\boldsymbol{O}_{m\times 1}$ 均为零矩阵. 如果对任意的 $n\times 1$ 矩阵 $\boldsymbol{X}$, 有 $\boldsymbol{AX}=\boldsymbol{O}_{m\times 1}$, 求证 $\boldsymbol{A}=\boldsymbol{O}_{m\times n}$.

证明 将 n 阶单位矩阵 $\boldsymbol{E}$ 按列分块，即

$$\boldsymbol{E}=(\boldsymbol{E}_1^{(1)},\boldsymbol{E}_2^{(1)},\cdots,\boldsymbol{E}_n^{(1)})=\left(\begin{array}{c|c|c|c}1&0&\cdots&0\\0&1&\cdots&0\\\cdots&\cdots&\cdots&\cdots\\0&0&\cdots&1\end{array}\right),$$

则由题意可知，对每一个 $\boldsymbol{E}_i^{(1)}\ (i=1,2,\cdots,n)$, 有

$$\boldsymbol{AE}_i^{(1)}=\boldsymbol{O}_{m\times 1}\quad (i=1,2,\cdots,n),$$

从而

$$\boldsymbol{A}=\boldsymbol{AE}=\boldsymbol{A}(\boldsymbol{E}_1^{(1)}\ \boldsymbol{E}_2^{(1)}\ \cdots\ \boldsymbol{E}_n^{(1)})=(\boldsymbol{AE}_1^{(1)}\ \boldsymbol{AE}_2^{(1)}\ \cdots\ \boldsymbol{AE}_n^{(1)})=\boldsymbol{O}_{m\times n}.$$

对于可逆矩阵来说，我们可以利用分块矩阵求其逆矩阵，但对求逆矩阵的一般性表达公式我们不做讨论. 下面仅举一种常用的例子.

例 1.3.2 设 $\boldsymbol{A}$ 为 m 阶可逆矩阵，$\boldsymbol{B}$ 为 n 阶可逆矩阵，证明：$m+n$ 阶矩阵

$$\boldsymbol{M}=\begin{pmatrix}\boldsymbol{A}&\boldsymbol{C}\\\boldsymbol{O}&\boldsymbol{B}\end{pmatrix}$$

为可逆矩阵，并求其逆矩阵，其中 $\boldsymbol{C}$ 为 $m\times n$ 矩阵，$\boldsymbol{O}$ 为 $n\times m$ 零矩阵.

证明 设 $\boldsymbol{X}$ 为 m 阶矩阵，$\boldsymbol{Y}$ 为 $m\times n$ 矩阵，$\boldsymbol{Z}$ 为 $n\times m$ 矩阵，$\boldsymbol{U}$ 为 n 阶矩阵，且 $m+n$ 阶矩阵 $\boldsymbol{N}$ 的分块矩阵为

$$\boldsymbol{N}=\begin{pmatrix}\boldsymbol{X}&\boldsymbol{Y}\\\boldsymbol{Z}&\boldsymbol{U}\end{pmatrix},$$

则由

$$\boldsymbol{MN}=\begin{pmatrix}\boldsymbol{A}&\boldsymbol{C}\\\boldsymbol{O}&\boldsymbol{B}\end{pmatrix}\begin{pmatrix}\boldsymbol{X}&\boldsymbol{Y}\\\boldsymbol{Z}&\boldsymbol{U}\end{pmatrix}=\begin{pmatrix}\boldsymbol{AX}+\boldsymbol{CZ}&\boldsymbol{AY}+\boldsymbol{CU}\\\boldsymbol{BZ}&\boldsymbol{BU}\end{pmatrix}$$

可知，要使 $\boldsymbol{MN}=\boldsymbol{E}$ 成立，矩阵 $\boldsymbol{X}$、$\boldsymbol{Y}$、$\boldsymbol{Z}$、$\boldsymbol{U}$ 应满足方程组

$$\begin{cases}\boldsymbol{AX}+\boldsymbol{CZ}=\boldsymbol{E}_m,\\\boldsymbol{AY}+\boldsymbol{CU}=\boldsymbol{O},\\\boldsymbol{BZ}=\boldsymbol{O},\\\boldsymbol{BU}=\boldsymbol{E}_n.\end{cases}$$

另一方面，由 $\boldsymbol{A}$ 与 $\boldsymbol{B}$ 为可逆矩阵可知，上面方程组的解为

$$\boldsymbol{U}=\boldsymbol{B}^{-1},\quad \boldsymbol{Z}=\boldsymbol{O},\quad \boldsymbol{X}=\boldsymbol{A}^{-1},\quad \boldsymbol{Y}=-\boldsymbol{A}^{-1}\boldsymbol{CB}^{-1},$$

从而由

$$NM=\begin{pmatrix}A^{-1} & -A^{-1}CB^{-1}\\ O & B^{-1}\end{pmatrix}\begin{pmatrix}A & C\\ O & B\end{pmatrix}=\begin{pmatrix}E_m & O_{m\times n}\\ O_{n\times m} & E_n\end{pmatrix}=E$$

可知，M 可逆，且

$$M^{-1}=\begin{pmatrix}A^{-1} & -A^{-1}CB^{-1}\\ O & B^{-1}\end{pmatrix}.$$

1.3.3 几种特殊的分块矩阵

类似于上 (下) 三角矩阵、对角矩阵，我们对分块矩阵可以定义准上 (下) 三角矩阵、准对角矩阵.

设分块矩阵 A 的主对角线上的子块都是方阵 $A_{ii}\ (i=1,2,\cdots,t)$, 如果主对角线下方 (或上方) 的子块均为零矩阵，即

$$A=\begin{pmatrix}A_{11} & A_{12} & \cdots & A_{1t}\\ O & A_{22} & \cdots & A_{2t}\\ \vdots & \ddots & \ddots & \vdots\\ O & O & \cdots & A_{tt}\end{pmatrix}\left(\text{或 } A=\begin{pmatrix}A_{11} & O & \cdots & O\\ A_{21} & A_{22} & \cdots & O\\ \vdots & \ddots & \ddots & \vdots\\ A_{t1} & A_{t2} & \cdots & A_{tt}\end{pmatrix}\right),$$

则称 A 为准上 (或下) 三角矩阵.

如果分块矩阵 A 既是准上三角矩阵，又是准下三角矩阵，即

$$A=\begin{pmatrix}A_{11} & O & \cdots & O\\ O & A_{22} & \cdots & O\\ \vdots & \ddots & \ddots & \vdots\\ O & O & \cdots & A_{tt}\end{pmatrix},$$

则称 A 为准对角矩阵，记为 $\mathrm{diag}(A_{11},\ A_{22},\ \cdots,\ A_{tt})$, 即

$$A=\mathrm{diag}(A_{11},\ A_{22},\ \cdots,\ A_{tt}).$$

显然，准对角矩阵 $\mathrm{diag}(A_{11},\ A_{22},\ \cdots,\ A_{tt})$ 的转置矩阵为

$$A^{\mathrm{T}}=\mathrm{diag}(A_{11}^{\mathrm{T}},\ A_{22}^{\mathrm{T}},\ \cdots,\ A_{tt}^{\mathrm{T}}),$$

当 $A_{11},\ A_{22},\ \cdots,\ A_{tt}$ 均为可逆矩阵时，A 为可逆矩阵，且

$$A^{-1}=\mathrm{diag}(A_{11}^{-1},\ A_{22}^{-1},\ \cdots,\ A_{tt}^{-1}).$$

如果矩阵 $B=(b_{ij})_{m\times n}$ 的分块矩阵与上述矩阵 A 的分块矩阵形式相同，则由分块矩阵的运算法则可得

$$A+B=\mathrm{diag}(A_{11}+B_{11},\ A_{22}+B_{22},\ \cdots,\ A_{tt}+B_{tt}),$$

$$AB=\mathrm{diag}(A_{11}B_{11},\ A_{22}B_{22},\ \cdots,\ A_{tt}B_{tt}).$$

习题 1.3

1.3.1 设 $\boldsymbol{A}$、$\boldsymbol{B}$、$\boldsymbol{C}$、$\boldsymbol{D}$ 都是 n 阶矩阵，指出下列各等式正确与否：

(1) $(\operatorname{diag}(\boldsymbol{A}, \boldsymbol{B}, \boldsymbol{C}, \boldsymbol{D}))^{\mathrm{T}} = \operatorname{diag}(\boldsymbol{A}, \boldsymbol{B}, \boldsymbol{C}, \boldsymbol{D})$;

(2) $\boldsymbol{A}(\boldsymbol{B} \quad \boldsymbol{C} \quad \boldsymbol{D}) = (\boldsymbol{AB} \quad \boldsymbol{AC} \quad \boldsymbol{AD})$;

(3) $\boldsymbol{A}\begin{pmatrix} \boldsymbol{B} \\ \boldsymbol{C} \end{pmatrix} = \begin{pmatrix} \boldsymbol{AB} \\ \boldsymbol{AC} \end{pmatrix}$;　　(4) $(\boldsymbol{A} \quad \boldsymbol{B})^{\mathrm{T}} = \begin{pmatrix} \boldsymbol{A} \\ \boldsymbol{B} \end{pmatrix}$;

(5) $(\boldsymbol{A} \quad \boldsymbol{B})\boldsymbol{C} = (\boldsymbol{AC} \quad \boldsymbol{BC})$;　　(6) $\begin{pmatrix} \boldsymbol{A} \\ \boldsymbol{B} \end{pmatrix}\boldsymbol{C} = \begin{pmatrix} \boldsymbol{AC} \\ \boldsymbol{BC} \end{pmatrix}$;

(7) $\begin{pmatrix} \boldsymbol{A} \\ \boldsymbol{B} \end{pmatrix}(\boldsymbol{C} \quad \boldsymbol{D}) = \boldsymbol{AC} + \boldsymbol{BD}$;　　(8) $\begin{pmatrix} \boldsymbol{O} & \boldsymbol{A} \\ \boldsymbol{B} & \boldsymbol{O} \end{pmatrix}^{\mathrm{T}} = \begin{pmatrix} \boldsymbol{O} & \boldsymbol{B} \\ \boldsymbol{A} & \boldsymbol{O} \end{pmatrix}$.

1.3.2 用分块矩阵方法求下述矩阵的逆矩阵：

(1) $\begin{pmatrix} 3 & 5 & 0 & 0 \\ -1 & 1 & 0 & 0 \\ 0 & 0 & 2 & 1 \\ 0 & 0 & 0 & 3 \end{pmatrix}$;　　(2) $\begin{pmatrix} 1 & 1 & 2 & 3 \\ -1 & 1 & 1 & -2 \\ 0 & 0 & 1 & 0 \\ 0 & 0 & 4 & 1 \end{pmatrix}$.

1.3.3 设 $\boldsymbol{A}$ 与 $\boldsymbol{B}$ 均为可逆矩阵，证明下列分块矩阵可逆，并求其逆矩阵：

(1) $\begin{pmatrix} \boldsymbol{O} & \boldsymbol{A} \\ \boldsymbol{B} & \boldsymbol{C} \end{pmatrix}$;　　(2) $\begin{pmatrix} \boldsymbol{A} & \boldsymbol{O} \\ \boldsymbol{C} & \boldsymbol{B} \end{pmatrix}$;

(3) $\begin{pmatrix} \boldsymbol{C} & \boldsymbol{A} \\ \boldsymbol{B} & \boldsymbol{O} \end{pmatrix}$.　　(4) $\begin{pmatrix} \boldsymbol{A} & \boldsymbol{C} \\ \boldsymbol{O} & \boldsymbol{B} \end{pmatrix}$.

1.3.4 设 $\boldsymbol{A}$ 为可逆矩阵，求适当的 $\boldsymbol{X}$, 使

$$\begin{pmatrix} \boldsymbol{A} & \boldsymbol{B} \\ \boldsymbol{C} & \boldsymbol{D} \end{pmatrix}\begin{pmatrix} \boldsymbol{E} & \boldsymbol{X} \\ \boldsymbol{O} & \boldsymbol{E} \end{pmatrix} = \begin{pmatrix} * & \boldsymbol{O} \\ * & * \end{pmatrix}.$$

1.3.5 计算如下分块矩阵的乘积 (发现其特点), 并求指定矩阵的逆矩阵：

(1) $\begin{pmatrix} \boldsymbol{E}_m & \boldsymbol{X} \\ \boldsymbol{O} & \boldsymbol{E}_n \end{pmatrix}\begin{pmatrix} \boldsymbol{E}_m & \boldsymbol{Y} \\ \boldsymbol{O} & \boldsymbol{E}_n \end{pmatrix}$, 求 $\begin{pmatrix} \boldsymbol{E}_m & \boldsymbol{X} \\ \boldsymbol{O} & \boldsymbol{E}_n \end{pmatrix}^{-1}$;

(2) $\begin{pmatrix} \boldsymbol{E}_m & \boldsymbol{O} \\ \boldsymbol{X} & \boldsymbol{E}_n \end{pmatrix}\begin{pmatrix} \boldsymbol{E}_m & \boldsymbol{O} \\ \boldsymbol{Y} & \boldsymbol{E}_n \end{pmatrix}$, 求 $\begin{pmatrix} \boldsymbol{E}_m & \boldsymbol{O} \\ \boldsymbol{X} & \boldsymbol{E}_n \end{pmatrix}^{-1}$.

1.3.6 设 $\boldsymbol{A}$ 与 $\boldsymbol{B}$ 为同型矩阵，$\boldsymbol{C}$ 与 $\boldsymbol{D}$ 为同型矩阵，且存在矩阵 $\boldsymbol{M}$、$\boldsymbol{N}$、$\boldsymbol{P}$、$\boldsymbol{Q}$, 使得

$$\boldsymbol{MAN} = \boldsymbol{B}, \quad \boldsymbol{PCQ} = \boldsymbol{D},$$

证明：存在方阵 $\boldsymbol{H}$ 及 $\boldsymbol{R}$, 使得

$$\boldsymbol{H}\begin{pmatrix} \boldsymbol{A} & \boldsymbol{O} \\ \boldsymbol{O} & \boldsymbol{C} \end{pmatrix}\boldsymbol{R} = \begin{pmatrix} \boldsymbol{B} & \boldsymbol{O} \\ \boldsymbol{O} & \boldsymbol{D} \end{pmatrix}.$$

1.4 初等变换与初等矩阵

为引进矩阵的初等变换的概念，我们先来看 Gauss[①] 消元法解线性方程组

$$\begin{cases} 3x_1 + 4x_2 + 6x_3 = 7, \\ x_1 + x_2 + 3x_3 = 5, \\ 2x_1 + 2x_2 + 9x_3 = 4 \end{cases}$$

的过程. 首先将方程组的第 1 个方程与第 2 个方程对换，得

$$\begin{cases} x_1 + x_2 + 3x_3 = 5, \\ 3x_1 + 4x_2 + 6x_3 = 7, \\ 2x_1 + 2x_2 + 9x_3 = 4 \end{cases}$$

将上面方程组的第 1 个方程乘以 −3, −2 分别加到第 2, 3 个方程上，得

$$\begin{cases} x_1 + x_2 + 3x_3 = 5, \\ \qquad x_2 - 3x_3 = -8, \\ \qquad\qquad 3x_3 = -6, \end{cases}$$

将上面方程组的第 3 个方程乘以 $\dfrac{1}{3}$, 得

$$\begin{cases} x_1 + x_2 + 3x_3 = 5, \\ \qquad x_2 - 3x_3 = -8, \\ \qquad\qquad x_3 = -2. \end{cases}$$

显然，上述消元法的过程可以归结为如下三种变换：

(1) 将方程组的某两个方程交换位置；

(2) 将方程组的某一个方程乘以常数后，加到另一个方程上；

(3) 用一个非零常数乘以方程组的某一个方程.

显然，上述三种变换都是可逆的，故原方程组与变换后的方程组是同解方程组，将这三种变换移植矩阵就得到矩阵的三种初等变换.

1.4.1 初等变换

定义 1.4.1 对矩阵所做的以下变换称为矩阵的行 (列) 初等变换：

(1) 倍法变换，即用非零数 λ 乘以矩阵的第 i 行 (列) 各元素；

(2) 消法变换，即将矩阵的第 j 行 (列) 的 λ 倍加到第 i 行 (列);

(3) 换法变换，即将矩阵的第 i 行 (列) 与第 j 行 (列) 互换.

① Gauss，高斯， 1777—1855.

矩阵的行初等变换与列初等变换统称为矩阵的初等变换. 矩阵的三种初等变换都是可逆的, 且其逆变换是同一类型的初等变换. 这里需要注意, 对一个矩阵进行初等变换后, 得到的新矩阵与原矩阵是同型矩阵, 一般情况下新矩阵与原矩阵不等. 因此, 原矩阵与新矩阵之间不能使用等号, 常用 $\longrightarrow$ 表示. 例如, 上面用消元法解方程组的过程用初等变换可叙述为:

(1) 将增广矩阵 $(\boldsymbol{A} \mid \boldsymbol{B})$ 的第 1 行与第 2 行互换, 即

$$(\boldsymbol{A} \mid \boldsymbol{B}) = \begin{pmatrix} 3 & 4 & 6 & 7 \\ 1 & 1 & 3 & 5 \\ 2 & 2 & 9 & 4 \end{pmatrix} \longrightarrow \begin{pmatrix} 1 & 1 & 3 & 5 \\ 3 & 4 & 6 & 7 \\ 2 & 2 & 9 & 4 \end{pmatrix};$$

(2) 将上式右端矩阵的第 1 行乘以 -3, -2 分别加到第 2, 3 行上, 即

$$(\boldsymbol{A} \mid \boldsymbol{B}) \longrightarrow \begin{pmatrix} 1 & 1 & 3 & 5 \\ 3 & 4 & 6 & 7 \\ 2 & 2 & 9 & 4 \end{pmatrix} \longrightarrow \begin{pmatrix} 1 & 1 & 3 & 5 \\ 0 & 1 & -3 & -8 \\ 0 & 0 & 3 & -6 \end{pmatrix};$$

(3) 将上式右端矩阵的第 3 行乘以 $\dfrac{1}{3}$, 即

$$(\boldsymbol{A} \mid \boldsymbol{B}) \longrightarrow \begin{pmatrix} 1 & 1 & 3 & 5 \\ 0 & 1 & -3 & -8 \\ 0 & 0 & 3 & -6 \end{pmatrix} \longrightarrow \begin{pmatrix} 1 & 1 & 3 & 5 \\ 0 & 1 & -3 & -8 \\ 0 & 0 & 1 & -2 \end{pmatrix}.$$

如果矩阵 $\boldsymbol{A}$ 经过有限次初等变换变成 $\boldsymbol{B}$, 则称 $\boldsymbol{A}$ 与 $\boldsymbol{B}$ 等价. 矩阵之间的“等价”具有下列性质:

(1) 反身性, 即 $\boldsymbol{A}$ 与 $\boldsymbol{A}$ 等价;

(2) 对称性, 即如果 $\boldsymbol{A}$ 与 $\boldsymbol{B}$ 等价, 则 $\boldsymbol{B}$ 与 $\boldsymbol{A}$ 等价;

(3) 传递性, 即如果 $\boldsymbol{A}$ 与 $\boldsymbol{B}$ 等价, 且 $\boldsymbol{B}$ 与 $\boldsymbol{C}$ 等价, 则 $\boldsymbol{A}$ 与 $\boldsymbol{C}$ 等价.

数学上把具有以上三种性质的关系称为等价关系. 矩阵间的等价是一个等价关系, 显然与矩阵 A 等价的矩阵不是唯一的, 但有如下的定理.

定理 1.4.1 设 $\boldsymbol{A} = (a_{ij})_{m\times n}$ 为非零矩阵, 则 $\boldsymbol{A}$ 可经过有限次行初等变换化为行的阶梯形矩阵

$$\boldsymbol{B} = \begin{pmatrix} 0 & \cdots & 0 & b_{1j_1} & \cdots & b_{1\,j_2-1} & b_{1j_2} & \cdots & b_{1\,j_r-1} & b_{1\,j_r} & \cdots & b_{1n} \\ 0 & \cdots & 0 & 0 & \cdots & 0 & b_{2j_2} & \cdots & b_{2\,j_r-1} & b_{2j_r} & \cdots & b_{2n} \\ \cdots & \cdots & \cdots & \cdots & \cdots & \cdots & \cdots & \cdots & \cdots & \cdots & \cdots & \cdots \\ 0 & \cdots & 0 & 0 & \cdots & 0 & 0 & \cdots & 0 & b_{rj_r} & \cdots & b_{rn} \\ 0 & \cdots & 0 & 0 & \cdots & 0 & 0 & \cdots & 0 & 0 & \cdots & 0 \\ \cdots & \cdots & \cdots & \cdots & \cdots & \cdots & \cdots & \cdots & \cdots & \cdots & \cdots & \cdots \\ 0 & \cdots & 0 & 0 & \cdots & 0 & 0 & \cdots & 0 & 0 & \cdots & 0 \end{pmatrix},$$

其中 $b_{ij_i} \neq 0, i = 1, 2, \cdots, r$.

证明 将矩阵 $\boldsymbol{A}$ 按列分块，即

$$\boldsymbol{A} = (\boldsymbol{A}_1^{(1)}, \boldsymbol{A}_2^{(1)}, \cdots, \boldsymbol{A}_n^{(1)}) = \left(\begin{array}{c|c|c|c} a_{11} & a_{12} & \cdots & a_{1n} \\ a_{21} & a_{22} & \cdots & a_{2n} \\ \vdots & \vdots & & \vdots \\ a_{m1} & a_{m2} & \cdots & a_{mn} \end{array}\right),$$

则由 $\boldsymbol{A}$ 为非零矩阵可知，$\boldsymbol{A}_1^{(1)}, \boldsymbol{A}_2^{(1)}, \cdots, \boldsymbol{A}_n^{(1)}$ 不全为零，不妨设 $\boldsymbol{A}_j^{(1)}$ 为第一个非零子块，将 $\boldsymbol{A}_j^{(1)}$ 中 (按行的顺序) 第一个不为零的数 a_{ij} 记为 b_{11}, 即 $a_{ij} = b_{11}$.

将 $\boldsymbol{A}$ 的第 i 行分别乘以 $-b_{11}^{-1}a_{1j}, \cdots, -b_{11}^{-1}a_{i-1\,j}$, $-b_{11}^{-1}a_{i+1\,j}, \cdots, -b_{11}^{-1}a_{m\,j}$ 后，依次加到第 $1, \cdots, i-1, i+1, \cdots, m$ 行上，然后将所得到的矩阵对换第 1 与 i 行后得到的矩阵记为 $\boldsymbol{A}_1$, 并将 $\boldsymbol{A}_1$ 分块为

$$\boldsymbol{A}_1 = \left(\begin{array}{ccc|c|c} 0 & \cdots & 0 & b_{11} & \boldsymbol{A}_{12}^{(2)} \\ \hline & \boldsymbol{O} & & \boldsymbol{O} & \boldsymbol{A}_{22}^{(2)} \end{array}\right).$$

如果 $\boldsymbol{A}_{22}^{(2)} = \boldsymbol{O}$, 则结论已证毕. 如果 $\boldsymbol{A}_{22}^{(2)} \neq \boldsymbol{O}$, 则对 $\boldsymbol{A}_{22}^{(2)}$ 重复上面的做法，以此类推. 由于 $\boldsymbol{A}$ 的行数有限，故经过有限次后必可得阶梯形矩阵 $\boldsymbol{B}$. ▌

推论 1.4.1 设 $\boldsymbol{A} = (a_{ij})_{m\times n}$ 为非零矩阵，则 $\boldsymbol{A}$ 可经过有限次行初等变换化为行的最简形矩阵

$$\boldsymbol{C} = \begin{pmatrix} 0 & \cdots 0 & 1 & \cdots & c_{1\,j_2-1} & 0 & \cdots & c_{1\,j_r-1} & 0 & \cdots & c_{1n} \\ 0 & \cdots 0 & 0 & \cdots & 0 & 1 & \cdots & c_{2\,j_r-1} & 0 & \cdots & c_{2n} \\ \cdots & \cdots & \cdots & \cdots & \cdots & \cdots & \cdots & \cdots & \cdots & \cdots & \cdots \\ 0 & \cdots 0 & 0 & \cdots & 0 & 0 & \cdots & 0 & 1 & \cdots & c_{rn} \\ 0 & \cdots 0 & 0 & \cdots & 0 & 0 & \cdots & 0 & 0 & \cdots & 0 \\ \cdots & \cdots & \cdots & \cdots & \cdots & \cdots & \cdots & \cdots & \cdots & \cdots & \cdots \\ 0 & \cdots 0 & 0 & \cdots & 0 & 0 & \cdots & 0 & 0 & \cdots & 0 \end{pmatrix}.$$

进一步，$\boldsymbol{A}$ 可经过有限次行初等变换及列初等变换化为标准形矩阵

$$\boldsymbol{D} = \begin{pmatrix} 1 & 0 & \cdots & 0 & 0 & \cdots & 0 \\ 0 & 1 & \cdots & 0 & 0 & \cdots & 0 \\ \cdots & \cdots & \cdots & \cdots & \cdots & \cdots & \cdots \\ 0 & 0 & \cdots & 1 & 0 & \cdots & 0 \\ 0 & 0 & \cdots & 0 & 0 & \cdots & 0 \\ \cdots & \cdots & \cdots & \cdots & \cdots & \cdots & \cdots \\ 0 & 0 & \cdots & 0 & 0 & \cdots & 0 \end{pmatrix}.$$

其中 1 的个数为 r.

证明 由定理 1.4.1 可知，矩阵 $\boldsymbol{A}$ 可经过有限次行初等变换化为行的阶梯形矩阵 $\boldsymbol{B}$, 然后再将 $\boldsymbol{B}$ 中元素 b_{11}，$b_{22},\cdots,b_{rr}$ 所在的列分别乘以 b_{11}^{-1}，$b_{22}^{-1},\cdots$，b_{rr}^{-1}，再利用行初等变换即可得到矩阵 $\boldsymbol{C}$. 进一步，再将 $\boldsymbol{C}$ 中元素作列换法变换，得

$$\boldsymbol{C}_1=\begin{pmatrix} 1 & 0 & \cdots & \cdots & 0 & d_{11} & \cdots & d_{1n} \\ 0 & 1 & 0 & \cdots & 0 & d_{21} & \cdots & d_{2n} \\ \cdots & \cdots & \cdots & \cdots & \cdots & \cdots & \cdots & \cdots \\ 0 & \cdots & \cdots & 0 & 1 & d_{r1} & \cdots & d_{rn} \\ 0 & \cdots & \cdots & \cdots & \cdots & \cdots & \cdots & 0 \\ \cdots & \cdots & \cdots & \cdots & \cdots & \cdots & \cdots & \cdots \\ 0 & \cdots & \cdots & \cdots & \cdots & \cdots & \cdots & 0 \end{pmatrix}.$$

再对 $\boldsymbol{C}_1$ 作列消法变换即可得到矩阵 $\boldsymbol{D}$. ∎

通常将标准形写成如下的分块矩阵

$$\boldsymbol{A}_{m\times n}\xrightarrow{\text{行初等变换及列初等变换}}\begin{pmatrix} \boldsymbol{E}_r & \boldsymbol{O}_{r\times(n-r)} \\ \boldsymbol{O}_{(m-r)\times r} & \boldsymbol{O}_{(m-r)\times(n-r)} \end{pmatrix}.$$

特别地，

(1) 当 $r=m=n$ 时， $\boldsymbol{A}$ 的标准形为单位矩阵 $\boldsymbol{E}$;

(2) 当 $r=m$ 时， $\boldsymbol{A}$ 的标准形分别为 $(\boldsymbol{E}_m\quad \boldsymbol{O})$;

(3) 当 $r=n$ 时， $\boldsymbol{A}$ 的标准形分别为 $\begin{pmatrix} \boldsymbol{E}_n \\ \boldsymbol{O} \end{pmatrix}$.

例 1.4.1 利用矩阵的初等变换将矩阵 $\boldsymbol{A}$ 化为标准形，其中

$$\boldsymbol{A}=\begin{pmatrix} 3 & -5 & 2 & 2 \\ 2 & -3 & 2 & -2 \\ 3 & -5 & 2 & 10 \\ 5 & -8 & 4 & 0 \end{pmatrix}.$$

解 对矩阵 $\boldsymbol{A}$ 施以行初等变换，将第 2 行乘以 -1 加到第 1 行上，得

$$\boldsymbol{A}=\begin{pmatrix} 3 & -5 & 2 & 2 \\ 2 & -3 & 2 & -2 \\ 3 & -5 & 2 & 10 \\ 5 & -8 & 4 & 0 \end{pmatrix}\longrightarrow\begin{pmatrix} 1 & -2 & 0 & 4 \\ 2 & -3 & 2 & -2 \\ 3 & -5 & 2 & 10 \\ 5 & -8 & 4 & 0 \end{pmatrix},$$

将上式右端矩阵的第 1 行乘以 -2, -3, -5 分别加到第 2, 3, 4 行上，得

$$\boldsymbol{A}\longrightarrow\begin{pmatrix} 1 & -2 & 0 & 4 \\ 2 & -3 & 2 & -2 \\ 3 & -5 & 2 & 10 \\ 5 & -8 & 4 & 0 \end{pmatrix}\longrightarrow\begin{pmatrix} 1 & -2 & 0 & 4 \\ 0 & 1 & 2 & -10 \\ 0 & 1 & 2 & -2 \\ 0 & 2 & 4 & -20 \end{pmatrix},$$

将上式右端矩阵的第 2 行乘以 $-1, -2$ 分别加到第 3, 4 行上，得阶梯形矩阵

$$A \longrightarrow \begin{pmatrix} 1 & -2 & 0 & 4 \\ 0 & 1 & 2 & -10 \\ 0 & 1 & 2 & -2 \\ 0 & 2 & 4 & -20 \end{pmatrix} \longrightarrow \begin{pmatrix} 1 & -2 & 0 & 4 \\ 0 & 1 & 2 & -10 \\ 0 & 0 & 0 & 8 \\ 0 & 0 & 0 & 0 \end{pmatrix},$$

将上式右端矩阵的第 2 行乘以 2 加到第 1 行上，第 3 行乘以 $\dfrac{1}{8}$, 得

$$A \longrightarrow \begin{pmatrix} 1 & -2 & 0 & 4 \\ 0 & 1 & 2 & -10 \\ 0 & 0 & 0 & 8 \\ 0 & 0 & 0 & 0 \end{pmatrix} \longrightarrow \begin{pmatrix} 1 & 0 & 4 & -16 \\ 0 & 1 & 2 & -10 \\ 0 & 0 & 0 & 1 \\ 0 & 0 & 0 & 0 \end{pmatrix},$$

将上式右端矩阵的第 3 行乘以 16, 10 分别加到第 1, 2 行上，得行的最简形矩阵

$$A \longrightarrow \begin{pmatrix} 1 & 0 & 4 & -16 \\ 0 & 1 & 2 & -10 \\ 0 & 0 & 0 & 1 \\ 0 & 0 & 0 & 0 \end{pmatrix} \longrightarrow \begin{pmatrix} 1 & 0 & 4 & 0 \\ 0 & 1 & 2 & 0 \\ 0 & 0 & 0 & 1 \\ 0 & 0 & 0 & 0 \end{pmatrix}.$$

对上式右端矩阵施以列初等变换，将第 1, 2 列分别乘以 $-4, -2$ 加到第 3 列，再将第 3 列与第 4 列互换，得标准形矩阵

$$A \longrightarrow \begin{pmatrix} 1 & 0 & 4 & 0 \\ 0 & 1 & 2 & 0 \\ 0 & 0 & 0 & 1 \\ 0 & 0 & 0 & 0 \end{pmatrix} \longrightarrow \begin{pmatrix} 1 & 0 & 0 & 0 \\ 0 & 1 & 0 & 0 \\ 0 & 0 & 0 & 1 \\ 0 & 0 & 0 & 0 \end{pmatrix} \longrightarrow \begin{pmatrix} 1 & 0 & 0 & 0 \\ 0 & 1 & 0 & 0 \\ 0 & 0 & 1 & 0 \\ 0 & 0 & 0 & 0 \end{pmatrix}.$$

利用矩阵的初等变换, 可以将一个矩阵化成三种不同形式的矩阵, 即阶梯形矩阵、行的最简形矩阵、标准形矩阵. 三种不同类型的矩阵具有不同的作用：阶梯形矩阵有利于求矩阵的秩 (秩的定义将在后面给出), 行的最简形矩阵有利于解线性方程组，将一个矩阵化成标准形矩阵是求逆矩阵的基本形式.

1.4.2 初等矩阵

初等变换与初等矩阵既有联系又有区别，现在来考察矩阵的初等变换与矩阵的运算之间的关系. 首先来分析几个矩阵乘法.

设 $\boldsymbol{E}$ 为 m 阶单位矩阵，矩阵单位 $\boldsymbol{E}_{ij}$ 为 m 阶， $m \times n$ 矩阵 $\boldsymbol{A}$ 按行分块为

$$\boldsymbol{A} = \begin{pmatrix} a_{11} & a_{12} & \cdots & a_{1n} \\ a_{21} & a_{22} & \cdots & a_{2n} \\ \cdots & \cdots & \cdots & \cdots \\ a_{m1} & a_{m2} & \cdots & a_{mn} \end{pmatrix} = \begin{pmatrix} \boldsymbol{A}_1 \\ \boldsymbol{A}_2 \\ \vdots \\ \boldsymbol{A}_m \end{pmatrix},$$

则对任意非零常数 k, 矩阵 $\boldsymbol{B}=\boldsymbol{E}+(k-1)\boldsymbol{E}_{ii}$ 与 $\boldsymbol{A}$ 的乘积为

$$\boldsymbol{BA}=\begin{pmatrix}1&&&&&&\\&\ddots&&&&&\\&&1&&&&\\&&&k&&&\\&&&&1&&\\&&&&&\ddots&\\&&&&&&1\end{pmatrix}\begin{pmatrix}\boldsymbol{A}_1\\\vdots\\\boldsymbol{A}_{i-1}\\\boldsymbol{A}_i\\\boldsymbol{A}_{i+1}\\\vdots\\\boldsymbol{A}_m\end{pmatrix}=\begin{pmatrix}\boldsymbol{A}_1\\\vdots\\\boldsymbol{A}_{i-1}\\k\boldsymbol{A}_i\\\boldsymbol{A}_{i+1}\\\vdots\\\boldsymbol{A}_m\end{pmatrix};$$

对任意常数 λ, 矩阵 $\boldsymbol{C}=\boldsymbol{E}+\lambda\boldsymbol{E}_{ij}\ (i<j)$ 与 $\boldsymbol{A}$ 的乘积为

$$\boldsymbol{CA}=\begin{pmatrix}1&&&&&\\&\ddots&&&&\\&&1&\cdots&\lambda&&\\&&&\ddots&\vdots&&\\&&&&1&&\\&&&&&\ddots&\\&&&&&&1\end{pmatrix}\begin{pmatrix}\boldsymbol{A}_1\\\vdots\\\boldsymbol{A}_i\\\vdots\\\boldsymbol{A}_j\\\vdots\\\boldsymbol{A}_m\end{pmatrix}=\begin{pmatrix}\boldsymbol{A}_1\\\vdots\\\boldsymbol{A}_i+\lambda\boldsymbol{A}_j\\\vdots\\\boldsymbol{A}_j\\\vdots\\\boldsymbol{A}_m\end{pmatrix};$$

矩阵 $\boldsymbol{D}=\boldsymbol{E}-\boldsymbol{E}_{ii}-\boldsymbol{E}_{jj}+\boldsymbol{E}_{ij}+\boldsymbol{E}_{ji}\ (i<j)$ 与 $\boldsymbol{A}$ 的乘积为

$$\boldsymbol{DA}=\begin{pmatrix}1&&&&&&&&&\\&\ddots&&&&&&&&\\&&1&&&&&&&\\&&&0&\cdots&\cdots&\cdots&1&&\\&&&\vdots&1&&&\vdots&&\\&&&\vdots&&\ddots&&\vdots&&\\&&&\vdots&&&1&\vdots&&\\&&&1&\cdots&\cdots&\cdots&0&&\\&&&&&&&&1&&\\&&&&&&&&&\ddots&\\&&&&&&&&&&1\end{pmatrix}\begin{pmatrix}\boldsymbol{A}_1\\\vdots\\\boldsymbol{A}_{i-1}\\\boldsymbol{A}_i\\\boldsymbol{A}_{i+1}\\\vdots\\\boldsymbol{A}_{j-1}\\\boldsymbol{A}_j\\\boldsymbol{A}_{j+1}\\\vdots\\\boldsymbol{A}_m\end{pmatrix}=\begin{pmatrix}\boldsymbol{A}_1\\\vdots\\\boldsymbol{A}_{i-1}\\\boldsymbol{A}_j\\\boldsymbol{A}_{i+1}\\\vdots\\\boldsymbol{A}_{j-1}\\\boldsymbol{A}_i\\\boldsymbol{A}_{j+1}\\\vdots\\\boldsymbol{A}_m\end{pmatrix}.$$

观察上面的等式, 第一个等式相当于对矩阵 $\boldsymbol{A}$ 作一次行的倍法变换, 第二个等式相当于对矩阵 $\boldsymbol{A}$ 作一次行的消法变换, 第三个等式相当于对矩阵 $\boldsymbol{A}$ 作一次行的换法变换. 我们如果用上述三种矩阵

$$\boldsymbol{E}+(k-1)\boldsymbol{E}_{ii},\quad \boldsymbol{E}+\lambda\boldsymbol{E}_{ij},\quad \boldsymbol{E}-\boldsymbol{E}_{ii}-\boldsymbol{E}_{jj}+\boldsymbol{E}_{ij}+\boldsymbol{E}_{ji}$$

右乘一个 $n\times s$ 矩阵, 会发现恰好对应矩阵的三种列初等变换.

为了更好地用矩阵的运算来描述矩阵的初等变换，我们引入初等矩阵的概念.

定义 1.4.2 设单位矩阵 $\boldsymbol{E}$ 与矩阵单位 $\boldsymbol{E}_{ij}$ 为同阶矩阵. 对任意非零常数 k, 称 $\boldsymbol{E}+(k-1)\boldsymbol{E}_{ii}$ 为倍法矩阵，记为 $\boldsymbol{E}(ki)$, 即

$$\boldsymbol{E}(ki)=\begin{pmatrix}1&&&&&&\\&\ddots&&&&&\\&&1&&&&\\&&&k&&&\\&&&&1&&\\&&&&&\ddots&\\&&&&&&1\end{pmatrix}\begin{matrix}\\\\\\(\text{第 } i \text{ 行});\\\\\\\\\end{matrix}$$

对任意常数 λ, 称 $\boldsymbol{E}+\lambda\boldsymbol{E}_{ij}$ $(i\neq j)$ 为消法矩阵，记为 $\boldsymbol{E}(i,\lambda j)$, 即

$$\begin{matrix}&&&(\text{第 } i \text{ 列})&&(\text{第 } j \text{ 列})&&\\\boldsymbol{E}(i,\lambda j)=&\begin{pmatrix}1&&&&&&\\&\ddots&&&&&\\&&1&\cdots&\lambda&&\\&&&\ddots&\vdots&&\\&&&&1&&\\&&&&&\ddots&\\&&&&&&1\end{pmatrix}&\begin{matrix}\\\\(\text{第 } i \text{ 行})\\\\(\text{第 } j \text{ 行})\\\\\\\end{matrix}\end{matrix};$$

称 $\boldsymbol{E}-\boldsymbol{E}_{ii}-\boldsymbol{E}_{jj}+\boldsymbol{E}_{ij}+\boldsymbol{E}_{ji}$ $(i\neq j)$ 为换法矩阵，记为 $\boldsymbol{E}(i,j)$, 即

$$\boldsymbol{E}(i,j)=\begin{pmatrix}1&&&&&&&&&\\&\ddots&&&&&&&&\\&&1&&&&&&&\\&&&0&\cdots&\cdots&\cdots&1&&\\&&&\vdots&1&&&\vdots&&\\&&&\vdots&&\ddots&&\vdots&&\\&&&\vdots&&&1&\vdots&&\\&&&1&\cdots&\cdots&\cdots&0&&\\&&&&&&&&1&\\&&&&&&&&&\ddots\\&&&&&&&&&&1\end{pmatrix}\begin{matrix}\\\\\\(\text{第 } i \text{ 行})\\\\\\\\(\text{第 } j \text{ 行})\\\\\\\\\end{matrix}.$$

（其中第 i 列、第 j 列分别标注于上方.）

倍法矩阵、消法矩阵和换法矩阵统称为初等矩阵.

显然，每一种初等矩阵都是由单位矩阵经过一次初等变换得到的，而且对一个矩阵施行一次初等行 (或列) 变换相当于用相应的初等矩阵左乘 (或右乘) 该矩阵.

容易验证，初等矩阵均为可逆矩阵，且

$$\boldsymbol{E}(ki)^{-1}=\boldsymbol{E}(k^{-1}i),\quad \boldsymbol{E}(i,\lambda j)^{-1}=\boldsymbol{E}(i,-\lambda j),\quad \boldsymbol{E}(i,j)^{-1}=\boldsymbol{E}(i,j),$$

即初等矩阵的逆矩阵仍为同型的初等矩阵．综上所述，我们可得如下定理.

定理 1.4.2 设 $\boldsymbol{A}$ 为 $m\times n$ 的非零矩阵，则存在 m 阶可逆矩阵 $\boldsymbol{P}$ 和 n 阶可逆矩阵 $\boldsymbol{Q}$, 使得

$$\boldsymbol{A}=\boldsymbol{P}\begin{pmatrix}\boldsymbol{E}_r & \boldsymbol{O}_{r\times(n-r)}\\ \boldsymbol{O}_{(m-r)\times r} & \boldsymbol{O}_{(m-r)\times(n-r)}\end{pmatrix}\boldsymbol{Q},$$

且等式中的非负整数 r 由矩阵 $\boldsymbol{A}$ 唯一确定.

证明 由推论 1.4.1 可知，$\boldsymbol{A}$ 经过若干次初等变换可化为标准形，即存在 m 阶初等矩阵 $\boldsymbol{P}_1, \boldsymbol{P}_2, \cdots, \boldsymbol{P}_s$ 和 n 阶初等矩阵 $\boldsymbol{Q}_1, \boldsymbol{Q}_2, \cdots, \boldsymbol{Q}_t$, 使得

$$\boldsymbol{P}_s\cdots\boldsymbol{P}_2\boldsymbol{P}_1\boldsymbol{A}\boldsymbol{Q}_1\boldsymbol{Q}_2\cdots\boldsymbol{Q}_t=\begin{pmatrix}\boldsymbol{E}_r & \boldsymbol{O}\\ \boldsymbol{O} & \boldsymbol{O}\end{pmatrix},$$

从而由初等矩阵是可逆矩阵，得

$$\boldsymbol{A}=\boldsymbol{P}_1^{-1}\boldsymbol{P}_2^{-1}\cdots\boldsymbol{P}_s^{-1}\begin{pmatrix}\boldsymbol{E}_r & \boldsymbol{O}\\ \boldsymbol{O} & \boldsymbol{O}\end{pmatrix}\boldsymbol{Q}_t^{-1}\cdots\boldsymbol{Q}_2^{-1}\boldsymbol{Q}_1^{-1}.$$

记 $\boldsymbol{P}=\boldsymbol{P}_1^{-1}\boldsymbol{P}_2^{-1}\cdots\boldsymbol{P}_s^{-1}$, $\boldsymbol{Q}=\boldsymbol{Q}_t^{-1}\cdots\boldsymbol{Q}_2^{-1}\boldsymbol{Q}_1^{-1}$, 则 $\boldsymbol{P}$ 为 m 阶可逆矩阵，$\boldsymbol{Q}$ 为 n 阶可逆矩阵，且

$$\boldsymbol{A}=\boldsymbol{P}\begin{pmatrix}\boldsymbol{E}_r & \boldsymbol{O}\\ \boldsymbol{O} & \boldsymbol{O}\end{pmatrix}\boldsymbol{Q}.$$

另一方面，如果存在 m 阶可逆矩阵 $\boldsymbol{H}$ 和 n 阶可逆矩阵 $\boldsymbol{R}$, 使得

$$\boldsymbol{P}\begin{pmatrix}\boldsymbol{E}_r & \boldsymbol{O}\\ \boldsymbol{O} & \boldsymbol{O}\end{pmatrix}\boldsymbol{Q}=\boldsymbol{A}=\boldsymbol{H}\begin{pmatrix}\boldsymbol{E}_s & \boldsymbol{O}\\ \boldsymbol{O} & \boldsymbol{O}\end{pmatrix}\boldsymbol{R},$$

下面证明 $r=s$.

事实上，如果 $s>r$, 则由前面的证明可知，存在可逆矩阵 $\boldsymbol{M}$ 和 $\boldsymbol{N}$, 使得

$$\boldsymbol{M}\begin{pmatrix}\boldsymbol{E}_r & \boldsymbol{O}\\ \boldsymbol{O} & \boldsymbol{O}\end{pmatrix}\boldsymbol{N}=\begin{pmatrix}\boldsymbol{E}_s & \boldsymbol{O}\\ \boldsymbol{O} & \boldsymbol{O}\end{pmatrix}.$$

将矩阵 $\boldsymbol{M}$ 和 $\boldsymbol{N}^{-1}$ 按如下分块

$$\boldsymbol{M}=\begin{pmatrix}\boldsymbol{M}_1 & \boldsymbol{M}_2\\ \boldsymbol{M}_3 & \boldsymbol{M}_4\end{pmatrix},\quad \boldsymbol{N}^{-1}=\begin{pmatrix}\boldsymbol{N}_1 & \boldsymbol{N}_2\\ \boldsymbol{N}_3 & \boldsymbol{N}_4\end{pmatrix},$$

其中 $\boldsymbol{M}_1$ 为 $s\times r$ 矩阵，$\boldsymbol{N}_1$ 为 s 阶矩阵，则由

$$\begin{pmatrix}\boldsymbol{M}_1 & \boldsymbol{M}_2\\ \boldsymbol{M}_3 & \boldsymbol{M}_4\end{pmatrix}\begin{pmatrix}\boldsymbol{E}_r & \boldsymbol{O}\\ \boldsymbol{O} & \boldsymbol{O}\end{pmatrix}=\begin{pmatrix}\boldsymbol{E}_s & \boldsymbol{O}\\ \boldsymbol{O} & \boldsymbol{O}\end{pmatrix}\begin{pmatrix}\boldsymbol{N}_1 & \boldsymbol{N}_2\\ \boldsymbol{N}_3 & \boldsymbol{N}_4\end{pmatrix}$$

可得

$$\begin{pmatrix}\boldsymbol{M}_1 & \boldsymbol{O}\\ \boldsymbol{M}_3 & \boldsymbol{O}\end{pmatrix}=\begin{pmatrix}\boldsymbol{N}_1 & \boldsymbol{N}_2\\ \boldsymbol{O} & \boldsymbol{O}\end{pmatrix},$$

从而由 $s>r$ 可得

$$\boldsymbol{N}_1=(\,\boldsymbol{M}_1\quad \boldsymbol{O}_{s\times(s-r)}\,),\quad \boldsymbol{N}_2=\boldsymbol{O}_{s\times(n-s)},$$

由 $\boldsymbol{N}_2=\boldsymbol{O}$ 可知，$\boldsymbol{N}^{-1}$ 的子分块 $\boldsymbol{N}_1$ 为可逆矩阵，这与 $\boldsymbol{N}_1=(\boldsymbol{M}_1\ \boldsymbol{O}_{s\times(s-r)})$ 矛盾，此矛盾说明 $s\leqslant r$.

同理可知，$s\geqslant r$, 从而 $s=r$, 即 r 是由 $\boldsymbol{A}$ 唯一确定的. ∎

定理 1.4.2 中的等式称为矩阵 $\boldsymbol{A}$ 的等价分解，等式中的矩阵

$$\begin{pmatrix}\boldsymbol{E}_r & \boldsymbol{O}\\ \boldsymbol{O} & \boldsymbol{O}\end{pmatrix}$$

称为 $\boldsymbol{A}$ 的等价标准形. 定理 1.4.2 只证明了标准形中 r 的唯一性，这并不说明等价分解式中的三项都是唯一的. 例如

$$\begin{pmatrix}1 & 2\\ 0 & 1\end{pmatrix}\begin{pmatrix}1 & 0\\ 0 & 0\end{pmatrix}\begin{pmatrix}1 & 0\\ 2 & 3\end{pmatrix}=\begin{pmatrix}1 & 0\\ 0 & 0\end{pmatrix}=\begin{pmatrix}1 & 1\\ 0 & 1\end{pmatrix}\begin{pmatrix}1 & 0\\ 0 & 0\end{pmatrix}\begin{pmatrix}1 & 0\\ 1 & 1\end{pmatrix}.$$

特别地，如果 $\boldsymbol{A}$ 为 n 阶可逆矩阵，则由定理 1.4.2 的证明过程可知，存在 n 阶初等矩阵 $\boldsymbol{P}_1, \boldsymbol{P}_2, \cdots, \boldsymbol{P}_s$ 及 $\boldsymbol{Q}_1, \boldsymbol{Q}_2, \cdots, \boldsymbol{Q}_t$, 使得

$$\boldsymbol{A}=\boldsymbol{P}_1^{-1}\boldsymbol{P}_2^{-1}\cdots\boldsymbol{P}_s^{-1}\boldsymbol{Q}_t^{-1}\cdots\boldsymbol{Q}_2^{-1}\boldsymbol{Q}_1^{-1}.$$

由此可得:

推论 1.4.2 n 阶矩阵 $\boldsymbol{A}$ 为可逆矩阵的充分必要条件是 $\boldsymbol{A}$ 可以表示为有限个 n 阶初等矩阵的乘积.

推论 1.4.3 用一个可逆矩阵左乘 (或右乘) 一个矩阵等价于对该矩阵作若干次行 (或列) 初等变换.

设 $\boldsymbol{A}$ 为 n 阶可逆矩阵，$\boldsymbol{B}$ 为 $n\times m$ 矩阵，则由推论 1.4.2 可知，存在初等矩阵 $\boldsymbol{Q}_1, \boldsymbol{Q}_2, \cdots, \boldsymbol{Q}_s$, 使得

$$\boldsymbol{A}=\boldsymbol{Q}_1\boldsymbol{Q}_2\cdots\boldsymbol{Q}_s,$$

从而由分块矩阵的乘法运算可得

$$\boldsymbol{Q}_s^{-1}\cdots\boldsymbol{Q}_2^{-1}\boldsymbol{Q}_1^{-1}(\,\boldsymbol{A}\quad\boldsymbol{B}\,)=\boldsymbol{A}^{-1}(\,\boldsymbol{A}\quad\boldsymbol{B}\,)=(\,\boldsymbol{E}_n\quad\boldsymbol{A}^{-1}\boldsymbol{B}\,).$$

由此可得：

(1) 对 $(\boldsymbol{A}\quad\boldsymbol{B})$ 作行初等变换，当 $\boldsymbol{A}$ 化成单位矩阵时，矩阵 $\boldsymbol{B}$ 化为 $\boldsymbol{A}^{-1}\boldsymbol{B}$;

(2) 对 $(\boldsymbol{A}\quad\boldsymbol{E}_n)$ 作行初等变换，当 $\boldsymbol{A}$ 化成单位矩阵时，矩阵 $\boldsymbol{E}_n$ 化成 $\boldsymbol{A}^{-1}$.

我们通过几个例子来分别说明它们的应用.

例 1.4.2 用初等变换法求可逆矩阵 $\boldsymbol{A}$ 的逆矩阵，其中

$$\boldsymbol{A}=\begin{pmatrix}1&1&-1\\2&-1&0\\1&0&1\end{pmatrix}.$$

解 对分块矩阵 $(\boldsymbol{A}\ \boldsymbol{E}_3)$ 作行初等变换，得

$$(\boldsymbol{A}\ \boldsymbol{E}_3)=\begin{pmatrix}1&1&-1&1&0&0\\2&-1&0&0&1&0\\1&0&1&0&0&1\end{pmatrix}\to\begin{pmatrix}1&1&-1&1&0&0\\0&-3&2&-2&1&0\\0&-1&2&-1&0&1\end{pmatrix}$$

$$\to\begin{pmatrix}1&0&1&0&0&1\\0&0&-4&1&1&-3\\0&-1&2&-1&0&1\end{pmatrix}\to\begin{pmatrix}1&0&1&0&0&1\\0&1&-2&1&0&-1\\0&0&4&-1&-1&3\end{pmatrix}$$

$$\to\begin{pmatrix}1&0&1&0&0&1\\0&1&-2&1&0&-1\\0&0&1&-\frac{1}{4}&-\frac{1}{4}&\frac{3}{4}\end{pmatrix}\to\begin{pmatrix}1&0&0&\frac{1}{4}&\frac{1}{4}&\frac{1}{4}\\0&1&0&\frac{1}{2}&-\frac{1}{2}&\frac{1}{2}\\0&0&1&-\frac{1}{4}&-\frac{1}{4}&\frac{3}{4}\end{pmatrix},$$

从而 $\boldsymbol{A}$ 为可逆矩阵，且

$$\boldsymbol{A}^{-1}=\begin{pmatrix}\frac{1}{4}&\frac{1}{4}&\frac{1}{4}\\\frac{1}{2}&-\frac{1}{2}&\frac{1}{2}\\-\frac{1}{4}&-\frac{1}{4}&\frac{3}{4}\end{pmatrix}.$$

例 1.4.3 求矩阵 $\boldsymbol{X}$, 使得 $\boldsymbol{AX}=\boldsymbol{B}$, 其中

$$\boldsymbol{A}=\begin{pmatrix}1&1&-1\\1&2&0\\-1&1&5\end{pmatrix},\quad\boldsymbol{B}=\begin{pmatrix}1&-1\\2&0\\3&1\end{pmatrix}.$$

解 对分块矩阵 $(\boldsymbol{A}\ \boldsymbol{B})$ 作行初等变换，将 $\boldsymbol{A}$ 化为 $\boldsymbol{E}$, 即

$$(\boldsymbol{A}\ \boldsymbol{B})=\begin{pmatrix}1&1&-1&1&-1\\1&2&0&2&0\\-1&1&5&3&1\end{pmatrix}\to\begin{pmatrix}1&1&-1&1&-1\\0&1&1&1&1\\0&2&4&4&0\end{pmatrix}$$

$$\rightarrow \begin{pmatrix} 1 & 0 & -2 & 0 & -2 \\ 0 & 1 & 1 & 1 & 1 \\ 0 & 0 & 2 & 2 & -2 \end{pmatrix} \rightarrow \begin{pmatrix} 1 & 0 & 0 & 2 & -4 \\ 0 & 1 & 0 & 0 & 2 \\ 0 & 0 & 1 & 1 & -1 \end{pmatrix},$$

从而 $\boldsymbol{A}$ 为可逆矩阵，且当

$$\boldsymbol{X} = \boldsymbol{A}^{-1}\boldsymbol{B} = \begin{pmatrix} 2 & -4 \\ 0 & 2 \\ 1 & -1 \end{pmatrix}$$

时，有

$$\boldsymbol{AX} = \boldsymbol{A}(\boldsymbol{A}^{-1}\boldsymbol{B}) = (\boldsymbol{AA}^{-1})\boldsymbol{B} = \boldsymbol{B}.$$

例 1.4.4 求解方程组

$$\begin{cases} x_1 - x_2 + x_3 = -2, \\ 2x_1 - x_2 - 3x_3 = 1, \\ 2x_1 - x_2 - 2x_3 = -1. \end{cases}$$

解 设方程组的系数矩阵、常数项矩阵、未知量矩阵分别为

$$\boldsymbol{A} = \begin{pmatrix} 1 & -1 & 1 \\ 2 & -1 & -3 \\ 2 & -1 & -2 \end{pmatrix}, \quad \boldsymbol{B} = \begin{pmatrix} -2 \\ 1 \\ -1 \end{pmatrix}, \quad \boldsymbol{X} = \begin{pmatrix} x_1 \\ x_2 \\ x_3 \end{pmatrix},$$

则原方程组可改写为矩阵方程

$$\boldsymbol{AX} = \boldsymbol{B}.$$

对 $(\boldsymbol{A}\ \boldsymbol{B})$ 施以行初等变换，得

$$(\boldsymbol{A}\ \boldsymbol{B}) = \begin{pmatrix} 1 & -1 & 1 & -2 \\ 2 & -1 & -3 & 1 \\ 2 & -1 & -2 & -1 \end{pmatrix} \longrightarrow \begin{pmatrix} 1 & -1 & 1 & -2 \\ 0 & 1 & -5 & 5 \\ 0 & 1 & -4 & 3 \end{pmatrix}$$

$$\longrightarrow \begin{pmatrix} 1 & -1 & 1 & -2 \\ 0 & 1 & -5 & 5 \\ 0 & 0 & 1 & -2 \end{pmatrix} \longrightarrow \begin{pmatrix} 1 & 0 & 0 & -5 \\ 0 & 1 & 0 & -5 \\ 0 & 0 & 1 & -2 \end{pmatrix} = (\boldsymbol{E}_3\ \boldsymbol{X}),$$

从而方程组的解为

$$x_1 = -5,\ x_2 = -5,\ x_3 = -2.$$

1.4.3　矩阵的秩

对于给定的矩阵 $\boldsymbol{A}$，由定理 1.4.2 可知，$\boldsymbol{A}$ 的标准形和 $\boldsymbol{A}$ 是同型矩阵，且 $\boldsymbol{A}$ 的标准形由其元素中含有 1 的个数唯一确定. 为此引入“秩”的概念，它反映的是矩阵的内在特性，是矩阵的一个重要特征.

定义 1.4.3 设 $\boldsymbol{A}$ 为 $m \times n$ 矩阵，如果 $\boldsymbol{A}$ 的标准形为

$$\begin{pmatrix} \boldsymbol{E}_r & \boldsymbol{O} \\ \boldsymbol{O} & \boldsymbol{O} \end{pmatrix},$$

则称数 r 为 $\boldsymbol{A}$ 的秩，记为 $R(\boldsymbol{A})$, 即 $R(\boldsymbol{A}) = r$. 规定零矩阵的秩为 0.

由定理 1.4.2 可知，矩阵 $\boldsymbol{A}$ 的秩就是 $\boldsymbol{A}$ 的行阶梯形矩阵的非零行的个数.

例 1.4.5 求矩阵 $\boldsymbol{A}$ 的秩，其中

$$\boldsymbol{A} = \begin{pmatrix} 0 & 2 & -1 & 2 & 1 \\ 1 & 2 & 1 & 1 & 2 \\ 2 & 3 & -1 & 4 & 1 \\ 5 & 8 & -1 & 9 & 4 \end{pmatrix}.$$

解 对矩阵 $\boldsymbol{A}$ 作行初等变换，得

$$\boldsymbol{A} = \begin{pmatrix} 0 & 2 & -1 & 2 & 1 \\ 1 & 2 & 1 & 1 & 2 \\ 2 & 3 & -1 & 4 & 1 \\ 5 & 8 & -1 & 9 & 4 \end{pmatrix} \rightarrow \begin{pmatrix} 1 & 2 & 1 & 1 & 2 \\ 0 & 2 & -1 & 2 & 1 \\ 2 & 3 & -1 & 4 & 1 \\ 5 & 8 & -1 & 9 & 4 \end{pmatrix}$$

$$\rightarrow \begin{pmatrix} 1 & 2 & 1 & 1 & 2 \\ 0 & 2 & -1 & 2 & 1 \\ 0 & -1 & -3 & 2 & -3 \\ 0 & -2 & -6 & 4 & -6 \end{pmatrix} \rightarrow \begin{pmatrix} 1 & 2 & 1 & 1 & 2 \\ 0 & -1 & -3 & 2 & -3 \\ 0 & 2 & -1 & 2 & 1 \\ 0 & -2 & -6 & 4 & -6 \end{pmatrix}$$

$$\rightarrow \begin{pmatrix} 1 & 2 & 1 & 1 & 2 \\ 0 & -1 & -3 & 2 & -3 \\ 0 & 0 & -7 & 6 & -5 \\ 0 & 0 & 0 & 0 & 0 \end{pmatrix}.$$

从而 $\boldsymbol{A}$ 的秩为 3.

如果矩阵 $\boldsymbol{A}$ 经初等变换化成矩阵 $\boldsymbol{B}$, 则 $\boldsymbol{B}$ 也可通过初等变换化成矩阵 $\boldsymbol{A}$, 进而可通过初等变换化成矩阵 $\boldsymbol{A}$ 的标准形，于是 $\boldsymbol{A}$ 的标准形也是 $\boldsymbol{B}$ 的标准形. 这说明，对矩阵进行初等变换，不会改变它的标准形，因此初等变换不改变矩阵的秩.

定理 1.4.3 设 $\boldsymbol{P}$ 与 $\boldsymbol{Q}$ 分别为 m 阶与 n 阶可逆矩阵， $\boldsymbol{A}$ 为 $m \times n$ 矩阵，则

$$R(\boldsymbol{A}) = R(\boldsymbol{PA}) = R(\boldsymbol{AQ}) = R(\boldsymbol{PAQ}).$$

推论 1.4.4 设 $\boldsymbol{A}$ 与 $\boldsymbol{B}$ 均为 $m \times n$ 矩阵，则 $\boldsymbol{A}$ 与 $\boldsymbol{B}$ 等价的充分必要条件是

$$R(\boldsymbol{A}) = R(\boldsymbol{B}).$$

推论 1.4.5 n 阶矩阵 $\boldsymbol{A}$ 为可逆矩阵的充分必要条件是 $R(\boldsymbol{A}) = n$.

推论 1.4.6 设 $\boldsymbol{A}$ 与 $\boldsymbol{B}$ 均为 $m\times n$ 矩阵，则

$$R(\boldsymbol{AB})\leqslant \min\{R(\boldsymbol{A}),\ R(\boldsymbol{B})\}.$$

证明 设 $\boldsymbol{A}$ 为 $m\times n$ 矩阵， $\boldsymbol{B}$ 为 $n\times s$ 矩阵，则由定理 1.4.2 可知，存在 m 阶可逆矩阵 $\boldsymbol{P}$ 及 n 阶可逆矩阵 $\boldsymbol{Q}$, 使得

$$\boldsymbol{A}=\boldsymbol{P}\begin{pmatrix}\boldsymbol{E}_r & \boldsymbol{O}\\ \boldsymbol{O} & \boldsymbol{O}\end{pmatrix}\boldsymbol{Q}.$$

将矩阵 $\boldsymbol{QB}$ 的前 r 行构成的子块记为 $\boldsymbol{B}_r$, 后 $n-r$ 行构成的子块记为 $\boldsymbol{B}_{n-r}$, 则

$$\boldsymbol{AB}=\boldsymbol{P}\begin{pmatrix}\boldsymbol{E}_r & \boldsymbol{O}\\ \boldsymbol{O} & \boldsymbol{O}\end{pmatrix}\boldsymbol{QB}=\boldsymbol{P}\begin{pmatrix}\boldsymbol{E}_r & \boldsymbol{O}\\ \boldsymbol{O} & \boldsymbol{O}\end{pmatrix}\begin{pmatrix}\boldsymbol{B}_r\\ \boldsymbol{B}_{n-r}\end{pmatrix}=\boldsymbol{P}\begin{pmatrix}\boldsymbol{B}_r\\ \boldsymbol{O}\end{pmatrix},$$

故由定理 1.4.3 可得

$$R(\boldsymbol{AB})=R\left[\boldsymbol{P}\begin{pmatrix}\boldsymbol{B}_r\\ \boldsymbol{O}\end{pmatrix}\right]=R\left[\begin{pmatrix}\boldsymbol{B}_r\\ \boldsymbol{O}\end{pmatrix}\right]\leqslant R(\boldsymbol{QB})=R(\boldsymbol{B}),$$

从而由

$$R(\boldsymbol{B}_r)\leqslant r=R(\boldsymbol{A})$$

可得

$$R(\boldsymbol{AB})\leqslant \min\{R(\boldsymbol{A}),\ R(\boldsymbol{B})\}.$$ ∎

例 1.4.6 设 $\boldsymbol{A}$ 为 4×3 矩阵，且 $R(\boldsymbol{A})=2$, 求 $R(\boldsymbol{AB})$, 其中

$$\boldsymbol{B}=\begin{pmatrix}1&0&2\\0&2&0\\-1&0&3\end{pmatrix}.$$

解 对矩阵 $\boldsymbol{B}$ 施以行初等变换，得

$$\boldsymbol{B}=\begin{pmatrix}1&0&2\\0&2&0\\-1&0&3\end{pmatrix}\longrightarrow\begin{pmatrix}1&0&2\\0&2&0\\0&0&5\end{pmatrix},$$

故 $R(\boldsymbol{B})=3$, 于是由推论 1.4.5 可知， $\boldsymbol{B}$ 为可逆矩阵.

另一方面，由 $R(\boldsymbol{A})=2$ 可知，存在 4 阶可逆矩阵 $\boldsymbol{P}$ 和 3 阶可逆矩阵 $\boldsymbol{Q}$, 使得

$$\boldsymbol{A}=\boldsymbol{P}\begin{pmatrix}\boldsymbol{E}_2 & \boldsymbol{O}\\ \boldsymbol{O} & \boldsymbol{O}\end{pmatrix}\boldsymbol{Q},$$

故

$$\boldsymbol{AB}=\boldsymbol{P}\begin{pmatrix}\boldsymbol{E}_2 & \boldsymbol{O}\\ \boldsymbol{O} & \boldsymbol{O}\end{pmatrix}(\boldsymbol{QB}),$$

从而由 $\boldsymbol{QB}$ 为可逆矩阵可知，

$$R(\boldsymbol{AB})=2.$$

习题 1.4

1.4.1 设 $\boldsymbol{A}$ 为 n 阶矩阵，单位矩阵 $\boldsymbol{E}_n$ 按列分块为 $\boldsymbol{E}_n=(\boldsymbol{\varepsilon}_1,\boldsymbol{\varepsilon}_2,\boldsymbol{\varepsilon}_3,\boldsymbol{\varepsilon}_4,\boldsymbol{\varepsilon}_5,\boldsymbol{\varepsilon}_6,\cdots,\boldsymbol{\varepsilon}_n)$. 如果 $\boldsymbol{P}=(\boldsymbol{\varepsilon}_3,\boldsymbol{\varepsilon}_1,\boldsymbol{\varepsilon}_5,\boldsymbol{\varepsilon}_4,\boldsymbol{\varepsilon}_2,\boldsymbol{\varepsilon}_6,\cdots,\boldsymbol{\varepsilon}_n)$, 说明 $\boldsymbol{PA}$ 及 $\boldsymbol{AP}$ 相对 $\boldsymbol{A}$ 的变化情况.

1.4.2 判断下列矩阵是否为可逆矩阵，如果是可逆矩阵求出它的逆矩阵：

(1) $\begin{pmatrix}1&0&0\\2&1&0\\-3&2&1\end{pmatrix}$; (2) $\begin{pmatrix}1&-1&1\\2&0&1\\1&0&-1\end{pmatrix}$;

(3) $\begin{pmatrix}0&0&0&4\\0&0&3&0\\0&2&0&0\\1&0&0&0\end{pmatrix}$; (4) $\begin{pmatrix}1&0&0&0\\0&0&0&1\\0&0&1&0\\0&1&0&0\end{pmatrix}$.

1.4.3 用初等变换的方法求下列各矩阵的逆矩阵：

(1) $\begin{pmatrix}1&2&3&4\\2&3&1&2\\1&1&1&-1\\1&0&-2&-6\end{pmatrix}$; (2) $\begin{pmatrix}1&1&1&1\\1&1&-1&-1\\1&-1&1&-1\\1&-1&-1&1\end{pmatrix}$;

(3) $\begin{pmatrix}2&1&0&0\\0&2&1&0\\0&0&2&1\\0&0&0&2\end{pmatrix}$; (4) $\begin{pmatrix}2&1&0&0&0\\0&2&1&0&0\\0&0&2&1&0\\0&0&0&2&1\\1&0&0&0&2\end{pmatrix}$;

(5) $\begin{pmatrix}1&1&\cdots&1&1\\0&1&\cdots&1&1\\\cdots&\cdots&\cdots&\cdots&\cdots\\0&0&\cdots&1&1\\0&0&\cdots&0&1\end{pmatrix}_{n\times n}$; (6) $\begin{pmatrix}2&1&0&0&0\\1&2&1&0&0\\0&1&2&1&0\\0&0&1&2&1\\0&0&0&1&2\end{pmatrix}$;

(7) $\begin{pmatrix}a&0&0&b\\0&a&b&0\\0&b&a&0\\b&0&0&a\end{pmatrix}$ $(a\neq\pm b)$;

(8) $\begin{pmatrix}1&\cdots&0&a_1&0&\cdots&0\\\cdots&\cdots&\cdots&\cdots&\cdots&\cdots&\cdots\\0&\cdots&1&a_{i-1}&0&\cdots&0\\0&\cdots&0&a_i&0&\cdots&0\\0&\cdots&0&a_{i+1}&1&\cdots&0\\\cdots&\cdots&\cdots&\cdots&\cdots&\cdots&\cdots\\0&\cdots&0&a_n&0&\cdots&1\end{pmatrix}$ $(a_i\neq 0,\ i=1,2,\cdots,n)$.

1.4.4 设矩阵 $\boldsymbol{A}$ 的某些行为零行，证明：对 $\boldsymbol{A}$ 施以某些列初等变换后，原零行仍为零行.

1.4.5 判断下列结论是否正确：

(1) 若 n 阶矩阵 $\boldsymbol{A}, \boldsymbol{B}, \boldsymbol{C}$ 满足 $\boldsymbol{ABC}=\boldsymbol{E}_n$, 则 $\boldsymbol{ACB}=\boldsymbol{E}_n$, 且 $\boldsymbol{CAB}=\boldsymbol{E}_n$.

(2) 若 $\boldsymbol{A}$ 为可逆矩阵，则 $(2\boldsymbol{A})^{-1}=\dfrac{1}{2}\boldsymbol{A}^{-1}$.

(3) 若 $\boldsymbol{AB}=\boldsymbol{O}$, 则 $\boldsymbol{A}$ 及 $\boldsymbol{B}$ 都不是可逆矩阵.

(4) 若 n 阶矩阵 $\boldsymbol{A}$ 满足 $\boldsymbol{A}^2=\boldsymbol{O}$, 则 $\boldsymbol{E}_n+\boldsymbol{A}$ 为可逆矩阵.

(5) 若 $\boldsymbol{A}$ 为可逆对称 (反对称) 矩阵，则 $\boldsymbol{A}^{-1}$ 仍为可逆对称矩阵 (反对称矩阵).

(6) 若矩阵 $\boldsymbol{A}$ 与 $\boldsymbol{B}$ 可交换， $\boldsymbol{B}$ 为可逆矩阵，则 $\boldsymbol{A}$ 与 $\boldsymbol{B}^{-1}$ 可交换.

1.4.6 求矩阵 $\boldsymbol{X}$, 使得

$$\boldsymbol{X}\begin{pmatrix}0&1&2\\3&-1&4\\0&5&2\end{pmatrix}=\begin{pmatrix}4&1&0\\-1&2&3\end{pmatrix}.$$

1.4.7 设 $\boldsymbol{A}=\mathrm{diag}\left(\dfrac{1}{3},\dfrac{1}{4},\dfrac{1}{7}\right)$, 且矩阵 $\boldsymbol{B}$ 满足 $\boldsymbol{A}^{-1}\boldsymbol{BA}=6\boldsymbol{A}+\boldsymbol{BA}$, 求 $\boldsymbol{B}$.

1.4.8 设矩阵 $\boldsymbol{A}$ 满足 $\boldsymbol{AB}=\boldsymbol{A}+2\boldsymbol{B}$, 求 $\boldsymbol{B}$, 其中

$$\boldsymbol{A}=\begin{pmatrix}4&2&3\\1&1&0\\-1&2&3\end{pmatrix}.$$

1.4.9 设 m 为正整数，且 $\boldsymbol{A}^m=\boldsymbol{O}$, 证明： $\boldsymbol{E}-\boldsymbol{A}$ 可逆，并用 $\boldsymbol{A}$ 表示 $(\boldsymbol{E}-\boldsymbol{A})^{-1}$.

1.4.10 证明：如果 n 阶矩阵 $\boldsymbol{A}$ 可逆，且 $\boldsymbol{A}^2=\boldsymbol{A}$, 则 $\boldsymbol{A}=\boldsymbol{E}$.

1.4.11 求下列矩阵的秩：

(1) $\begin{pmatrix}1&2&0&3\\-1&-1&-2&1\\3&4&4&1\end{pmatrix}$； (2) $\begin{pmatrix}-3&-1&-2&2&0\\-4&-3&0&3&0\\-2&3&-1&4&2\end{pmatrix}$；

(3) $\begin{pmatrix}2&-2&3&12\\6&8&0&4\\3&0&1&2\\5&10&-10&17\end{pmatrix}$； (4) $\begin{pmatrix}3&3&6&-1&0\\2&2&4&-2&0\\3&0&6&-1&1\\2&-1&4&2&1\end{pmatrix}$.

1.4.12 证明： n 阶矩阵 $\boldsymbol{A}$ 为可逆矩阵的充分必要条件为 $R(\boldsymbol{A})=n$.

1.4.13 证明：设 $\boldsymbol{ABA}=\boldsymbol{A}$, 且 $\boldsymbol{BAB}=\boldsymbol{B}$, 则 $R(\boldsymbol{A})=R(\boldsymbol{B})$.

1.4.14 用初等变换方法解下列方程组：

(1) $\begin{cases}2x_1-x_2+3x_3=1,\\3x_1+2x_2-x_3=2,\\x_1-x_2+x_3=-1;\end{cases}$ (2) $\begin{cases}x_1+4x_2-5x_3=2,\\2x_1-x_2-x_3=1,\\x_1+2x_2+x_3=0.\end{cases}$

1.5 线性方程组

由上一节讨论可知，如果令

$$
\boldsymbol{A}=\begin{pmatrix} a_{11} & a_{12} & \cdots & a_{1n} \\ a_{21} & a_{22} & \cdots & a_{2n} \\ \cdots & \cdots & \cdots & \cdots \\ a_{m1} & a_{m2} & \cdots & a_{mn} \end{pmatrix},\quad \boldsymbol{B}=\begin{pmatrix} b_1 \\ b_2 \\ \vdots \\ b_m \end{pmatrix},\quad \boldsymbol{X}=\begin{pmatrix} x_1 \\ x_2 \\ \vdots \\ x_n \end{pmatrix},
$$

则一般形式的线性方程组

$$
\begin{cases} a_{11}x_1+a_{12}x_2+\cdots+a_{1n}x_n=b_1, \\ a_{21}x_1+a_{22}x_2+\cdots+a_{2n}x_n=b_2, \\ \cdots\cdots\cdots\cdots\cdots\cdots\cdots\cdots\cdots \\ a_{m1}x_1+a_{m2}x_2+\cdots+a_{mn}x_n=b_m \end{cases}
$$

可写为矩阵乘积的形式

$$\boldsymbol{AX}=\boldsymbol{B},$$

故对方程组 $\boldsymbol{AX}=\boldsymbol{B}$ 用 Gauss 消元法化简，相当于对 $(\boldsymbol{A}\mid\boldsymbol{B})$ 施以行初等变换.

设 $R(\boldsymbol{A})=r>0$, 则由定理 1.4.1 可知，$(\boldsymbol{A}\mid\boldsymbol{B})$ 可化为行阶梯形矩阵

$$
\begin{pmatrix}
0 & \cdots & 0 & c_{1i_1} & \cdots & * & * & \cdots & * & * & \cdots & * & d_1 \\
0 & \cdots & 0 & 0 & \cdots & 0 & c_{2i_2} & \cdots & * & * & \cdots & * & d_2 \\
\vdots & & \vdots & \vdots & & \vdots & \vdots & & \vdots & \vdots & & \vdots & \vdots \\
0 & \cdots & 0 & 0 & \cdots & 0 & 0 & \cdots & 0 & c_{ri_r} & \cdots & * & d_r \\
0 & \cdots & 0 & 0 & \cdots & 0 & 0 & \cdots & 0 & 0 & \cdots & 0 & d_{r+1} \\
0 & \cdots & 0 & 0 & \cdots & 0 & 0 & \cdots & 0 & 0 & \cdots & 0 & 0 \\
\vdots & & \vdots & \vdots & & \vdots & \vdots & & \vdots & \vdots & & \vdots & \vdots \\
0 & \cdots & 0 & 0 & \cdots & 0 & 0 & \cdots & 0 & 0 & \cdots & 0 & 0
\end{pmatrix},
$$

其中

$$c_{j,i_j}\neq 0,\quad j=1,2,\cdots,r.$$

由此可知，讨论方程组 $\boldsymbol{AX}=\boldsymbol{B}$ 的解转化为讨论 d_{r+1} 的不同情形：

(1) 如果 $d_{r+1}\neq 0$, 则方程组 $\boldsymbol{AX}=\boldsymbol{B}$ 无解，此时

$$r=R(\boldsymbol{A})\neq R((\boldsymbol{A}\mid\boldsymbol{B}))=r+1;$$

(2) 如果 $d_{r+1}=0$, 且 $r=n$, 则

$$R(\boldsymbol{A})=R((\boldsymbol{A}\mid\boldsymbol{B}))=n,$$

此时方程组 $\boldsymbol{AX}=\boldsymbol{B}$ 对应的同解方程组为

$$\begin{cases} c_{11}x_1 + c_{12}x_2 + \cdots + c_{1n}x_n = d_1, \\ \qquad\quad c_{22}x_2 + \cdots + c_{2n}x_n = d_2, \\ \qquad\qquad\qquad \cdots\cdots\cdots\cdots, \\ \qquad\qquad\qquad\quad c_{nn}x_n = d_n, \end{cases}$$

从而由 $c_{ii} \neq 0\ (i = 1, 2, \cdots, n)$ 可知，方程组 $\boldsymbol{AX} = \boldsymbol{B}$ 有唯一解；

(3) 如果 $d_{r+1} = 0$, 且 $r < n$, 则

$$R(\boldsymbol{A}) = R((\boldsymbol{A} \mid \boldsymbol{B})) = r < n,$$

此时方程组 $\boldsymbol{AX} = \boldsymbol{B}$ 对应的同解方程组为

$$\begin{cases} c_{11}x_1 + c_{12}x_2 + \cdots + c_{1r}x_r + c_{1,r+1}x_{r+1} + \cdots + c_{1n}x_n = d_1, \\ \qquad\quad c_{22}x_2 + \cdots + c_{2r}x_r + c_{2,r+1}x_{r+1} + \cdots + c_{2n}x_n = d_2, \\ \qquad\qquad\qquad \cdots\cdots\cdots\cdots\cdots\cdots\cdots\cdots, \\ \qquad\qquad\qquad\quad c_{rr}x_r + c_{r,r+1}x_{r+1} + \cdots + c_{rn}x_n = d_r. \end{cases}$$

将上面的方程组改写为

$$\begin{cases} c_{11}x_1 + c_{12}x_2 + \cdots + c_{1r}x_r = d_1 - c_{1,r+1}x_{r+1} - \cdots - c_{1n}x_n, \\ \qquad\quad c_{22}x_2 + \cdots + c_{2r}x_r = d_2 - c_{2,r+1}x_{r+1} - \cdots - c_{2n}x_n, \\ \qquad\qquad\qquad \cdots\cdots\cdots\cdots\cdots\cdots, \\ \qquad\qquad\qquad\quad c_{rr}x_r = d_r - c_{r,r+1}x_{r+1} - \cdots - c_{rn}x_n, \end{cases}$$

从而由 $c_{ii} \neq 0\ (i = 1, 2, \cdots, r)$ 可知，方程组 $\boldsymbol{AX} = \boldsymbol{B}$ 的同解方程组为

$$\begin{cases} x_1 = d_1^* - c_{1\,r+1}^* x_{r+1} - c_{1\,r+2}^* x_{r+2} - \cdots - c_{1n}^* x_n, \\ x_2 = d_2^* - c_{2\,r+1}^* x_{r+1} - c_{2\,r+2}^* x_{r+2} - \cdots - c_{2n}^* x_n, \\ \cdots\cdots\cdots\cdots\cdots\cdots\cdots\cdots\cdots, \\ x_r = d_r^* - c_{r\,r+1}^* x_{r+1} - c_{r\,r+2}^* x_{r+2} - \cdots - c_{rn}^* x_n, \\ x_{r+1} = x_{r+1}, \\ x_{r+2} = x_{r+2}, \\ \cdots\cdots\cdots, \\ x_n = x_n. \end{cases}$$

由此可知，对任意给定的 $n - r$ 个常数 $x_{r+1}^*, x_{r+2}^*, \cdots, x_n^*$, 如果令

$$x_{r+1} = x_{r+1}^*,\ x_{r+2} = x_{r+2}^*,\ \cdots,\ x_n = x_n^*,$$

则可得方程组 $\boldsymbol{AX} = \boldsymbol{B}$ 的一个解

$$\begin{cases} x_j = d_j^* - c_{j\,r+1}^* x_{r+1}^* - c_{j\,r+2}^* x_{r+2}^* - \cdots - c_{jn}^* x_n^*, \quad j = 1,\ 2,\ \cdots,\ r, \\ x_{r+j} = x_{r+j}^*, \quad j = r+1,\ r+2,\ \cdots,\ n, \end{cases}$$

此时由 x_{r+1}^*, x_{r+2}^*, $\cdots$, x_n^* 的任意性可知，方程组 $\boldsymbol{AX}=\boldsymbol{B}$ 有无穷多个解. 通常称未知量 x_{r+1}, x_{r+2}, $\cdots$, x_n 为自由未知量.

我们将上面的分析叙述为下面的定理.

定理 1.5.1 设 $\boldsymbol{A}$ 为 $m\times n$ 矩阵，$\boldsymbol{B}$ 为 $m\times 1$ 矩阵，$\boldsymbol{X}$ 为 $n\times 1$ 矩阵，则

(1) $R(\boldsymbol{A})=R((\boldsymbol{A}\mid\boldsymbol{B}))=n$ 的充分必要条件是方程组 $\boldsymbol{AX}=\boldsymbol{B}$ 有唯一解；

(2) $R(\boldsymbol{A})=R((\boldsymbol{A}\mid\boldsymbol{B}))<n$ 的充分必要条件是方程组 $\boldsymbol{AX}=\boldsymbol{B}$ 有无穷多解；

(3) $R(\boldsymbol{A})<R((\boldsymbol{A}\mid\boldsymbol{B}))$ 的充分必要条件是方程组 $\boldsymbol{AX}=\boldsymbol{B}$ 无解.

当 $\boldsymbol{B}$ 为零矩阵时，即 $\boldsymbol{B}=\boldsymbol{O}$，称 $\boldsymbol{AX}=\boldsymbol{O}$ 为齐次线性方程组；当 $\boldsymbol{B}$ 为非零矩阵时，称 $\boldsymbol{AX}=\boldsymbol{B}$ 为非齐次线性方程组. 齐次线性方程组 $\boldsymbol{AX}=\boldsymbol{O}$ 的增广矩阵 $(\boldsymbol{A}\mid\boldsymbol{O})$ 的秩总是与它的系数矩阵 $\boldsymbol{A}$ 的秩相等，于是我们有

推论 1.5.1 设 $\boldsymbol{A}$ 为 $m\times n$ 矩阵，$\boldsymbol{X}$ 为 $n\times 1$ 矩阵，$\boldsymbol{O}$ 为 $m\times 1$ 的零矩阵，则

(1) $R(\boldsymbol{A})=n$ 的充分必要条件是方程组 $\boldsymbol{AX}=\boldsymbol{O}$ 只有零解；

(2) $R(\boldsymbol{A})<n$ 的充分必要条件是方程组 $\boldsymbol{AX}=\boldsymbol{O}$ 有无穷多解.

例 1.5.1 解方程组

$$\begin{cases}x_1-x_2-2x_3+2x_4+x_5=0,\\ 2x_1-x_2+x_3-2x_4+x_5=0,\\ 3x_1-x_2+4x_3-3x_4+4x_5=0.\end{cases}$$

解 设方程组的系数矩阵为 $\boldsymbol{A}$，则对 $\boldsymbol{A}$ 施以行初等变换，得

$$\boldsymbol{A}=\begin{pmatrix}1&-1&-2&2&1\\2&-1&1&-2&1\\3&-1&4&-3&4\end{pmatrix}\rightarrow\begin{pmatrix}1&-1&-2&2&1\\0&1&5&-6&-1\\0&2&10&-9&1\end{pmatrix}$$

$$\rightarrow\begin{pmatrix}1&0&3&-4&0\\0&1&5&-6&-1\\0&0&0&3&3\end{pmatrix}\rightarrow\begin{pmatrix}1&0&3&0&4\\0&1&5&0&5\\0&0&0&1&1\end{pmatrix},$$

故原方程组有无穷多个解，且与方程组

$$\begin{cases}x_1+3x_3+4x_5=0,\\ x_2+5x_3+5x_5=0,\\ x_3=x_3,\\ x_4+x_5=0,\\ x_5=x_5\end{cases}$$

同解，从而原方程组的解为

$$\begin{cases} x_1 = -3c_1 - 4c_2, \\ x_2 = -5c_1 - 5c_2, \\ x_3 = c_1, \\ x_4 = -c_2, \\ x_5 = c_2, \end{cases}$$

其中 c_1, c_2 为任意常数.

例 1.5.2 解方程组

$$\begin{cases} 2x_1 + 3x_2 + 5x_3 + 2x_4 = -3, \\ x_1 + x_2 + 2x_3 + 3x_4 = 1, \\ 3x_1 - x_2 - x_3 - 2x_4 = -4, \\ 2x_1 + x_2 + 2x_3 + x_4 = -2. \end{cases}$$

解 设方程组的系数矩阵为 $\boldsymbol{A}$, 常数项矩阵为 $\boldsymbol{B}$, 则对 $(\boldsymbol{A} \mid \boldsymbol{B})$ 施以行初等变换, 得

$$(\boldsymbol{A} \mid \boldsymbol{B}) = \begin{pmatrix} 2 & 3 & 5 & 2 & -3 \\ 1 & 1 & 2 & 3 & 1 \\ 3 & -1 & -1 & -2 & -4 \\ 2 & 1 & 2 & 1 & -2 \end{pmatrix} \to \begin{pmatrix} 1 & 1 & 2 & 3 & 1 \\ 2 & 3 & 5 & 2 & -3 \\ 3 & -1 & -1 & -2 & -4 \\ 2 & 1 & 2 & 1 & -2 \end{pmatrix}$$

$$\to \begin{pmatrix} 1 & 1 & 2 & 3 & 1 \\ 0 & 1 & 1 & -4 & -5 \\ 0 & -4 & -7 & -11 & -7 \\ 0 & -1 & -2 & -5 & -4 \end{pmatrix} \to \begin{pmatrix} 1 & 0 & 1 & 7 & 6 \\ 0 & 1 & 1 & -4 & -5 \\ 0 & 0 & -3 & -27 & -27 \\ 0 & 0 & -1 & -9 & -9 \end{pmatrix}$$

$$\to \begin{pmatrix} 1 & 0 & 1 & 7 & 6 \\ 0 & 1 & 1 & -4 & -5 \\ 0 & 0 & 1 & 9 & 9 \\ 0 & 0 & -3 & -27 & -27 \end{pmatrix} \to \begin{pmatrix} 1 & 0 & 0 & -2 & -3 \\ 0 & 1 & 0 & -13 & -14 \\ 0 & 0 & 1 & 9 & 9 \\ 0 & 0 & 0 & 0 & 0 \end{pmatrix},$$

故原方程组有无穷多个解, 且与方程组

$$\begin{cases} x_1 - 2x_4 = -3, \\ x_2 - 13x_4 = -14, \\ x_3 + 9x_4 = 9 \end{cases}$$

同解, 从而原方程组的解为

$$x_1 = -3 + 2c, \ \ x_2 = -14 + 13c, \ \ x_3 = 9 - 9c, \ \ x_4 = c,$$

其中 c 为任意常数.

例 1.5.3 当 k 为何值时，方程组

$$\begin{cases} x_1+x_2+kx_3=4, \\ -x_1+kx_2+x_3=k^2, \\ x_1-x_2+2x_3=-4 \end{cases}$$

无解、有唯一解、有无穷多解？

解 设方程组的系数矩阵为 $\boldsymbol{A}$, 常数项矩阵为 $\boldsymbol{B}$, 则对 $(\boldsymbol{A}\mid\boldsymbol{B})$ 施以行初等变换，得

$$(\boldsymbol{A}\mid\boldsymbol{B})=\begin{pmatrix} 1 & 1 & k & 4 \\ -1 & k & 1 & k^2 \\ 1 & -1 & 2 & -4 \end{pmatrix}\to\begin{pmatrix} 1 & 1 & k & 4 \\ 0 & k+1 & k+1 & k^2+4 \\ 0 & -2 & 2-k & -8 \end{pmatrix}$$

$$\to\begin{pmatrix} 1 & 1 & k & 4 \\ 0 & -2 & 2-k & -8 \\ 0 & k+1 & k+1 & k^2+4 \end{pmatrix}\to\begin{pmatrix} 1 & 1 & k & 4 \\ 0 & 1 & \dfrac{k-2}{2} & 4 \\ 0 & k+1 & k+1 & k^2+4 \end{pmatrix}$$

$$\to\begin{pmatrix} 1 & 0 & \dfrac{k+2}{2} & 0 \\ 0 & 1 & \dfrac{k-2}{2} & 4 \\ 0 & 0 & \dfrac{(k+1)(4-k)}{2} & k(k-4) \end{pmatrix},$$

从而原方程组的同解方程组可写为

$$\begin{cases} 2x_1+(k+2)x_3=0, \\ 2x_2+(k-2)x_3=8, \\ (k+1)(4-k)x_3=2k(k-4). \end{cases}$$

综上可知，当 $k=-1$ 时，由

$$R(\boldsymbol{A})=2<R((\boldsymbol{A}\mid\boldsymbol{B}))=3$$

可知，原方程组无解；当 $k\neq-1$ 且 $k\neq4$ 时，由

$$R(\boldsymbol{A})=R((\boldsymbol{A}\mid\boldsymbol{B}))=3$$

可知，原方程组有唯一解

$$x_1=\frac{k^2+2k}{k+1},\quad x_2=\frac{k^2+2k+4}{k+1},\quad x_3=\frac{-2k}{k+1};$$

当 $k=4$ 时，由

$$R(\boldsymbol{A})=R((\boldsymbol{A}\mid\boldsymbol{B}))=2<3$$

可知，原方程组有无穷多解

$$x_1 = -3c_1,\quad x_2 = 4 - c_1,\quad x_3 = c_1,$$

其中 c_1 为任意常数.

习题　1.5

1.5.1　求解方程组：

(1) $\begin{cases} 2x_1 + 3x_2 + 5x_3 + 2x_4 = -3, \\ x_1 + x_2 + 2x_3 + 3x_4 = 1, \\ 3x_1 - x_2 - x_3 - 2x_4 = -4, \\ 3x_1 + 5x_2 + 2x_3 - 2x_4 = -10; \end{cases}$　(2) $\begin{cases} 2x_1 - x_2 + x_3 + 3x_4 = 1, \\ -3x_1 + 2x_2 - x_3 - 2x_4 = 0, \\ 4x_1 - 2x_2 + 2x_3 + 6x_4 = 2, \\ x_1 + x_3 + 4x_4 = 2, \end{cases}$

1.5.2　问当 λ 取何值时，方程组

$$\begin{cases} x_1 + x_2 + x_3 = \lambda - 1, \\ 2x_2 - x_3 = \lambda - 2, \\ x_3 = \lambda - 3, \\ (\lambda - 1)x_3 = -(\lambda - 3)(\lambda - 1) \end{cases}$$

有唯一解？

1.5.3　问当 λ 取何值时，方程组

$$\begin{cases} x_1 + 2x_2 - x_3 = 4, \\ x_2 - x_3 = 2, \\ (\lambda - 1)(\lambda - 2)x_3 = -(\lambda - 3)(\lambda - 4) \end{cases}$$

无解？

1.5.4　判断下列结论是否正确：

(1) 当线性方程组 $\boldsymbol{AX} = \boldsymbol{B}$ 有唯一解时，方程组 $\boldsymbol{AX} = \boldsymbol{O}$ 必有唯一解；

(2) 当线性方程组 $\boldsymbol{AX} = \boldsymbol{O}$ 有唯一解时，方程组 $\boldsymbol{AX} = \boldsymbol{B}$ 必有唯一解；

(3) 当 $m > n$ 时，方程组 $\boldsymbol{A}_{m\times n}\boldsymbol{X} = \boldsymbol{B}$ 必无解；

(4) 方程组 $\boldsymbol{AX} = \boldsymbol{B}$ 与 $\boldsymbol{AX} = \boldsymbol{C}$ 同解当且仅当 $\boldsymbol{B} = \boldsymbol{C}$；

(5) 矩阵 $\boldsymbol{A}$ 经初等变换化为 $\boldsymbol{B}$, 则方程组 $\boldsymbol{AX} = \boldsymbol{O}$ 与方程组 $\boldsymbol{BX} = \boldsymbol{O}$ 同解；

(6) 方程组 $\boldsymbol{A}_{n\times n}\boldsymbol{X} = \boldsymbol{B}$ 有唯一解当且仅当 $R(\boldsymbol{A}) = n$.

1.5.5　问当 λ 为何值时，下列方程组有解；如果有解请求出方程组的解：

(1) $\begin{cases} -2x_1 + x_2 + x_3 = -2, \\ x_1 - 2x_2 + x_3 = \lambda, \\ x_1 + x_2 - 2x_3 = \lambda^2; \end{cases}$　(2) $\begin{cases} x_1 + 3x_2 + 2x_3 + x_4 = 1, \\ x_2 + \lambda x_3 - \lambda x_4 = -1, \\ x_1 + 2x_2 + 3x_4 = 3. \end{cases}$

1.5.6 证明：设 $\boldsymbol{A}$ 为 $m\times n$ 矩阵，且 $m<n$，则方程组 $\boldsymbol{AX}=\boldsymbol{O}$ 有非零解.

1.5.7 给出方程组

$$\begin{cases} x_1-x_2=a_1,\\ x_2-x_3=a_2,\\ x_3-x_4=a_3,\\ x_4-x_5=a_4,\\ -x_1+x_5=a_5 \end{cases}$$

有解的充分必要条件；当该方程组有解时，求出全部解.

1.5.8 证明：如果矩阵 $\boldsymbol{A}_{m\times n}$，$\boldsymbol{B}_{n\times p}$ 满足 $\boldsymbol{AB}=\boldsymbol{O}$，$R(\boldsymbol{A})=n$，则 $\boldsymbol{B}=\boldsymbol{O}$.

总习题 1

1.1 证明：设 $\boldsymbol{A}$，$\boldsymbol{B}$ 为 2 阶矩阵，则 $(\boldsymbol{AB}-\boldsymbol{BA})^2$ 是数量矩阵.

1.2 证明：设 n 阶矩阵 $\boldsymbol{A}$ 的每一行元素之和都是 a，则 $\boldsymbol{A}^2$ 的每一行元素之和为 a^2.

1.3 证明：设 $\boldsymbol{A}$，$\boldsymbol{B}$ 为 n 阶矩阵，且 $\boldsymbol{AB}=\boldsymbol{BA}$，则

$$(\boldsymbol{A}+\boldsymbol{B})^m=\mathrm{C}_m^0\boldsymbol{A}^m+\mathrm{C}_m^1A^{m-1}\boldsymbol{B}+\cdots+\mathrm{C}_m^{m-1}AB^{m-1}+\mathrm{C}_m^m\boldsymbol{B}^m,$$

其中

$$\mathrm{C}_m^k=\frac{m!}{k!(m-k)!},\quad k=0,1,2,\cdots,m.$$

1.4 设 $\boldsymbol{A}$ 为 n 阶实矩阵，且 $\boldsymbol{A}^{\mathrm{T}}\boldsymbol{A}=\boldsymbol{O}$，证明

$$\boldsymbol{A}=\boldsymbol{O}.$$

1.5 设 $\boldsymbol{A}$ 与 $\boldsymbol{B}$ 均为 n 阶可逆矩阵，证明

$$(\boldsymbol{AB})^*=\boldsymbol{B}^*\boldsymbol{A}^*.$$

1.6 设 $\boldsymbol{A}$，$\boldsymbol{B}$ 为 n 阶矩阵，且 $\boldsymbol{A}+\boldsymbol{B}$ 为可逆矩阵，证明

$$\boldsymbol{A}(\boldsymbol{A}+\boldsymbol{B})^{-1}\boldsymbol{B}=\boldsymbol{A}-\boldsymbol{A}(\boldsymbol{A}+\boldsymbol{B})^{-1}\boldsymbol{A}=\boldsymbol{B}(\boldsymbol{A}+\boldsymbol{B})^{-1}\boldsymbol{A}.$$

1.7 设 $\boldsymbol{A}^2=\boldsymbol{E}_n$，且 $\boldsymbol{APA}$ 及 $\boldsymbol{AQA}$ 都是对角阵，证明

$$\boldsymbol{PQ}=\boldsymbol{QP}.$$

1.8 证明：设 $\boldsymbol{A}=\boldsymbol{B}_1\boldsymbol{B}_2$，且 $\boldsymbol{B}_1^2=\boldsymbol{E}_n$，$\boldsymbol{B}_2^2=\boldsymbol{E}_n$，则存在可逆矩阵 $\boldsymbol{P}$，使得

$$\boldsymbol{PAP}^{-1}=\boldsymbol{A}^{-1}.$$

1.9 将下列矩阵写成初等矩阵的乘积：

(1) $\begin{pmatrix}1&3\\0&2\end{pmatrix}$；　　(2) $\begin{pmatrix}1&0&0\\1&2&0\\0&0&3\end{pmatrix}$.

1.10　证明：设 $\boldsymbol{A}$ 为 n 阶矩阵，且 $R(\boldsymbol{A}) < n$, 则存在非零的 n 阶矩阵 $\boldsymbol{B}$, 使得

$$\boldsymbol{AB} = \boldsymbol{O}.$$

1.11　证明：设 $m \times n$ 矩阵 $\boldsymbol{A}$ 的秩为 r $(r > 0)$, 则 $\boldsymbol{A}$ 可以写成 r 个秩为 1 的矩阵的和.

1.12　证明：设 $\boldsymbol{A}$ 为 $m \times n$ 矩阵，则 $R(\boldsymbol{A}) = 1$ 的充分必要条件是存在 $m \times 1$ 的非零矩阵 $\boldsymbol{B}$ 及 $1 \times n$ 的非零矩阵 $\boldsymbol{C}$, 使得

$$\boldsymbol{A} = \boldsymbol{BC}.$$

1.13　设

$$\boldsymbol{A} = \begin{pmatrix} a_1b_1 & a_1b_2 & \cdots & a_1b_n \\ a_2b_1 & a_2b_2 & \cdots & a_2b_n \\ \cdots & \cdots & \cdots & \cdots \\ a_nb_1 & a_nb_2 & \cdots & a_nb_n \end{pmatrix},$$

其中 $a_1, a_2, \cdots, a_n$ 及 $b_1, b_2, \cdots, b_n$ 都是实数. 证明

(1) $R(\boldsymbol{A}) \leqslant 1$;　　(2) 存在常数 a, 使得 $\boldsymbol{A}^2 = a\boldsymbol{A}$.

1.14　证明：设 $\boldsymbol{A}$, $\boldsymbol{B}$ 为 n 阶可逆矩阵，则 $\boldsymbol{A}+\boldsymbol{B}$ 为可逆矩阵的充分必要条件是 $\boldsymbol{A}^{-1}+\boldsymbol{B}^{-1}$ 为可逆矩阵.

1.15　多项选择题：

(1) 设 $\boldsymbol{A}$ 为 n 阶可逆矩阵，则 $\boldsymbol{A}$ 经初等变换可化成 ________.

A. 单位矩阵　　B. $\boldsymbol{A}^{-1}$

C. $\boldsymbol{A}^{\mathrm{T}}$　　D. 任意数量矩阵

(2) 任意 n 阶矩阵可写成 ________ 之和.

A. 两个可逆矩阵　　B. 一个上三角矩阵与一个下三角矩阵

C. 一个对称矩阵与一个反对称矩阵　　D. 一个对称矩阵与一个对角矩阵

(3) 设 $\boldsymbol{A}$, $\boldsymbol{B}$ 为 $m \times n$ 矩阵，则 ________.

A. $R(\boldsymbol{A}) - R(\boldsymbol{B}) \leqslant R(\boldsymbol{A}+\boldsymbol{B})$　　B. $R(\boldsymbol{A}) + R(\boldsymbol{B}) \geqslant R(\boldsymbol{A}-\boldsymbol{B})$

C. $R(\boldsymbol{A}) - R(\boldsymbol{B}) \geqslant R(\boldsymbol{A}-\boldsymbol{B})$　　D. $R(\boldsymbol{A}) + R(\boldsymbol{B}) \geqslant R(\boldsymbol{A}+\boldsymbol{B})$

(4) 任意一个秩为 3 的矩阵可写成 ________ 个秩为 1 的矩阵之和.

A. 2　　B. 3

C. 4　　D. 5

1.16　证明： n 阶矩阵 $\boldsymbol{A}$ 满足 $\boldsymbol{A} = -\boldsymbol{A}^{\mathrm{T}}$ 的充分必要条件是对任意的 $n \times 1$ 矩阵 $\boldsymbol{X}$, 有

$$\boldsymbol{X}^{\mathrm{T}}\boldsymbol{AX} = \boldsymbol{O}.$$

1.17　证明：设 $\boldsymbol{A}$, $\boldsymbol{B}$ 为 n 阶矩阵，则对任意正整数 k, $(\boldsymbol{AB})^k = \boldsymbol{E}_n$ 的充分必要条件是

$$(\boldsymbol{BA})^k = \boldsymbol{E}_n.$$

1.18 设 $\boldsymbol{A}$ 为 n 阶可逆矩阵.

(1) 如果交换矩阵 $\boldsymbol{A}$ 的两行后得矩阵 $\boldsymbol{B}$, 问 $\boldsymbol{B}^{-1}$ 与 $\boldsymbol{A}^{-1}$ 有何关系？

(2) 如果将矩阵 $\boldsymbol{A}$ 的第 i 行乘以数 k 后得矩阵 $\boldsymbol{B}$, 问 $\boldsymbol{B}^{-1}$ 与 $\boldsymbol{A}^{-1}$ 有何关系？

1.19 设 $\boldsymbol{A}$ 为 $m\times n$ 矩阵，验证等式

$$\begin{pmatrix}\boldsymbol{P} & \boldsymbol{O}\\ \boldsymbol{O} & \boldsymbol{E}_n\end{pmatrix}\begin{pmatrix}\boldsymbol{A} & \boldsymbol{E}_m\\ \boldsymbol{E}_n & \boldsymbol{O}\end{pmatrix}\begin{pmatrix}\boldsymbol{Q} & \boldsymbol{O}\\ \boldsymbol{O} & \boldsymbol{E}_m\end{pmatrix}=\begin{pmatrix}\boldsymbol{PAQ} & \boldsymbol{P}\\ \boldsymbol{Q} & \boldsymbol{O}\end{pmatrix}$$

成立. 此等式提供了一个用初等变换求

$$\boldsymbol{PAQ}=\begin{pmatrix}\boldsymbol{E}_r & \boldsymbol{O}\\ \boldsymbol{O} & \boldsymbol{O}\end{pmatrix}$$

中 $\boldsymbol{P}$ 和 $\boldsymbol{Q}$ 的方法. 举例计算一下.

1.20 设 $\boldsymbol{A}$ 为 n 阶上三角矩阵，且 $\boldsymbol{A}$ 的对角线上的元素全为 0, 证明

$$\boldsymbol{A}^n=\boldsymbol{O}.$$

1.21 设矩阵 $\boldsymbol{M}$ 的分块矩阵为

$$\boldsymbol{M}=\begin{pmatrix}\boldsymbol{A} & \boldsymbol{AQ}\\ \boldsymbol{PA} & \boldsymbol{B}\end{pmatrix},$$

证明

$$R(\boldsymbol{M})=R(\boldsymbol{A})+R(\boldsymbol{B}-\boldsymbol{PAQ}).$$

1.22 设矩阵 $\boldsymbol{M}$ 的分块矩阵为

$$\boldsymbol{M}=\begin{pmatrix}\boldsymbol{A} & \boldsymbol{C}\\ \boldsymbol{O} & \boldsymbol{B}\end{pmatrix},$$

证明

$$R(\boldsymbol{M})\geqslant R(\boldsymbol{A})+R(\boldsymbol{B}).$$

1.23 证明：任意一个 n 阶矩阵可写成一个可逆矩阵与一个幂等矩阵之积.

1.24 将下列矩阵表示为消法矩阵之积：

(1) $\boldsymbol{A}=\begin{pmatrix}a & 0\\ 0 & a^{-1}\end{pmatrix}$;　　(2) $\boldsymbol{A}=\begin{pmatrix}a & b\\ c & d\end{pmatrix}$, 其中 $ad-bc=1$.

1.25 证明：设 $\boldsymbol{A}$ 为 $m\times n$ 矩阵，则下述结论等价：

(1) $R(\boldsymbol{A})=n$;

(2) 存在可逆矩阵 $\boldsymbol{P}$, 使得 $\boldsymbol{A}=\boldsymbol{P}\begin{pmatrix}\boldsymbol{E}_n\\ \boldsymbol{O}\end{pmatrix}$;

(3) 当 $n<m$ 时，存在矩阵 $\boldsymbol{B}$, 使得 $(\boldsymbol{A}\ \boldsymbol{B})$ 为可逆矩阵，当 $m=n$ 时，$\boldsymbol{A}$ 为可逆矩阵;

(4) 存在矩阵 $\boldsymbol{G}$, 使得 $\boldsymbol{GA}=\boldsymbol{E}_n$;

(5) 如果 $\boldsymbol{AC}=\boldsymbol{AD}$, 则 $\boldsymbol{C}=\boldsymbol{D}$;

(6) 如果 $\boldsymbol{AX}=\boldsymbol{O}$, 则 $\boldsymbol{X}=\boldsymbol{O}$;

(7) 对任意的 $s \times n$ 矩阵 $\boldsymbol{B}$, 有 $R\left[\begin{pmatrix}\boldsymbol{A}\\ \boldsymbol{B}\end{pmatrix}\right] = R(\boldsymbol{A})$;

(8) 存在矩阵 $\boldsymbol{B}$, 使得 $R(\boldsymbol{AB}) = n$;

(9) 对任意的 $n \times t$ 矩阵 $\boldsymbol{B}$, 有 $R(\boldsymbol{AB}) = R(\boldsymbol{B})$.

(10) $R(\boldsymbol{A}^{\mathrm{T}}) = n$.

1.26 证明: n 阶矩阵 $\boldsymbol{A}$ 满足 $\boldsymbol{A}^2 = \boldsymbol{A}$ 的充分必要条件是

$$R(\boldsymbol{A}) + R(\boldsymbol{A} - \boldsymbol{E}_n) = n.$$

1.27 证明: 设 n 阶可逆矩阵 $\boldsymbol{A}$ 的每一行元素之和为 a, 则 $\boldsymbol{A}^{-1}$ 的每一行元素之和为 a^{-1}.

第 2 章　矩阵的行列式

行列式是 n 阶矩阵的一个重要特征量，也是解决线性代数问题的重要工具，它在许多理论和实际应用问题中发挥着重要的作用. 本章主要研究行列式的基本性质和计算.

2.1　行列式的概念

我们在中学代数课中已经知道，对于二元一次方程组

$$\begin{cases} a_{11}x_1 + a_{12}x_2 = b_1, \\ a_{21}x_1 + a_{22}x_2 = b_2, \end{cases}$$

利用加减消元法可知，当 $a_{11}a_{22} - a_{12}a_{21} \neq 0$ 时，方程组的求解公式为

$$x_1 = \frac{b_1a_{22} - a_{12}b_2}{a_{11}a_{22} - a_{12}a_{21}}, \quad x_2 = \frac{a_{11}b_2 - b_1a_{21}}{a_{11}a_{22} - a_{12}a_{21}}.$$

在二元一次方程组求解公式中，分子与分母均为 2^2 个数码按一定规则计算的代数和. 引用记号

$$\begin{vmatrix} a_{11} & a_{12} \\ a_{21} & a_{22} \end{vmatrix}$$

科学地表示代数和 $a_{11}a_{22} - a_{12}a_{21}$, 并称之为 2 阶行列式，即

$$\begin{vmatrix} a_{11} & a_{12} \\ a_{21} & a_{22} \end{vmatrix} = a_{11}a_{22} - a_{12}a_{21}.$$

这里需要提醒读者， 2 阶矩阵和 2 阶行列式是两个不同的概念， 2 阶矩阵是由 2^2 个数排成 2 行 2 列的数表，而行列式是这个数表按一定运算规则所确定的一个数. 请读者在讨论行列式时特别注意这一点.

2.1.1　行列式的定义

对于给定的 n 阶矩阵 $\boldsymbol{A} = (a_{ij})$, 去掉 $\boldsymbol{A}$ 的第 i 行和第 j 列后，得到一个 $n-1$ 阶矩阵

$$\begin{pmatrix} a_{11} & \cdots & a_{1\,j-1} & a_{1\,j+1} & \cdots & a_{1n} \\ \vdots & & \vdots & \vdots & & \vdots \\ a_{i-1\,1} & \cdots & a_{i-1\,j-1} & a_{i-1\,j+1} & \cdots & a_{i-1\,n} \\ a_{i+1\,1} & \cdots & a_{i+1\,j-1} & a_{i+1\,j+1} & \cdots & a_{i+1\,n} \\ \vdots & & \vdots & \vdots & & \vdots \\ a_{n1} & \cdots & a_{n\,j-1} & a_{n\,j+1} & \cdots & a_{nn} \end{pmatrix},$$

称其为元素 a_{ij} 的余子矩阵，记为 $\boldsymbol{A}_{\{a_{ij}\}}$. 例如， 2 阶矩阵

$$\begin{pmatrix} a_{11} & a_{12} \\ a_{21} & a_{22} \end{pmatrix}$$

的余子矩阵为

$$\boldsymbol{A}_{\{a_{11}\}}=(a_{22}),\quad \boldsymbol{A}_{\{a_{12}\}}=(a_{21}),\quad \boldsymbol{A}_{\{a_{21}\}}=(a_{12}),\quad \boldsymbol{A}_{\{a_{22}\}}=(a_{11}).$$

如果把 1 阶矩阵视为一个数，则 2 阶行列式可用余子矩阵表示为

$$\begin{vmatrix} a_{11} & a_{12} \\ a_{21} & a_{22} \end{vmatrix}=a_{11}\boldsymbol{A}_{\{a_{11}\}}-a_{12}\boldsymbol{A}_{\{a_{12}\}}=a_{11}a_{22}-a_{12}a_{21}.$$

仿照上式，我们可以用递推方式给出 n 阶行列式的定义.

定义 2.1.1 称数 a_{11} 为 1 阶矩阵 $\boldsymbol{A}=(a_{11})$ 的行列式，记为 $\det(\boldsymbol{A})$, 即

$$\det(\boldsymbol{A})=a_{11}.$$

一般地，n 阶矩阵

$$\boldsymbol{A}=\begin{pmatrix} a_{11} & a_{12} & \cdots & a_{1n} \\ a_{21} & a_{22} & \cdots & a_{2n} \\ \cdots & \cdots & \cdots & \cdots \\ a_{n1} & a_{n2} & \cdots & a_{nn} \end{pmatrix}$$

的行列式定义为

$$\det(\boldsymbol{A})=\sum_{j=1}^{n}(-1)^{1+j}a_{1j}\det(\boldsymbol{A}_{\{a_{1j}\}}).$$

在定义 2.1.1 中，通常称 n 阶矩阵 $\boldsymbol{A}$ 的行列式为 n 阶行列式，也记为 $|\boldsymbol{A}|$, 即

$$|\boldsymbol{A}|=\begin{vmatrix} a_{11} & a_{12} & \cdots & a_{1n} \\ a_{21} & a_{22} & \cdots & a_{2n} \\ \cdots & \cdots & \cdots & \cdots \\ a_{n1} & a_{n2} & \cdots & a_{nn} \end{vmatrix}=\sum_{j=1}^{n}(-1)^{1+j}a_{1j}\det(\boldsymbol{A}_{\{a_{1j}\}}).$$

为了叙述方便，我们通常也用大写英文字母 A, B, $C\cdots$ 来表示行列式，这里需要读者注意，不要与矩阵混淆. 例如， n 阶矩阵 $\boldsymbol{A}=(a_{ij})$ 的行列式记为 D, 即

$$D=\begin{vmatrix} a_{11} & a_{12} & \cdots & a_{1n} \\ a_{21} & a_{22} & \cdots & a_{2n} \\ \cdots & \cdots & \cdots & \cdots \\ a_{n1} & a_{n2} & \cdots & a_{nn} \end{vmatrix}.$$

称 $\det(\boldsymbol{A}_{\{a_{ij}\}})$ 为 (行列式 D 的) 元素 a_{ij} 的余子式，记为 M_{ij}, 即

$$M_{ij}=\begin{vmatrix} a_{11} & \cdots & a_{1\,j-1} & a_{1\,j+1} & \cdots & a_{1n} \\ \vdots & & \vdots & \vdots & & \vdots \\ a_{i-1\,1} & \cdots & a_{i-1\,j-1} & a_{i-1\,j+1} & \cdots & a_{i-1\,n} \\ a_{i+1\,1} & \cdots & a_{i+1\,j-1} & a_{i+1\,j+1} & \cdots & a_{i+1\,n} \\ \vdots & & \vdots & \vdots & & \vdots \\ a_{n1} & \cdots & a_{n\,j-1} & a_{n\,j+1} & \cdots & a_{nn} \end{vmatrix},$$

称 $(-1)^{i+j}M_{ij}$ 为 (行列式 D 的) 元素 a_{ij} 的代数余子式，记为 A_{ij}, 即

$$A_{ij}=(-1)^{i+j}M_{ij}.$$

由此可知， n 阶行列式 D 可以定义为

$$D=\sum_{j=1}^{n}(-1)^{1+j}a_{1j}M_{1j}=\sum_{j=1}^{n}a_{1j}A_{1j}.$$

例 2.1.1 计算 3 阶行列式

$$D=\begin{vmatrix} 1 & -4 & 2 \\ 3 & -5 & 1 \\ 1 & -1 & 1 \end{vmatrix}.$$

解 由行列式的定义，得

$$\begin{aligned} D&=\begin{vmatrix} 1 & -4 & 2 \\ 3 & -5 & 1 \\ 1 & -1 & 1 \end{vmatrix} \\ &=(-1)^{1+1}\begin{vmatrix} -5 & 1 \\ -1 & 1 \end{vmatrix}+(-1)^{1+2}(-4)\begin{vmatrix} 3 & 1 \\ 1 & 1 \end{vmatrix}+(-1)^{1+3}2\begin{vmatrix} 3 & -5 \\ 1 & -1 \end{vmatrix}, \end{aligned}$$

从而由

$$\begin{vmatrix} -5 & 1 \\ -1 & 1 \end{vmatrix}=-5+1=-4,\quad \begin{vmatrix} 3 & 1 \\ 1 & 1 \end{vmatrix}=2,\quad \begin{vmatrix} 3 & -5 \\ 1 & -1 \end{vmatrix}=2$$

可得

$$D=\begin{vmatrix} 1 & -4 & 2 \\ 3 & -5 & 1 \\ 1 & -1 & 1 \end{vmatrix}=-4+4\times 2+2\times 2=8.$$

2.1.2 几种特殊的行列式

设 n 阶矩阵 $\boldsymbol{A}=(a_{ij})$ 的行列式为 D, 即

$$D=|\boldsymbol{A}|=\begin{vmatrix} a_{11} & a_{12} & \cdots & a_{1n} \\ a_{21} & a_{22} & \cdots & a_{2n} \\ \cdots & \cdots & \cdots & \cdots \\ a_{n1} & a_{n2} & \cdots & a_{nn} \end{vmatrix}.$$

如果 $\boldsymbol{A}$ 为上三角矩阵, 则称

$$D=\begin{vmatrix} a_{11} & a_{12} & \cdots & \cdots & a_{1n} \\ 0 & a_{22} & \cdots & \cdots & a_{2n} \\ \vdots & \ddots & \ddots & & \vdots \\ \vdots & & \ddots & \ddots & \vdots \\ 0 & \cdots & \cdots & 0 & a_{nn} \end{vmatrix}$$

为上三角行列式; 如果 $\boldsymbol{A}$ 为下三角矩阵, 则称

$$D=\begin{vmatrix} a_{11} & 0 & \cdots & 0 \\ \vdots & \ddots & \ddots & \vdots \\ a_{n-11} & \cdots & a_{n-1n-1} & 0 \\ a_{n1} & \cdots & a_{n-1n} & a_{nn} \end{vmatrix}$$

为下三角行列式; 如果 $\boldsymbol{A}$ 为对角矩阵, 则称

$$D=\begin{vmatrix} \lambda_1 & 0 & \cdots & \cdots & 0 \\ 0 & \lambda_2 & \ddots & & \vdots \\ \vdots & \ddots & \ddots & \ddots & \vdots \\ \vdots & & \ddots & \lambda_{n-1} & 0 \\ 0 & \cdots & \cdots & 0 & \lambda_n \end{vmatrix}$$

为对角行列式; 称转置矩阵 $\boldsymbol{A}^{\mathrm{T}}$ 的行列式 $|\boldsymbol{A}^{\mathrm{T}}|$ 为 D 的转置行列式, 记为 D^{T}, 即

$$D^{\mathrm{T}}=\begin{vmatrix} a_{11} & a_{21} & \cdots & a_{n1} \\ a_{12} & a_{22} & \cdots & a_{n2} \\ \cdots & \cdots & \cdots & \cdots \\ a_{1n} & a_{2n} & \cdots & a_{nn} \end{vmatrix}.$$

例 2.1.2 计算下三角行列式

$$D=\begin{vmatrix} a_{11} & 0 & \cdots & 0 \\ \vdots & \ddots & & \vdots \\ a_{n-11} & \cdots & a_{n-1n-1} & 0 \\ a_{n1} & \cdots & a_{n\,n-1} & a_{nn} \end{vmatrix}.$$

解 由行列式的定义，得

$$D=\begin{vmatrix} a_{11} & 0 & \cdots & 0 \\ \vdots & \ddots & \ddots & \vdots \\ a_{n-11} & \cdots & a_{n-1n-1} & 0 \\ a_{n1} & \cdots & a_{n\,n-1} & a_{nn} \end{vmatrix}=a_{11}\begin{vmatrix} a_{22} & 0 & \cdots & 0 \\ \vdots & \ddots & \ddots & \vdots \\ a_{n-1\,2} & \cdots & a_{n-1n-1} & 0 \\ a_{n2} & \cdots & a_{n\,n-1} & a_{nn} \end{vmatrix}.$$

由于上式右端行列式仍为下三角行列式，递推可得

$$D=a_{11}a_{22}\cdots a_{nn}.$$

特别地，对角行列式

$$\begin{vmatrix} \lambda_1 & 0 & \cdots & \cdots & 0 \\ 0 & \lambda_2 & \ddots & & \vdots \\ \vdots & \ddots & \ddots & \ddots & \vdots \\ \vdots & & \ddots & \lambda_{n-1} & 0 \\ 0 & \cdots & \cdots & 0 & \lambda_n \end{vmatrix}=\lambda_1\lambda_2\cdots\lambda_n.$$

例 2.1.3 计算行列式

$$D_n=\begin{vmatrix} 0 & \cdots & \cdots & 0 & \lambda_1 \\ \vdots & & \iddots & \lambda_2 & 0 \\ \vdots & \iddots & \iddots & \iddots & \vdots \\ 0 & \lambda_{n-1} & \iddots & & \vdots \\ \lambda_n & 0 & \cdots & \cdots & 0 \end{vmatrix}.$$

解 由行列式的定义，得

$$D_n=\begin{vmatrix} 0 & \cdots & \cdots & 0 & \lambda_1 \\ \vdots & & \iddots & \lambda_2 & 0 \\ \vdots & \iddots & \iddots & \iddots & \vdots \\ 0 & \lambda_{n-1} & \iddots & & \vdots \\ \lambda_n & 0 & \cdots & \cdots & 0 \end{vmatrix}=(-1)^{1+n}\lambda_1\begin{vmatrix} 0 & \cdots & \cdots & 0 & \lambda_2 \\ \vdots & & \iddots & \lambda_3 & 0 \\ \vdots & \iddots & \iddots & \iddots & \vdots \\ 0 & \lambda_{n-1} & \iddots & & \vdots \\ \lambda_n & 0 & \cdots & \cdots & 0 \end{vmatrix}.$$

由于上式右端行列式仍为同型行列式，递推可得

$$D=(-1)^{1+n}(-1)^{1+n-1}\cdots(-1)^{1+1}\lambda_1\lambda_2\cdots\lambda_n=(-1)^{\frac{n(n-1)}{2}}\lambda_1\lambda_2\cdots\lambda_n.$$

例 2.1.4 设 n 阶行列式 D 的第 1 列元素全为零，证明 $D=0$.

证明 当 $n=1$ 时，结论显然成立，当 $n=2$ 时，有

$$D=\begin{vmatrix} 0 & a_{12} \\ 0 & a_{22} \end{vmatrix}=0\times a_{22}-a_{12}\times 0=0.$$

假设对所有 $n-1$ 阶行列式结论成立. 对 n 阶行列式 D, 由行列式的定义可得

$$D=\begin{vmatrix}0 & a_{12} & a_{13} & \cdots & a_{1n}\\ 0 & a_{22} & a_{23} & \cdots & a_{2n}\\ \vdots & \vdots & \vdots & & \vdots\\ 0 & a_{n2} & a_{n3} & \cdots & a_{nn}\end{vmatrix}=\sum_{j=2}^{n}(-1)^{1+j}a_{1j}M_{1j},$$

且 $n-1$ 阶行列式 M_{1j}, $j=2,3,\cdots,n$ 的第 1 列元素全为零, 故由归纳假设可得

$$a_{1j}M_{1j}=0\quad(j=2,3,\cdots,n),$$

从而

$$D=\sum_{j=2}^{n}(-1)^{1+j}a_{1j}M_{1j}=0.$$

习题 2.1

2.1.1 一个行列式第一行与第一列以外的元素都是 0, 这个行列式一定为 0 吗?

2.1.2 计算下列各行列式:

(1) $\begin{vmatrix}1 & -1 & 2\\ 3 & 2 & 1\\ 0 & 1 & 4\end{vmatrix}$; (2) $\begin{vmatrix}1 & 1 & 0 & 0\\ 1 & 0 & 1 & 0\\ 0 & 1 & 0 & 0\\ 0 & 0 & 1 & 1\end{vmatrix}$;

(3) $\begin{vmatrix}2 & 1 & -5 & 1\\ 1 & -3 & 0 & -6\\ 0 & 2 & -1 & 2\\ 1 & 4 & -7 & 6\end{vmatrix}$; (4) $\begin{vmatrix}a_{11} & a_{12} & a_{13} & a_{14}\\ a_{21} & a_{22} & a_{23} & 0\\ a_{31} & a_{32} & 0 & 0\\ a_{41} & 0 & 0 & 0\end{vmatrix}$;

(5) $\begin{vmatrix}a & 0 & 0 & 0\\ 0 & b & 0 & 0\\ 0 & 0 & c & d\\ 0 & 0 & e & f\end{vmatrix}$; (6) $\begin{vmatrix}a_{11} & a_{12} & a_{13} & a_{14}\\ a_{21} & a_{22} & a_{23} & a_{24}\\ a_{31} & a_{32} & 0 & 0\\ a_{41} & a_{42} & 0 & 0\end{vmatrix}$.

2.1.3 计算下列 $n\ (n\geqslant 2)$ 阶行列式:

(1) $\begin{vmatrix}0 & 0 & \cdots & 0 & 1\\ 0 & 0 & \cdots & 2 & 0\\ \cdots & \cdots & \cdots & \cdots & \cdots\\ 0 & n-1 & \cdots & 0 & 0\\ n & 0 & \cdots & 0 & 0\end{vmatrix}$; (2) $\begin{vmatrix}n & 0 & \cdots & 0 & 0\\ 0 & 0 & \cdots & 0 & 1\\ 0 & 0 & \cdots & 2 & 0\\ \cdots & \cdots & \cdots & \cdots & \cdots\\ 0 & n-1 & \cdots & 0 & 0\end{vmatrix}$.

2.1.4 验证下列等式:

(1) $\begin{vmatrix}a^2 & ab & b^2\\ 2a & a+b & 2b\\ 1 & 1 & 1\end{vmatrix}=(a-b)^3$; (2) $\begin{vmatrix}a^2 & (a+1)^2 & (a+2)^2\\ b^2 & (b+1)^2 & (b+2)^2\\ c^2 & (c+1)^2 & (c+2)^2\end{vmatrix}=0$.

2.1.5 解下列关于 x 的方程:

(1) $\begin{vmatrix} x-2 & 1 & 0 \\ 1 & x-2 & 1 \\ 1 & 1 & x-2 \end{vmatrix}=0$;　　(2) $\begin{vmatrix} 0 & 1 & x & 1 \\ 1 & 0 & 1 & x \\ x & 1 & 0 & 1 \\ 1 & x & 1 & 0 \end{vmatrix}=0$;

(3) $\begin{vmatrix} 1 & 1 & 1 & 1 & 1 \\ 1 & 1-x & 1 & 1 & 1 \\ 1 & 1 & 2-x & 1 & 1 \\ 1 & 1 & 1 & 3-x & 1 \\ 1 & 1 & 1 & 1 & 4-x \end{vmatrix}=0$.

2.2 行列式的性质

用行列式定义来计算一般的行列式显然比较麻烦，因此有必要探讨行列式的性质. 我们主要讨论 n 阶矩阵经过初等变换后行列式值的变化，从而找出计算行列式的简单办法.

性质 2.2.1 如果行列式 D 的第 i 行元素都是两数之和，即

$$D=\begin{vmatrix} a_{11} & a_{12} & \cdots & a_{1n} \\ \vdots & \vdots & & \vdots \\ a_{i1}+b_{i1} & a_{i2}+b_{i2} & \cdots & a_{in}+b_{in} \\ \vdots & \vdots & & \vdots \\ a_{n1} & a_{n2} & \cdots & a_{nn} \end{vmatrix},$$

则 D 可以表示成两个行列式之和，即 $D=D_1+D_2$, 其中

$$D_1=\begin{vmatrix} a_{11} & a_{12} & \cdots & a_{1n} \\ \vdots & \vdots & & \vdots \\ a_{i1} & a_{i2} & \cdots & a_{in} \\ \vdots & \vdots & & \vdots \\ a_{n1} & a_{n2} & \cdots & a_{nn} \end{vmatrix},\quad D_2=\begin{vmatrix} a_{11} & a_{12} & \cdots & a_{1n} \\ \vdots & \vdots & & \vdots \\ b_{i1} & b_{i2} & \cdots & b_{in} \\ \vdots & \vdots & & \vdots \\ a_{n1} & a_{n2} & \cdots & a_{nn} \end{vmatrix}.$$

证明 设 M_{ij} 为行列式 D 的第 i 行第 j 列元素的余子式，$M_{ij}^{(1)}$, $M_{ij}^{(2)}$ 分别为行列式 D_1, D_2 的第 i 行第 j 列元素的余子式.

事实上，当 $n=1$ 时，结论显然成立. 假设对所有 $n-1$ 阶行列式结论成立，对 n 阶行列式 D, 当 $i=1$ 时，有

$$D=\begin{vmatrix} a_{11}+b_{11} & a_{12}+b_{12} & \cdots & a_{1n}+b_{1n} \\ a_{21} & a_{22} & \cdots & a_{2n} \\ \vdots & \vdots & & \vdots \\ a_{n1} & a_{n2} & \cdots & a_{nn} \end{vmatrix}=\sum_{j=1}^{n}(-1)^{1+j}(a_{1j}+b_{1j})M_{1j},$$

且 $M_{1j} = M_{1j}^{(1)} = M_{1j}^{(2)}$ $(j = 1, 2 \cdots, n)$, 故

$$D = \sum_{j=1}^{n} (-1)^{1+j} a_{1j} M_{1j}^{(1)} + \sum_{j=1}^{n} (-1)^{1+j} b_{1j} M_{1j}^{(2)} = D_1 + D_2.$$

当 $1 < i \leqslant n$ 时, 有

$$D = \begin{vmatrix} a_{11} & a_{12} & \cdots & a_{1n} \\ \vdots & \vdots & & \vdots \\ a_{i1} + b_{i1} & a_{i2} + b_{i2} & \cdots & a_{in} + b_{in} \\ \vdots & \vdots & & \vdots \\ a_{n1} & a_{n2} & \cdots & a_{nn} \end{vmatrix} = \sum_{j=1}^{n} (-1)^{1+j} a_{1j} M_{1j},$$

故由 M_{1j} 是与 D 同型的 $n-1$ 阶行列式, 并根据归纳假设可得

$$M_{1j} = M_{1j}^{(1)} + M_{1j}^{(2)},$$

从而

$$D = \sum_{j=1}^{n} (-1)^{1+j} a_{1j} M_{1j}^{(1)} + \sum_{j=1}^{n} (-1)^{1+j} a_{1j} M_{1j}^{(2)} = D_1 + D_2.$$ ▌

仿照性质 2.2.1 的证明可得

性质 2.2.2 如果行列式 D 的第 j 列元素都是两数之和, 即

$$D = \begin{vmatrix} a_{11} & \cdots & a_{1j} + b_{1j} & \cdots & a_{1n} \\ a_{21} & \cdots & a_{2j} + b_{2j} & \cdots & a_{2n} \\ \cdots & \cdots & \cdots & \cdots & \cdots \\ a_{n1} & \cdots & a_{nj} + b_{nj} & \cdots & a_{nn} \end{vmatrix},$$

则 D 可以表示成两个行列式之和, 即

$$D = \begin{vmatrix} a_{11} & \cdots & a_{1j} & \cdots & a_{1n} \\ a_{21} & \cdots & a_{2j} & \cdots & a_{2n} \\ \cdots & \cdots & \cdots & \cdots & \cdots \\ a_{n1} & \cdots & a_{nj} & \cdots & a_{nn} \end{vmatrix} + \begin{vmatrix} a_{11} & \cdots & b_{1j} & \cdots & a_{1n} \\ a_{21} & \cdots & b_{2j} & \cdots & a_{2n} \\ \cdots & \cdots & \cdots & \cdots & \cdots \\ a_{n1} & \cdots & b_{nj} & \cdots & a_{nn} \end{vmatrix}.$$

定理 2.2.1 设 n 阶矩阵 $\boldsymbol{A} = (a_{ij})$ 施以一次行初等变换后化为 $\boldsymbol{B}$.

(1) 互换 $\boldsymbol{A}$ 的第 i 行与第 j 行元素, 即 $\boldsymbol{E}(i,j)\boldsymbol{A} = \boldsymbol{B}$, 则 $|\boldsymbol{B}| = -|\boldsymbol{A}|$;

(2) 用非零常数 k 乘以 $\boldsymbol{A}$ 的第 i 行各元素, 即 $\boldsymbol{E}(ki)\boldsymbol{A} = \boldsymbol{B}$, 则 $|\boldsymbol{B}| = k|\boldsymbol{A}|$;

(3) 将 $\boldsymbol{A}$ 的第 j 行乘以 λ 加到第 i 行, 即 $\boldsymbol{E}(i,\lambda j)\boldsymbol{A} = \boldsymbol{B}$, 则 $|\boldsymbol{B}| = |\boldsymbol{A}|$.

证明 (1) 首先用数学归纳法证明: 互换 $\boldsymbol{A}$ 的相邻两行的各元素, 结论成立.

事实上，不妨设 $j=i+1$, 则当 $n=2$ 时，有

$$|\boldsymbol{B}|=\begin{vmatrix} a_{21} & a_{22} \\ a_{11} & a_{12} \end{vmatrix}=a_{21}a_{12}-a_{11}a_{22}=-\begin{vmatrix} a_{11} & a_{12} \\ a_{21} & a_{22} \end{vmatrix}=-|\boldsymbol{A}|.$$

假设对所有 $n-1\ (n>2)$ 阶行列式结论成立.

对 n 阶行列式，当 $i=1,\ j=i+1$ 时，有

$$|\boldsymbol{A}|=\begin{vmatrix} a_{11} & a_{12} & \cdots & a_{1n} \\ a_{21} & a_{22} & \cdots & a_{2n} \\ a_{31} & a_{32} & \cdots & a_{3n} \\ \cdots & \cdots & \cdots & \cdots \\ a_{n1} & a_{n2} & \cdots & a_{nn} \end{vmatrix},\quad |\boldsymbol{B}|=\begin{vmatrix} a_{21} & a_{22} & \cdots & a_{2n} \\ a_{11} & a_{12} & \cdots & a_{1n} \\ a_{31} & a_{32} & \cdots & a_{3n} \\ \cdots & \cdots & \cdots & \cdots \\ a_{n1} & a_{n2} & \cdots & a_{nn} \end{vmatrix}.$$

用 $M_{1k}^{(2t)}$ 表示先去掉 $|\boldsymbol{A}|$ 的第 1 行第 k 列，再去掉 $|\boldsymbol{A}|$ 的第 2 行第 t 列所得到的行列式，则由 $|\boldsymbol{A}|$ 的第 $i\ (i\geqslant 3)$ 行与 $|\boldsymbol{B}|$ 的第 i 行对应的元素相同可得

$$M_{1k}^{(2t)}=M_{2t}^{(1k)}\quad (t\neq k),$$

从而

$$\begin{aligned}|\boldsymbol{A}|&=a_{11}a_{22}M_{11}^{(22)}\\&\quad+\sum_{k=2}^{n}(-1)^{1+k}a_{1k}\left[\sum_{t=1}^{k-1}(-1)^{1+t}a_{2t}M_{1k}^{(2t)}+\sum_{t=k}^{n-1}(-1)^{1+t}a_{2\,t+1}M_{1k}^{(2\,t+1)}\right],\\|\boldsymbol{B}|&=a_{21}a_{12}M_{21}^{(12)}\\&\quad+\sum_{t=2}^{n}(-1)^{1+t}a_{2t}\left[\sum_{k=1}^{t-1}(-1)^{1+k}a_{1k}M_{2t}^{1k}+\sum_{k=t}^{n-1}(-1)^{1+k}a_{1\,t+1}M_{2t}^{(1\,k+1)}\right],\end{aligned}$$

由于上述两个等式右端项中，分别含有 $n(n-1)$ 项 $a_{1k}a_{2t}M_{1k}^{(2t)}$ 与 $n(n-1)$ 项 $a_{1k}a_{2t}M_{2t}^{(1k)}$, 故只需比较 $a_{1k}a_{2t}M_{1k}^{(2t)}$ 与 $a_{1k}a_{2t}M_{2t}^{(1k)}$ 在各自等式中的正负号.

事实上，当 $t<k$ 或 $t>k$ 时，在行列式 $|\boldsymbol{A}|$ 中的项 $a_{1k}a_{2t}M_{1k}^{(2t)}$ 的符号为

$$(-1)^{1+k}(-1)^{1+t}=(-1)^{k+t+2}\quad 或\quad (-1)^{1+k}(-1)^{1+t-1}=(-1)^{k+t+1},$$

在行列式 $|\boldsymbol{B}|$ 中的项 $a_{2t}a_{1k}M_{2t}^{(1k)}$ 的符号为

$$(-1)^{1+t}(-1)^{1+k-1}=(-1)^{k+t+1}\quad 或\quad (-1)^{1+t}(-1)^{1+k}=(-1)^{k+t+2},$$

从而由

$$a_{1k}a_{2t}M_{1k}^{(2t)}=-a_{1k}a_{2t}M_{2t}^{(1k)}$$

可得 $|\boldsymbol{B}|=-|\boldsymbol{A}|$.

另一方面，当 $i>1,\ j=i+1$ 时，有

$$|\boldsymbol{A}|=\sum_{k=1}^{n}(-1)^{1+k}a_{1k}M_{1k},\quad |\boldsymbol{B}|=\sum_{k=1}^{n}(-1)^{1+k}a_{1k}N_{1k},$$

且 $n-1$ 阶余子式 N_{1k} 等于互换 M_{1k} 的第 i 行与第 j 行，故由归纳假设可得

$$N_{1k}=-M_{1k}\quad(k=1,2,\cdots,n),$$

从而

$$|\boldsymbol{B}|=\sum_{k=1}^{n}(-1)^{1+k}a_{1k}N_{1k}=-\sum_{k=1}^{n}(-1)^{1+k}a_{1k}M_{1k}=-|\boldsymbol{A}|.$$

下面证明：互换 $\boldsymbol{A}$ 的任意两行的各元素，结论成立.

事实上，当 $i<j$ 时，将 $\boldsymbol{A}$ 的第 i 行依次与第 $i-1,\ i-2,\cdots,j+1$ 行互换，共换 $i-j+1$ 次，再将得到的矩阵第 j 行依次与第 $j+1,\ j+2,\cdots,i$ 行互换，共换 $i-j$ 次，得 $\boldsymbol{E}(i,j)\boldsymbol{A}=\boldsymbol{B}$, 从而

$$|\boldsymbol{B}|=(-1)^{i-j+1+i-j}\ |\boldsymbol{A}|=-|\boldsymbol{A}|.$$

同理可知，当 $i<j$ 时，有 $|\boldsymbol{B}|=-|\boldsymbol{A}|$.

(2) 仿照性质 2.2.1 的证明过程可以证明 (2) 成立.

(3) 设 $\boldsymbol{E}(i,\lambda j)\boldsymbol{A}=\boldsymbol{B}$, 用 $\boldsymbol{A}$ 的第 i 行替换第 j 行所得矩阵为 $\boldsymbol{C}$, 即

$$|\boldsymbol{B}|=\begin{vmatrix}a_{11} & a_{12} & \cdots & a_{1n}\\ \vdots & \vdots & & \vdots\\ a_{i1}+\lambda a_{j1} & a_{i2}+\lambda a_{j2} & \cdots & a_{in}+\lambda a_{jn}\\ \vdots & \vdots & & \vdots\\ a_{j1} & a_{j2} & \cdots & a_{jn}\\ \vdots & \vdots & & \vdots\\ a_{n1} & a_{n2} & \cdots & a_{nn}\end{vmatrix},\quad |\boldsymbol{C}|=\begin{vmatrix}a_{11} & a_{12} & \cdots & a_{1n}\\ \vdots & \vdots & & \vdots\\ a_{j1} & a_{j2} & \cdots & a_{jn}\\ \vdots & \vdots & & \vdots\\ a_{j1} & a_{j2} & \cdots & a_{jn}\\ \vdots & \vdots & & \vdots\\ a_{n1} & a_{n2} & \cdots & a_{nn}\end{vmatrix},$$

则由 (1) 可得 $|\boldsymbol{C}|=0$, 从而由性质 2.2.1 及 (2) 可得

$$|\boldsymbol{B}|=|\boldsymbol{A}|+\lambda|\boldsymbol{C}|=|\boldsymbol{A}|.$$ ∎

推论 2.2.1 交换行列式的两个不同行，所得行列式与原行列式反号.

推论 2.2.2 如果行列式中有两行对应元素相同，则行列式为零.

推论 2.2.3 如果行列式的某一行元素全为零，则该行列式等于零.

推论 2.2.4 行列式的某一行的公因子可以提到行列式的外面，即

$$\begin{vmatrix}a_{11} & a_{12} & \cdots & a_{1n}\\ \vdots & \vdots & & \vdots\\ ka_{i1} & ka_{i2} & \cdots & ka_{in}\\ \vdots & \vdots & & \vdots\\ a_{n1} & a_{n2} & \cdots & a_{nn}\end{vmatrix}=k\begin{vmatrix}a_{11} & a_{12} & \cdots & a_{1n}\\ \vdots & \vdots & & \vdots\\ a_{i1} & a_{i2} & \cdots & a_{in}\\ \vdots & \vdots & & \vdots\\ a_{n1} & a_{n2} & \cdots & a_{nn}\end{vmatrix}.$$

推论 2.2.5 将行列式某一行的 k 倍加到另一行的对应元素上，其余行不动，则行列式的值不变.

由推论 2.2.2 及推论 2.2.4 可得

性质 2.2.3 如果行列式中有两行元素对应成比例，则行列式为零.

例 2.2.1 设 $\boldsymbol{A}=(a_{ij})$ 为 n 阶矩阵，证明：行列式 $|\boldsymbol{A}|$ 可以按列展开，即

$$|\boldsymbol{A}|=\sum_{i=1}^{n}(-1)^{i+1}a_{i1}M_{i1}.$$

证明 将 $\boldsymbol{A}$ 的第 1 列元素除 a_{i1} 外均换成零，所得矩阵记为 $\boldsymbol{A}_i$，将 $|\boldsymbol{A}_i|$ 的第 i 行第 j 列元素的余子式记为 M_{ij}，则由例 2.1.4 可知，当 $j>1$ 时，有

$$M_{ij}=\begin{vmatrix} 0 & a_{12} & \cdots & a_{1\,j-1} & a_{1\,j+1} & \cdots & a_{1n} \\ \vdots & \vdots & & \vdots & \vdots & & \vdots \\ 0 & a_{i-1\,2} & \cdots & a_{i-1\,j-1} & a_{i-1\,j+1} & \cdots & a_{i-1\,n} \\ 0 & a_{i+1\,2} & \cdots & a_{i+1\,j-1} & a_{i+1\,j+1} & \cdots & a_{i+1\,n} \\ \vdots & \vdots & & \vdots & \vdots & & \vdots \\ 0 & a_{n2} & \cdots & a_{n\,j-1} & a_{n\,j+1} & \cdots & a_{nn} \end{vmatrix}=0,$$

故由定理 2.2.1 的结论 (1) 可得

$$|\boldsymbol{A}_i|=(-1)^{i-1}\begin{vmatrix} a_{i1} & a_{i2} & \cdots & a_{in} \\ 0 & a_{12} & \cdots & a_{1n} \\ \vdots & \vdots & & \vdots \\ 0 & a_{i-1\,2} & \cdots & a_{i-1\,n} \\ 0 & a_{i+1\,2} & \cdots & a_{i+1\,n} \\ \vdots & \vdots & & \vdots \\ 0 & a_{n2} & \cdots & a_{nn} \end{vmatrix}=(-1)^{i+1}a_{i1}M_{i1},$$

从而由性质 2.2.2 可得

$$\begin{aligned}|\boldsymbol{A}|&=\begin{vmatrix} a_{11}+\underbrace{0+\cdots+0}_{n-1} & a_{12} & \cdots & a_{1n} \\ \cdots & \cdots & \cdots & \cdots \\ \underbrace{0+\cdots+0}_{i-1}+a_{i1}+\underbrace{0+\cdots+0}_{n-i} & a_{i2} & \cdots & a_{in} \\ \cdots & \cdots & \cdots & \cdots \\ \underbrace{0+\cdots+0}_{n-1}+a_{n1} & a_{n2} & \cdots & a_{nn} \end{vmatrix} \\ &=|\boldsymbol{A}_1|+|\boldsymbol{A}_2|+\cdots+|\boldsymbol{A}_n|=\sum_{i=1}^{n}(-1)^{i+1}a_{i1}M_{i1}.\end{aligned}$$

定理 2.2.2 设 $\boldsymbol{A}=(a_{ij})$ 为 n 阶矩阵，则 $|\boldsymbol{A}|=|\boldsymbol{A}^{\mathrm{T}}|$.

证明 设 M_{ij} 为 $|\boldsymbol{A}|$ 的第 i 行第 j 列元素 a_{ij} 的余子式， M_{ij}^{T} 为 $|\boldsymbol{A}^{\mathrm{T}}|$ 的第 i 行第 j 列元素 a_{ij} 的余子式，则

$$M_{ij}=M_{ji}^{\mathrm{T}},$$

从而将 $|\boldsymbol{A}^{\mathrm{T}}|$ 按第 1 列展开，由例 2.2.1 可得

$$|\boldsymbol{A}^{\mathrm{T}}|=\sum_{i=1}^{n}(-1)^{i+1}a_{1i}M_{i1}^{\mathrm{T}}=\sum_{i=1}^{n}(-1)^{i+1}a_{1i}M_{1i}=|\boldsymbol{A}|.$$ ▌

推论 2.2.6 行列式与它的转置行列式相等.

由定理 2.2.2 可知，上述行列式的性质关于列也成立，并由定理 2.2.1 可得

$$|\boldsymbol{E}(i,j)|=-1,\quad |\boldsymbol{E}(ki)|=k,\quad |\boldsymbol{E}(i,\lambda j)|=1.$$

由定理 2.2.1 的结论 (1) 、定理 2.2.2 及推论 2.2.2 可得

定理 2.2.3 (Laplace 展开定理)

设 $\boldsymbol{A}$ 为 n 阶矩阵， $|\boldsymbol{A}|$ 的第 i 行第 j 列元素 a_{ij} 的代数余子式为 A_{ij}，则

$$a_{i1}A_{j1}+a_{i2}A_{j2}+\cdots+a_{jn}A_{jn}=\begin{cases}|\boldsymbol{A}|, & i=j,\\ 0, & i\neq j\end{cases}$$

或

$$a_{1i}A_{1j}+a_{2i}A_{2j}+\cdots+a_{ni}A_{nj}=\begin{cases}|\boldsymbol{A}|, & i=j,\\ 0, & i\neq j.\end{cases}$$

例 2.2.2 计算行列式

$$D=\begin{vmatrix}0 & -1 & 2 & -3\\ 1 & 3 & -2 & 1\\ -2 & 0 & 5 & -2\\ 3 & 4 & -1 & 0\end{vmatrix}.$$

解 将第 2 行乘以 2, −3 分别加到第 3, 4 行，并由定理 2.2.3 可得

$$D=\begin{vmatrix}0 & -1 & 2 & -3\\ 1 & 3 & -2 & 1\\ -2 & 0 & 5 & -2\\ 3 & 4 & -1 & 0\end{vmatrix}=\begin{vmatrix}0 & -1 & 2 & -3\\ 1 & 3 & -2 & 1\\ 0 & 6 & 1 & 0\\ 0 & -5 & 5 & -3\end{vmatrix}=-\begin{vmatrix}-1 & 2 & -3\\ 6 & 1 & 0\\ -5 & 5 & -3\end{vmatrix},$$

将上式右端行列式第 2 行乘以 −2, −5 加到第 1, 3 行，得

$$D=-\begin{vmatrix}-1 & 2 & -3\\ 6 & 1 & 0\\ -5 & 5 & -3\end{vmatrix}=-\begin{vmatrix}-13 & 0 & -3\\ 6 & 1 & 0\\ -35 & 0 & -3\end{vmatrix}=-\begin{vmatrix}-13 & -3\\ -35 & -3\end{vmatrix}=66.$$

习题 2.2

2.2.1 证明

$$\begin{vmatrix} a_1+b_1 & b_1+c_1 & c_1+a_1 \\ a_2+b_2 & b_2+c_2 & c_2+a_2 \\ a_3+b_3 & b_3+c_3 & c_3+a_3 \end{vmatrix} = 2\begin{vmatrix} a_1 & b_1 & c_1 \\ a_2 & b_2 & c_2 \\ a_3 & b_3 & c_3 \end{vmatrix}.$$

2.2.2 计算下面行列式的值:

(1) $\begin{vmatrix} 1 & 3 & -1 & 2 \\ 1 & 5 & 3 & -4 \\ 0 & 4 & 1 & -1 \\ -5 & 1 & 3 & -3 \end{vmatrix}$; (2) $\begin{vmatrix} 5 & -2 & 1 & 3 \\ 0 & 6 & 4 & 1 \\ -3 & -1 & 2 & 5 \\ 1 & 0 & -1 & 1 \end{vmatrix}$.

2.2.3 计算 $n\ (n \geqslant 2)$ 阶行列式:

(1) $\begin{vmatrix} 0 & 1 & \cdots & 1 & 1 \\ 1 & 0 & \cdots & 1 & 1 \\ \cdots & \cdots & \cdots & \cdots & \cdots \\ 1 & 1 & \cdots & 0 & 1 \\ 1 & 1 & \cdots & 1 & 0 \end{vmatrix}$; (2) $\begin{vmatrix} a-b & b & \cdots & b & b \\ b & a-b & \cdots & b & b \\ \cdots & \cdots & \cdots & \cdots & \cdots \\ b & b & \cdots & a-b & b \\ b & b & \cdots & b & a-b \end{vmatrix}$;

(3) $\begin{vmatrix} a_1-b_1 & a_1-b_2 & \cdots & a_1-b_n \\ a_2-b_1 & a_2-b_2 & \cdots & a_2-b_n \\ \cdots & \cdots & \cdots & \cdots \\ a_n-b_1 & a_n-b_2 & \cdots & a_n-b_n \end{vmatrix}$; (4) $\begin{vmatrix} a_1-m & a_2 & \cdots & a_n \\ a_1 & a_2-m & \cdots & a_n \\ \cdots & \cdots & \cdots & \cdots \\ a_1 & a_2 & \cdots & a_n-m \end{vmatrix}$.

2.2.4 用行消法变换将下面矩阵化为上三角阵并计算其行列式.

(1) $\begin{vmatrix} 0 & -2 & 1 \\ 4 & 5 & 2 \\ -6 & 0 & 3 \end{vmatrix}$; (2) $\begin{vmatrix} 1 & 2 & 3 & 4 \\ 2 & 3 & 4 & 1 \\ 3 & 4 & 1 & 2 \\ 4 & 3 & 2 & 1 \end{vmatrix}$.

2.2.5 计算下列行列式:

(1) $\begin{vmatrix} -3 & 2 & 5 \\ 0 & 3 & -1 \\ 0 & 4 & 5 \end{vmatrix}$; (2) $\begin{vmatrix} 1 & 4 & 2 & 1 \\ 3 & 2 & -5 & 7 \\ 0 & 5 & 0 & -2 \\ 0 & -1 & 0 & 4 \end{vmatrix}$;

(3) $\begin{vmatrix} 0 & 0 & 0 & 1 & -1 \\ 0 & 0 & 0 & 3 & 2 \\ 4 & 2 & 1 & 1 & 2 \\ -3 & 5 & 0 & 2 & -1 \\ -1 & 3 & 5 & 2 & 4 \end{vmatrix}$; (4) $\begin{vmatrix} 3 & 1 & 2 & 0 & 1 \\ 0 & -1 & 5 & 1 & 0 \\ 1 & -1 & 3 & 1 & 0 \\ 0 & 0 & 0 & 4 & 1 \\ 0 & 0 & 0 & -1 & 2 \end{vmatrix}$.

2.3　行列式的计算

正确地使用初等变换及行列式的性质可以简化行列式的计算，为了叙述方便，在具体计算过程中仍沿用初等变换的说法. 在计算行列式时，由于三角形行列式的值易于计算，因此通常先将行列式转化为三角形行列式后再求其值.

2.3.1　数学归纳法

例 2.3.1 设 $\boldsymbol{A}=(a_{ij})_{n\times n}$，$\boldsymbol{B}=(b_{ij})_{m\times m}$，$\boldsymbol{C}=(c_{ij})_{m\times n}$，且 $\boldsymbol{O}$ 为 $n\times m$ 阶零矩阵，证明

$$D=\begin{vmatrix}\boldsymbol{A} & \boldsymbol{O}\\ \boldsymbol{C} & \boldsymbol{B}\end{vmatrix}=|\boldsymbol{A}|\,|\boldsymbol{B}|.$$

证明 对 n 阶矩阵 $\boldsymbol{A}$，当 $n=1$ 时，由 $\boldsymbol{A}=(a_{11})$ 可得

$$D=\begin{vmatrix}a_{11} & 0 & \cdots & 0\\ c_{11} & b_{11} & \cdots & b_{1m}\\ \vdots & \vdots & & \vdots\\ c_{m1} & b_{m1} & \cdots & b_{mm}\end{vmatrix}=a_{11}\begin{vmatrix}b_{11} & \cdots & b_{1m}\\ \vdots & & \vdots\\ b_{m1} & \cdots & b_{mm}\end{vmatrix}=|\boldsymbol{A}|\,|\boldsymbol{B}|.$$

假设对 $n-1$ 阶矩阵 $\boldsymbol{A}$，结论成立.

用 $\boldsymbol{A}_j$ 表示去掉 n 阶矩阵 $\boldsymbol{A}$ 的第 1 行第 j 列后得到的矩阵，用 $\boldsymbol{C}_j$ 表示去掉 $\boldsymbol{C}$ 的第 j 列后得到的矩阵，则由归纳假设可得

$$M_{1j}=\begin{vmatrix}\boldsymbol{A}_j & \boldsymbol{O}_{(n-1)\times m}\\ \boldsymbol{C}_j & \boldsymbol{B}\end{vmatrix}=|\boldsymbol{A}_j|\,|\boldsymbol{B}|,$$

从而

$$\begin{aligned}D&=\begin{vmatrix}a_{11} & \cdots & a_{1n} & 0 & \cdots & 0\\ \vdots & & \vdots & \vdots & & \vdots\\ a_{1n} & \cdots & a_{nn} & 0 & \cdots & 0\\ c_{11} & \cdots & c_{1m} & b_{11} & \cdots & b_{1m}\\ \vdots & & \vdots & \vdots & & \vdots\\ c_{1m} & \cdots & c_{nm} & b_{m1} & \cdots & b_{mm}\end{vmatrix}=\sum_{j=1}^{n}(-1)^{1+j}a_{1j}M_{1j}\\ &=\sum_{j=1}^{n}(-1)^{1+j}a_{1j}|\boldsymbol{A}_j|\,|\boldsymbol{B}|=|\boldsymbol{A}|\,|\boldsymbol{B}|.\end{aligned}$$

定理 2.3.1 设 $\boldsymbol{A}$ 与 $\boldsymbol{B}$ 均为 n 阶矩阵，则 $|\boldsymbol{AB}|=|\boldsymbol{A}|\,|\boldsymbol{B}|$.

证明 设 $\boldsymbol{E}$ 为 n 阶单位矩阵，$\boldsymbol{O}$ 为 n 阶零矩阵，且

$$D=\begin{vmatrix}\boldsymbol{A} & \boldsymbol{O}\\ -\boldsymbol{E} & \boldsymbol{B}\end{vmatrix}.$$

将 D 的第 $n+i\ (i=1,2,\cdots,n)$ 行乘以 $a_{1i},\ a_{2i},\cdots,a_{ni}$ 分别加到第 1, 2, $\cdots,n$ 行上，并由定理 2.2.1 的结论 (3) 可得

$$D=\begin{vmatrix} 0 & \cdots & 0 & \sum\limits_{k=1}^{n}a_{1k}b_{k1} & \cdots & \sum\limits_{k=1}^{n}a_{1k}b_{kn} \\ \vdots & & \vdots & \vdots & & \vdots \\ 0 & \cdots & 0 & \sum\limits_{k=1}^{n}a_{nk}b_{k1} & \cdots & \sum\limits_{k=1}^{n}a_{nk}b_{kn} \\ -1 & & & b_{11} & \cdots & b_{1m} \\ & \ddots & & \vdots & & \vdots \\ & & -1 & b_{m1} & \cdots & b_{mm} \end{vmatrix}=\begin{vmatrix} \boldsymbol{O} & \boldsymbol{AB} \\ -\boldsymbol{E} & \boldsymbol{B} \end{vmatrix},$$

再将上式右端行列式的第 $n+i\ (i=1,2,\cdots,n)$ 行与第 i 行互换，得

$$D=(-1)^n\begin{vmatrix} -\boldsymbol{E} & \boldsymbol{B} \\ \boldsymbol{O} & \boldsymbol{AB} \end{vmatrix}=(-1)^{n+n}\begin{vmatrix} \boldsymbol{E} & \boldsymbol{B} \\ \boldsymbol{O} & \boldsymbol{AB} \end{vmatrix}=\begin{vmatrix} \boldsymbol{E} & \boldsymbol{B} \\ \boldsymbol{O} & \boldsymbol{AB} \end{vmatrix},$$

从而由例 2.3.1 可得

$$|\boldsymbol{A}|\,|\boldsymbol{B}|=\begin{vmatrix} \boldsymbol{A} & \boldsymbol{O} \\ -\boldsymbol{E} & \boldsymbol{B} \end{vmatrix}=\begin{vmatrix} \boldsymbol{E} & \boldsymbol{B} \\ \boldsymbol{O} & \boldsymbol{AB} \end{vmatrix}=|\boldsymbol{AB}|.$$ ▌

例 2.3.2 计算 $n\ (n\geqslant 2)$ 阶行列式 (未写出部分元素为零)

$$D_n=\begin{vmatrix} x & & & & a_n \\ -1 & x & & & a_{n-1} \\ & \ddots & \ddots & & \vdots \\ & & \ddots & x & a_2 \\ & & & -1 & x+a_1 \end{vmatrix}.$$

解 当 $n=2$ 时，得

$$D_2=\begin{vmatrix} x & a_2 \\ -1 & x+a_1 \end{vmatrix}=x^2+a_1x+a_2.$$

假设对于 $n-1$ 阶行列式 D_{n-1}, 等式

$$D_{n-1}=x^{n-1}+a_1x^{n-2}+\cdots+a_{n-1}$$

成立. 对于 n 阶行列式 D_n, 按 D_n 的第 1 行展开，得

$$\begin{aligned}D_n&=x\begin{vmatrix} x & & & & a_{n-1} \\ -1 & x & & & a_{n-2} \\ & \ddots & \ddots & & \vdots \\ & & \ddots & x & a_2 \\ & & & -1 & x+a_1 \end{vmatrix}+(-1)^{1+n}a_n\begin{vmatrix} -1 & x & & & \\ & -1 & \ddots & & \\ & & \ddots & \ddots & \\ & & & -1 & x \\ & & & & -1 \end{vmatrix}\\ &=xD_{n-1}+a_n,\end{aligned}$$

从而根据归纳假设可得

$$D_n = x^n + a_1 x^{n-1} + a_2 x^{n-2} + \cdots + a_{n-1} x + a_n.$$

2.3.2 初等变换化三角形法

例 2.3.3 计算行列式

$$D = \begin{vmatrix} 3 & -5 & 2 & 2 \\ 2 & -3 & 2 & -2 \\ 3 & -5 & 3 & 10 \\ 5 & -8 & 4 & 14 \end{vmatrix}.$$

解 将第 2 行乘以 -1 加到第 1 行上, 再将所得行列式的第 1 行乘以 $-2, -3, -5$ 分别加到第 2, 3, 4 行，得

$$D = \begin{vmatrix} 3 & -5 & 2 & 2 \\ 2 & -3 & 2 & -2 \\ 3 & -5 & 3 & 10 \\ 5 & -8 & 4 & 14 \end{vmatrix} = \begin{vmatrix} 1 & -2 & 0 & 4 \\ 2 & -3 & 2 & -2 \\ 3 & -5 & 3 & 10 \\ 5 & -8 & 4 & 14 \end{vmatrix} = \begin{vmatrix} 1 & -2 & 0 & 4 \\ 0 & 1 & 2 & -10 \\ 0 & 1 & 3 & -2 \\ 0 & 2 & 4 & -6 \end{vmatrix}.$$

将上式右端行列式的第 2 行乘以 $-1, -2$ 分别加到第 3, 4 行上，得

$$D = \begin{vmatrix} 1 & -2 & 0 & 4 \\ 0 & 1 & 2 & -10 \\ 0 & 1 & 3 & -2 \\ 0 & 2 & 4 & -6 \end{vmatrix} = \begin{vmatrix} 1 & -2 & 0 & 4 \\ 0 & 1 & 2 & -10 \\ 0 & 0 & 1 & 8 \\ 0 & 0 & 0 & 14 \end{vmatrix} = 14.$$

例 2.3.4 计算 $n+1$ 阶行列式

$$D_{n+1} = \begin{vmatrix} b & a & a & \cdots & a & a \\ a & b & a & \cdots & a & a \\ a & a & b & \cdots & a & a \\ \cdots & \cdots & \cdots & \cdots & \cdots & \cdots \\ a & a & a & \cdots & b & a \\ a & a & a & \cdots & a & b \end{vmatrix}.$$

解 将第 2, 3, $\cdots$, n, $n+1$ 列加到第 1 列，得

$$D_{n+1} = \begin{vmatrix} b+na & a & a & \cdots & a & a \\ b+na & b & a & \cdots & a & a \\ b+na & a & b & \cdots & a & a \\ \cdots & \cdots & \cdots & \cdots & \cdots & \cdots \\ b+na & a & a & \cdots & b & a \\ b+na & a & a & \cdots & a & b \end{vmatrix}$$

再将上式右端行列式的第 1 行乘以 -1 分别加到第 2, 3, $\cdots$, n, $n+1$ 行，得

$$D_{n+1}=\begin{vmatrix} b+na & a & \cdots & a \\ 0 & b-a & \cdots & 0 \\ \cdots & \cdots & \cdots & \cdots \\ 0 & 0 & \cdots & b-a \end{vmatrix}=(b+na)(b-a)^n.$$

例 2.3.5 计算 n 阶行列式

$$D_n=\begin{vmatrix} 2 & 1 & 1 & \cdots & 1 \\ 1 & \frac{1}{2}+1 & 1 & \cdots & 1 \\ \vdots & \vdots & \vdots & \ddots & \vdots \\ 1 & 1 & 1 & \cdots & \frac{1}{n}+1 \end{vmatrix}.$$

解 将行列式 D 的第 1 行乘以 -1 分别加到第 2, 3,$\cdots$,n 上，再将所得行列式的第 2, 3,$\cdots$,n 列分别乘以 2, 3,$\cdots$,n 加到第 1 列上，得

$$D_n=\begin{vmatrix} 2 & 1 & 1 & \cdots & 1 \\ 1 & \frac{1}{2}+1 & 1 & \cdots & 1 \\ \vdots & \vdots & \vdots & \ddots & \vdots \\ 1 & 1 & 1 & \cdots & \frac{1}{n}+1 \end{vmatrix}=\begin{vmatrix} 2 & 1 & 1 & \cdots & 1 \\ -1 & \frac{1}{2} & 0 & \cdots & 0 \\ \vdots & \vdots & \vdots & \ddots & \vdots \\ -1 & 0 & 0 & \cdots & \frac{1}{n} \end{vmatrix}$$

$$=\begin{vmatrix} 2+2+3+\cdots+n & 1 & 1 & \cdots & 1 \\ 0 & \frac{1}{2} & 0 & \cdots & 0 \\ \vdots & \vdots & \vdots & \ddots & \vdots \\ 0 & 0 & 0 & \cdots & \frac{1}{n} \end{vmatrix}=\frac{1}{n!}\left[1+\frac{n(n+1)}{2}\right].$$

2.3.3 拆分法

利用行列式性质将一个行列式拆分成几个行列式之和.

例 2.3.6 证明

$$D=\begin{vmatrix} a_1+b_1 & b_1+c_1 & c_1+a_1 \\ a_2+b_2 & b_2+c_2 & c_2+a_2 \\ a_3+b_3 & b_3+c_3 & c_3+a_3 \end{vmatrix}=2\begin{vmatrix} a_1 & b_1 & c_1 \\ a_2 & b_2 & c_2 \\ a_3 & b_3 & c_3 \end{vmatrix}.$$

证明 由性质 2.2.2 可知，按第 1 列拆分，得

$$D=\begin{vmatrix} a_1 & b_1+c_1 & c_1+a_1 \\ a_2 & b_2+c_2 & c_2+a_2 \\ a_3 & b_3+c_3 & c_3+a_3 \end{vmatrix}+\begin{vmatrix} b_1 & b_1+c_1 & c_1+a_1 \\ b_2 & b_2+c_2 & c_2+a_2 \\ b_3 & b_3+c_3 & c_3+a_3 \end{vmatrix}.$$

将上式右端第 1, 2 个行列式分别按第 3, 2 列拆分可得

$$\begin{vmatrix} a_1 & b_1+c_1 & c_1+a_1 \\ a_2 & b_2+c_2 & c_2+a_2 \\ a_3 & b_3+c_3 & c_3+a_3 \end{vmatrix} = \begin{vmatrix} a_1 & b_1+c_1 & c_1 \\ a_2 & b_2+c_2 & c_2 \\ a_3 & b_3+c_3 & c_3 \end{vmatrix} + \begin{vmatrix} a_1 & b_1+c_1 & a_1 \\ a_2 & b_2+c_2 & a_2 \\ a_3 & b_3+c_3 & a_3 \end{vmatrix},$$

$$\begin{vmatrix} b_1 & b_1+c_1 & c_1+a_1 \\ b_2 & b_2+c_2 & c_2+a_2 \\ b_3 & b_3+c_3 & c_3+a_3 \end{vmatrix} = \begin{vmatrix} b_1 & b_1 & c_1+a_1 \\ b_2 & b_2 & c_2+a_2 \\ b_3 & b_3 & c_3+a_3 \end{vmatrix} + \begin{vmatrix} b_1 & c_1 & c_1+a_1 \\ b_2 & c_2 & c_2+a_2 \\ b_3 & c_3 & c_3+a_3 \end{vmatrix},$$

故由性质 2.2.3 可得

$$\begin{vmatrix} a_1 & b_1+c_1 & a_1 \\ a_2 & b_2+c_2 & a_2 \\ a_3 & b_3+c_3 & a_3 \end{vmatrix} = 0, \quad \begin{vmatrix} b_1 & b_1 & c_1+a_1 \\ b_2 & b_2 & c_2+a_2 \\ b_3 & b_3 & c_3+a_3 \end{vmatrix} = 0,$$

从而

$$D = \begin{vmatrix} a_1 & b_1+c_1 & c_1 \\ a_2 & b_2+c_2 & c_2 \\ a_3 & b_3+c_3 & c_3 \end{vmatrix} + \begin{vmatrix} b_1 & c_1 & c_1+a_1 \\ b_2 & c_2 & c_2+a_2 \\ b_3 & c_3 & c_3+a_3 \end{vmatrix}.$$

将上式右端第 1, 2 个行列式分别按第 2, 3 列拆分，并由性质 2.2.3 可得

$$\begin{vmatrix} a_1 & b_1+c_1 & c_1 \\ a_2 & b_2+c_2 & c_2 \\ a_3 & b_3+c_3 & c_3 \end{vmatrix} = \begin{vmatrix} a_1 & b_1 & c_1 \\ a_2 & b_2 & c_2 \\ a_3 & b_3 & c_3 \end{vmatrix}, \quad \begin{vmatrix} b_1 & c_1 & c_1+a_1 \\ b_2 & c_2 & c_2+a_2 \\ b_3 & c_3 & c_3+a_3 \end{vmatrix} = \begin{vmatrix} b_1 & c_1 & a_1 \\ b_2 & c_2 & a_2 \\ b_3 & c_3 & a_3 \end{vmatrix},$$

并由推论 2.2.1 可得

$$\begin{vmatrix} b_1 & c_1 & a_1 \\ b_2 & c_2 & a_2 \\ b_3 & c_3 & a_3 \end{vmatrix} = -\begin{vmatrix} b_1 & a_1 & c_1 \\ b_2 & a_2 & c_2 \\ b_3 & a_3 & c_3 \end{vmatrix} = \begin{vmatrix} a_1 & b_1 & c_1 \\ a_2 & b_2 & c_2 \\ a_3 & b_3 & c_3 \end{vmatrix},$$

从而

$$D = \begin{vmatrix} a_1 & b_1 & c_1 \\ a_2 & b_2 & c_2 \\ a_3 & b_3 & c_3 \end{vmatrix} + \begin{vmatrix} b_1 & c_1 & a_1 \\ b_2 & c_2 & a_2 \\ b_3 & c_3 & a_3 \end{vmatrix} = 2\begin{vmatrix} a_1 & b_1 & c_1 \\ a_2 & b_2 & c_2 \\ a_3 & b_3 & c_3 \end{vmatrix}.$$

例 2.3.7 计算 n 阶行列式

$$D_n = \begin{vmatrix} a_1-b_1 & a_1-b_2 & \cdots & a_1-b_n \\ a_2-b_1 & a_2-b_2 & \cdots & a_2-b_n \\ \vdots & \vdots & & \vdots \\ a_n-b_1 & a_n-b_2 & \cdots & a_n-b_n \end{vmatrix}.$$

解 当 $n=1$ 时，有

$$D_1 = |a_1-b_1| = a_1-b_1.$$

当 $n \geqslant 2$ 时，将行列式 D 的第 1 列乘以 -1 加到第 2, 3,$\cdots$,n 列上，并利用性质 2.2.2, 按 D 的第 1 列将其拆分成两个行列式之和，得

$$D = \begin{vmatrix} a_1 - b_1 & b_1 - b_2 & \cdots & b_1 - b_n \\ a_2 - b_1 & b_1 - b_2 & \cdots & b_1 - b_n \\ \vdots & \vdots & & \vdots \\ a_n - b_1 & b_1 - b_2 & \cdots & b_1 - b_n \end{vmatrix}$$

$$= \begin{vmatrix} a_1 & b_1 - b_2 & \cdots & b_1 - b_n \\ a_2 & b_1 - b_2 & \cdots & b_1 - b_n \\ \vdots & \vdots & & \vdots \\ a_n & b_1 - b_2 & \cdots & b_1 - b_n \end{vmatrix} - \begin{vmatrix} b_1 & b_1 - b_2 & \cdots & b_1 - b_n \\ b_1 & b_1 - b_2 & \cdots & b_1 - b_n \\ \vdots & \vdots & & \vdots \\ b_1 & b_1 - b_2 & \cdots & b_1 - b_n \end{vmatrix}.$$

将上式右端第 1 个行列式的第 1 行乘以 -1 加到第 2, 3,$\cdots$,n 行上，得

$$\begin{vmatrix} a_1 & b_1 - b_2 & \cdots & b_1 - b_n \\ a_2 & b_1 - b_2 & \cdots & b_1 - b_n \\ \vdots & \vdots & & \vdots \\ a_n & b_1 - b_2 & \cdots & b_1 - b_n \end{vmatrix} = \begin{vmatrix} a_1 & b_1 - b_2 & \cdots & b_1 - b_n \\ a_2 - a_1 & 0 & \cdots & 0 \\ \vdots & \vdots & & \vdots \\ a_n - a_1 & 0 & \cdots & 0 \end{vmatrix},$$

第 2 个行列式的第 1 行乘以 -1 加到第 2, 3,$\cdots$,n 行上，得

$$\begin{vmatrix} b_1 & b_1 - b_2 & \cdots & b_1 - b_n \\ b_1 & b_1 - b_2 & \cdots & b_1 - b_n \\ \vdots & \vdots & & \vdots \\ b_1 & b_1 - b_2 & \cdots & b_1 - b_n \end{vmatrix} = \begin{vmatrix} b_1 & b_1 - b_2 & \cdots & b_1 - b_n \\ 0 & 0 & \cdots & 0 \\ \vdots & \vdots & & \vdots \\ 0 & 0 & \cdots & 0 \end{vmatrix} = 0,$$

从而当 $n = 2$ 时，有

$$D_2 = \begin{vmatrix} a_1 & b_1 - b_2 \\ a_2 - a_1 & 0 \end{vmatrix} = (a_2 - a_1)(b_2 - b_1),$$

从而当 $n \geqslant 3$ 时，由

$$D_n = \begin{vmatrix} a_1 & b_1 - b_2 & \cdots & b_1 - b_n \\ a_2 - a_1 & 0 & \cdots & 0 \\ \vdots & \vdots & & \vdots \\ a_n - a_1 & 0 & \cdots & 0 \end{vmatrix}$$

的余子式 $M_{1j} = 0\ (j = 1, 2, \cdots, n)$ 可得

$$D_n = a_1 M_{11} + \sum_{j=1}^{n} (-1)^{1+j} (b_1 - b_j) M_{1j} = 0.$$

2.3.4　降阶法

由 Laplace 展开定理可知，我们可以把 n 阶行列式按某一行 (列) 展开 n 个 $n-1$ 阶行列式之和，这样可以逐次降阶.

例 2.3.8 计算 5 阶行列式

$$D=\begin{vmatrix}4&0&1&0&0\\2&1&3&4&5\\1&0&0&3&0\\2&0&1&4&-6\\-1&0&1&4&0\end{vmatrix}.$$

解 由定理 2.2.3 可知，按 D 的第 2 列展开，得

$$D=(-1)^{2+2}\begin{vmatrix}4&1&0&0\\1&0&3&0\\2&1&4&-6\\-1&1&4&0\end{vmatrix}=\begin{vmatrix}4&1&0&0\\1&0&3&0\\2&1&4&-6\\-1&1&4&0\end{vmatrix}.$$

将上式右端行列式按第 4 列展开，得

$$D=\begin{vmatrix}4&1&0&0\\1&0&3&0\\2&1&4&-6\\-1&1&4&0\end{vmatrix}=(-1)^{3+4}(-6)\begin{vmatrix}4&1&0\\1&0&3\\-1&1&4\end{vmatrix}=6\begin{vmatrix}4&1&0\\1&0&3\\-1&1&4\end{vmatrix},$$

将上式右端行列式按第 3 列展开，得

$$D=(-1)^{2+1}6\begin{vmatrix}1&3\\-1&4\end{vmatrix}+(-1)^{2+3}6\begin{vmatrix}4&0\\1&3\end{vmatrix}=-114.$$

例 2.3.9 计算行列式

$$D=\begin{vmatrix}a_1&a_2&a_3&a_4\\a_2&a_1&a_4&a_3\\a_3&a_4&a_1&a_2\\a_4&a_3&a_2&a_1\end{vmatrix}.$$

解 将 D 的第 2, 3, 4 列分别加到第 1 列上，得

$$D=\begin{vmatrix}a_1+a_2+a_3+a_4&a_2&a_3&a_4\\a_1+a_2+a_3+a_4&a_1&a_4&a_3\\a_1+a_2+a_3+a_4&a_4&a_1&a_2\\a_1+a_2+a_3+a_4&a_3&a_2&a_1\end{vmatrix}=\sum_{k=1}^{4}a_k\begin{vmatrix}1&a_2&a_3&a_4\\1&a_1&a_4&a_3\\1&a_4&a_1&a_2\\1&a_3&a_2&a_1\end{vmatrix}.$$

将上式右端行列式的第 1 行乘以 -1 分别加到第 2, 3, 4 行上，得

$$D=\sum_{k=1}^{4}a_k\begin{vmatrix}1 & a_2 & a_3 & a_4\\ 1 & a_1 & a_4 & a_3\\ 1 & a_4 & a_1 & a_2\\ 1 & a_3 & a_2 & a_1\end{vmatrix}=\sum_{k=1}^{4}a_k\begin{vmatrix}1 & a_2 & a_3 & a_4\\ 0 & a_1-a_2 & a_4-a_3 & a_3-a_4\\ 0 & a_4-a_2 & a_1-a_3 & a_2-a_4\\ 0 & a_3-a_2 & a_2-a_3 & a_1-a_4\end{vmatrix}$$

$$=\sum_{k=1}^{4}a_k\begin{vmatrix}a_1-a_2 & a_4-a_3 & a_3-a_4\\ a_4-a_2 & a_1-a_3 & a_2-a_4\\ a_3-a_2 & a_2-a_3 & a_1-a_4\end{vmatrix}.$$

将上式右端行列式的第 2 列加到第 1 列上，再将第 1 行乘以 -1 加到第 2 行上，得

$$D=\sum_{k=1}^{4}a_k\begin{vmatrix}a_1-a_2-a_3+a_4 & a_4-a_3 & a_3-a_4\\ a_1-a_2-a_3+a_4 & a_1-a_3 & a_2-a_4\\ 0 & a_2-a_3 & a_1-a_4\end{vmatrix}$$

$$=\sum_{k=1}^{4}a_k\begin{vmatrix}a_1-a_2-a_3+a_4 & a_4-a_3 & a_3-a_4\\ 0 & a_1-a_4 & a_2-a_3\\ 0 & a_2-a_3 & a_1-a_4\end{vmatrix}$$

$$=\sum_{k=1}^{4}a_k(a_1-a_2-a_3+a_4)\begin{vmatrix}a_1-a_4 & a_2-a_3\\ a_2-a_3 & a_1-a_4\end{vmatrix}.$$

将上式右端行列式的第 2 列加到第 1 列上，再将第 1 行乘以 -1 加到第 2 行上，得

$$D=\sum_{k=1}^{4}a_k(a_1-a_2-a_3+a_4)\begin{vmatrix}a_1+a_2-a_3-a_4 & a_2-a_3\\ a_1+a_2-a_3-a_4 & a_1-a_4\end{vmatrix}$$

$$=\sum_{k=1}^{4}a_k(a_1-a_2-a_3+a_4)\begin{vmatrix}a_1+a_2-a_3-a_4 & a_2-a_4\\ 0 & a_1+a_2-a_3-a_4\end{vmatrix}$$

$$=\sum_{k=1}^{4}a_k(a_1-a_2-a_3+a_4)(a_1+a_2-a_3-a_4)(a_1+a_2-a_3-a_4).$$

2.3.5 递推法

例 2.3.10 计算 $2n$ 阶行列式 (未写出部分元素为零)

$$D_{2n}=\begin{vmatrix}a_n & & & & & b_n\\ & \ddots & & & \iddots & \\ & & a_1 & b_1 & & \\ & & c_1 & d_1 & & \\ & \iddots & & & \ddots & \\ c_n & & & & & d_n\end{vmatrix}.$$

解 将 D_{2n} 按第 $2n$ 行展开，得

$$D_{2n}=-c_n\begin{vmatrix}0&\cdots&0&b_n\\ & & &0\\ &D_{2n-2}& &\vdots\\ & & &0\end{vmatrix}+d_n\begin{vmatrix}a_n&0&\cdots&0\\0& & & \\ \vdots& &D_{2n-2}& \\0& & & \end{vmatrix}$$
$$=-b_nc_nD_{2n-2}+a_nd_nD_{2n-2}=(a_nd_n-b_nc_n)D_{2n-2}.$$

由此可推得

$$D_{2n}=(a_nd_n-b_nc_n)(a_{n-1}d_{n-1}-b_{n-1}c_{n-1})\cdots(a_1d_1-b_1c_1).$$

例 2.3.11 计算 Vandermonde[①] 行列式

$$D_n=\begin{vmatrix}1&1&\cdots&1&1\\a_1&a_2&\cdots&a_{n-1}&a_n\\a_1^2&a_2^2&\cdots&a_{n-1}^2&a_n^2\\\vdots&\vdots&\cdots&\vdots&\vdots\\a_1^{n-1}&a_2^{n-1}&\cdots&a_{n-1}^{n-1}&a_n^{n-1}\end{vmatrix}.$$

解 将 D_n 的第 $n-1$ 行乘以 $-a_n$ 加到第 n 行上，再将第 $n-2$ 行乘以 $-a_n$ 加到第 $n-1$ 行上，以此类推直到将第 1 行乘以 $-a_n$ 加到第 2 行上，得

$$D_n=\begin{vmatrix}1&1&\cdots&1&1\\a_1-a_n&a_2-a_n&\cdots&a_{n-1}-a_n&0\\a_1(a_1-a_n)&a_2(a_2-a_n)&\cdots&a_{n-1}(a_{n-1}-a_n)&0\\\vdots&\vdots&\cdots&\vdots&\vdots\\a_1^{n-2}(a_1-a_n)&a_2^{n-2}(a_2-a_n)&\cdots&a_{n-1}^{n-2}(a_{n-1}-a_n)&0\end{vmatrix}$$

将上式右端行列式按第 n 列展开，并在第 j $(j\leqslant n-1)$ 列中提取公因子 a_j-a_n，得

$$D_n=(-1)^{1+n}(a_1-a_n)(a_2-a_n)\cdots(a_{n-1}-a_n)D_{n-1}$$
$$=(a_n-a_1)(a_n-a_2)\cdots(a_n-a_{n-1})D_{n-1}=\prod_{j=1}^{n-1}(a_n-a_j)D_{n-1}$$

由此可推得

$$D_n=\left[\prod_{j=1}^{n-1}(a_n-a_j)\right]\left[\prod_{j=1}^{n-2}(a_{n-1}-a_j)\right]\cdots\left[\prod_{j=1}^{2}(a_3-a_j)\right](a_2-a_1)$$
$$=\prod_{k=2}^{n}\left[\prod_{j=1}^{k-1}(a_k-a_j)\right]=\prod_{1\leqslant j<k\leqslant n}(a_k-a_j).$$

Vandermonde 行列式是一个重要的行列式，它通常可作为公式使用.

① Vandermonde，范德蒙， 1735—1796.

例 2.3.12 计算行列式

$$D=\begin{vmatrix}1&1&1&1\\2&3&4&5\\4&9&16&25\\8&27&64&125\end{vmatrix}.$$

解 由于行列式 D 可写为

$$D=\begin{vmatrix}1&1&1&1\\2&3&4&5\\4&9&16&25\\8&27&64&125\end{vmatrix}=\begin{vmatrix}1&1&1&1\\2&3&4&5\\2^2&3^2&4^2&5^2\\2^3&3^3&4^3&5^3\end{vmatrix},$$

故由 Vandermonde 行列式的结果，得

$$D=(5-2)(5-3)(5-4)(4-2)(4-3)(3-2)=12.$$

2.3.6 加边法

在计算行列式时，有时会根据行列式的特点采用添加一行一列的方法，将原行列式升高一阶，再利用行列式的性质化简.

例 2.3.13 计算 n 阶行列式

$$D=\begin{vmatrix}x_0+x_1&x_0+x_2&\cdots&x_0+x_n\\x_0^2+x_1^2&x_0^2+x_2^2&\cdots&x_0^2+x_n^2\\\cdots&\cdots&\cdots&\cdots\\x_0^n+x_1^n&x_0^n+x_2^n&\cdots&x_0^n+x_n^n\end{vmatrix}.$$

解 将行列式 D 加上一行一列，由行列式的定义可得

$$D=\begin{vmatrix}1&1&1&\cdots&1\\0&x_0+x_1&x_0+x_2&\cdots&x_0+x_n\\0&x_0^2+x_1^2&x_0^2+x_2^2&\cdots&x_0^2+x_n^2\\\cdots&\cdots&\cdots&\cdots&\cdots\\0&x_0^n+x_1^n&x_0^n+x_2^n&\cdots&x_0^n+x_n^n\end{vmatrix}.$$

将 D 的第 1 行乘以 $-x_0,\ x_0^2,\cdots,-x_0^n$ 分别加到第 $2,\ 3,\cdots,n+1$ 行上，得

$$D=\begin{vmatrix}1&1&1&\cdots&1\\-x_0&x_1&x_2&\cdots&x_n\\-x_0^2&x_1^2&x_2^2&\cdots&x_n^2\\\cdots&\cdots&\cdots&\cdots&\cdots\\-x_0^n&x_1^n&x_2^n&\cdots&x_n^n\end{vmatrix},$$

将上式右端行列式按第 1 列拆分，得

$$D_{n+1}=\begin{vmatrix}2&1&1&\cdots&1\\0&x_1&x_2&\cdots&x_n\\0&x_1^2&x_2^2&\cdots&x_n^2\\\cdots&\cdots&\cdots&\cdots&\cdots\\0&x_1^n&x_2^n&\cdots&x_n^n\end{vmatrix}-\begin{vmatrix}1&1&1&\cdots&1\\x_0&x_1&x_2&\cdots&x_n\\x_0^2&x_1^2&x_2^2&\cdots&x_n^2\\\cdots&\cdots&\cdots&\cdots&\cdots\\x_0^n&x_1^n&x_2^n&\cdots&x_n^n\end{vmatrix}.$$

将上式右端第 1 个行列式按第 1 列展开，并提出公因子，得

$$\begin{vmatrix}2&1&1&\cdots&1\\0&x_1&x_2&\cdots&x_n\\0&x_1^2&x_2^2&\cdots&x_n^2\\\cdots&\cdots&\cdots&\cdots&\cdots\\0&x_1^n&x_2^n&\cdots&x_n^n\end{vmatrix}=2\prod_{k=1}^{n}x_k\begin{vmatrix}1&1&\cdots&1\\x_1&x_2&\cdots&x_n\\\cdots&\cdots&\cdots&\cdots\\x_1^{n-1}&x_2^{n-1}&\cdots&x_n^{n-1}\end{vmatrix},$$

从而利用 Vandermonde 行列式的结果，得

$$\begin{aligned}D&=2\prod_{k=1}^{n}x_k\left[\prod_{1\leqslant j<k\leqslant n}(x_k-x_j)\right]-\prod_{0\leqslant j<k\leqslant n}(x_k-x_j)\\&=\left[2\prod_{k=1}^{n}x_k-\prod_{k=1}^{n}(x_k-x_0)\right]\prod_{1\leqslant j<k\leqslant n}(x_k-x_j).\end{aligned}$$

例 2.3.14 设 $xy\neq 0$, 计算行列式

$$D=\begin{vmatrix}1+x&1&1&1\\1&1-x&1&1\\1&1&1+y&1\\1&1&1&1-y\end{vmatrix}.$$

解 将行列式 D 加上一行一列，由行列式的定义可得

$$D=\begin{vmatrix}1&1&1&1&1\\0&1+x&1&1&1\\0&1&1-x&1&1\\0&1&1&1+y&1\\0&1&1&1&1-y\end{vmatrix}.$$

将上式右端行列式的第 1 行乘以 −1 分别加到第 2, 3, 4, 5 行上，得

$$D=\begin{vmatrix}1&1&1&1&1\\0&1+x&1&1&1\\0&1&1-x&1&1\\0&1&1&1+y&1\\0&1&1&1&1-y\end{vmatrix}=\begin{vmatrix}1&1&1&1&1\\-1&x&0&0&0\\-1&0&-x&0&0\\-1&0&0&y&0\\-1&0&0&0&-y\end{vmatrix}.$$

将上式右端行列式的第 2, 3, 4, 5 列分别乘以 $\frac{1}{x}, -\frac{1}{x}, \frac{1}{y}, -\frac{1}{y}$ 加到第 1 列上，得

$$D=\begin{vmatrix}1&1&1&1&1\\-1&x&0&0&0\\-1&0&-x&0&0\\-1&0&0&y&0\\-1&0&0&0&-y\end{vmatrix}=\begin{vmatrix}1&1&1&1&1\\0&x&0&0&0\\0&0&-x&0&0\\0&0&0&y&0\\0&0&0&0&-y\end{vmatrix}=x^2y^2.$$

以上介绍了几种计算行列式的常用方法，读者在实际计算过程中可以结合行列式的性质，综合运用以上各种计算方法.

例如，对于例 2.3.14 中的行列式，将第 2 行乘以 -1 加到第 1 行上，将第 4 行乘以 -1 加到第 3 行上，得

$$D=\begin{vmatrix}1+x&1&1&1\\1&1-x&1&1\\1&1&1+y&1\\1&1&1&1-y\end{vmatrix}=\begin{vmatrix}x&x&0&0\\1&1-x&1&1\\0&0&y&y\\1&1&1&1-y\end{vmatrix}.$$

将上式右端行列式第 1 行与第 3 行提出公因子 x, y, 再将第 1 行乘以 -1 分别加到第 2, 4 行上，将第 3 行乘以 -1 加到第 4 行上，得

$$D=xy\begin{vmatrix}1&1&0&0\\1&1-x&1&1\\0&0&1&1\\1&1&1&1-y\end{vmatrix}=xy\begin{vmatrix}1&1&0&0\\0&-x&1&1\\0&0&1&1\\0&0&0&-y\end{vmatrix}=x^2y^2.$$

习题 2.3

2.3.1 将下列行列式化成例 2.3.1 的形式再计算：

(1) $\begin{vmatrix}a&0&0&b\\0&a&b&0\\0&b&a&0\\b&0&0&a\end{vmatrix}$; (2) $\begin{vmatrix}1&1&1&1&1\\1&1&0&0&0\\1&0&1&0&0\\1&0&0&1&0\\1&0&0&0&1\end{vmatrix}$.

2.3.2 计算下列行列式：

(1) $\begin{vmatrix}a^2&ab&b^2\\2a&a+b&2b\\1&1&1\end{vmatrix}$; (2) $\begin{vmatrix}x&y&x+y\\y&x+y&x\\x+y&x&y\end{vmatrix}$.

2.3.3 计算下列 $n\ (n\geqslant 3)$ 阶行列式：

(1) $\begin{vmatrix} 1 & 3 & 3 & \cdots & 3 \\ 3 & 2 & 3 & \cdots & 3 \\ 3 & 3 & 3 & \cdots & 3 \\ \cdots & \cdots & \cdots & \cdots & \cdots \\ 3 & 3 & 3 & \cdots & n \end{vmatrix}$；　(2) $\begin{vmatrix} x & a_1 & a_2 & \cdots & a_{n-1} & 1 \\ a_1 & x & a_2 & \cdots & a_{n-1} & 1 \\ a_1 & a_2 & x & \cdots & a_{n-1} & 1 \\ \vdots & \vdots & \vdots & \ddots & \vdots & \vdots \\ a_1 & a_2 & a_3 & \cdots & x & 1 \\ a_1 & a_2 & a_3 & \cdots & a_n & 1 \end{vmatrix}$.

(3) $\begin{vmatrix} x & y & 0 & \cdots & 0 & 0 \\ 0 & x & y & \cdots & 0 & 0 \\ 0 & 0 & x & \cdots & 0 & 0 \\ \cdots & \cdots & \cdots & \cdots & \cdots & \cdots \\ 0 & 0 & 0 & \cdots & x & y \\ y & 0 & 0 & \cdots & 0 & x \end{vmatrix}$；

(4) $\begin{vmatrix} 1 & x_1+1 & x_1^2+x_1 & \cdots & x_1^{n-1}+x_1^{n-2} \\ 1 & x_2+1 & x_2^2+x_2 & \cdots & x_2^{n-1}+x_2^{n-2} \\ 1 & x_3+1 & x_3^2+x_3 & \cdots & x_3^{n-1}+x_3^{n-2} \\ \cdots & \cdots & \cdots & \cdots & \cdots \\ 1 & x_n+1 & x_n^2+x_n & \cdots & x_n^{n-1}+x_n^{n-2} \end{vmatrix}$；

(5) $\begin{vmatrix} 1 & 1 & 1 & \cdots & 1 & 1 & 1 \\ -a_1 & x_1 & 0 & \cdots & 0 & 0 & 0 \\ 0 & -a_2 & x_2 & \cdots & 0 & 0 & 0 \\ \cdots & \cdots & \cdots & \cdots & \cdots & \cdots & \cdots \\ 0 & 0 & 0 & \cdots & x_{n-2} & 0 & 0 \\ 0 & 0 & 0 & \cdots & -a_{n-1} & x_{n-1} & 0 \\ 0 & 0 & 0 & \cdots & 0 & -a_n & x_n \end{vmatrix}$.

2.3.4 用数学归纳法证明下列 $n\ (n\geqslant 2)$ 阶行列式的结果：

(1) $\begin{vmatrix} a_1 & 1 & \cdots & 1 & 1 \\ 1 & a_2 & \ddots & 0 & 0 \\ \cdots & \cdots & \cdots & \cdots & \cdots \\ 1 & 0 & \cdots & a_{n-1} & 0 \\ 1 & 0 & \cdots & 0 & a_n \end{vmatrix} = \prod\limits_{i=1}^{n} a_i - \sum\limits_{i=2}^{n} \prod\limits_{\substack{j=2 \\ j\neq i}}^{n} a_j$；

(2) $\begin{vmatrix} \cos\alpha & 1 & 0 & \cdots & 0 & 0 \\ 1 & 2\cos\alpha & 1 & \cdots & 0 & 0 \\ 0 & 1 & 2\cos\alpha & \cdots & 0 & 0 \\ \cdots & \cdots & \cdots & \cdots & \cdots & \cdots \\ 0 & 0 & 0 & \cdots & 2\cos\alpha & 1 \\ 0 & 0 & 0 & \cdots & 1 & 2\cos\alpha \end{vmatrix} = \cos(n\alpha)$；

$$(3)\quad \begin{vmatrix} 2 & 1 & 0 & \cdots & 0 & 0 & 0 \\ 1 & 2 & 1 & \cdots & 0 & 0 & 0 \\ 0 & 1 & 2 & \cdots & 0 & 0 & 0 \\ \cdots & \cdots & \cdots & \cdots & \cdots & \cdots & \cdots \\ 0 & 0 & 0 & \cdots & 2 & 1 & 0 \\ 0 & 0 & 0 & \cdots & 1 & 2 & 1 \\ 0 & 0 & 0 & \cdots & 0 & 1 & 2 \end{vmatrix} = n+1.$$

2.3.5 判断下列结论是否正确. 如果正确请说明理由，如果错误请举出反例：

(1) 设 $\boldsymbol{A}$ 与 $\boldsymbol{B}$ 均为 n 阶矩阵，则 $|\boldsymbol{A}+\boldsymbol{B}| = |\boldsymbol{A}| + |\boldsymbol{B}|$.

(2) 设 $\boldsymbol{A}$ 与 $\boldsymbol{B}$ 均为 n 阶矩阵，且 $\boldsymbol{AB} = \boldsymbol{B}$, 则 $|\boldsymbol{A}| = 1$.

(3) 设 $\boldsymbol{A}$ 为 n 阶矩阵，则 $|2\boldsymbol{A}| = 2|\boldsymbol{A}|$.

(4) 设 $\boldsymbol{A}$ 与 $\boldsymbol{B}$ 均为 n 阶矩阵，则 $|\boldsymbol{AB}| = |\boldsymbol{BA}|$.

2.4 行列式的应用

2.4.1 逆矩阵

设 $\boldsymbol{A} = (a_{ij})_{n\times n}$, 称由 $|\boldsymbol{A}|$ 的所有代数余子式 A_{ij} (共 n^2 个数) 构成的矩阵

$$\begin{pmatrix} A_{11} & A_{21} & \cdots & A_{n1} \\ A_{12} & A_{22} & \cdots & A_{n2} \\ \cdots & \cdots & \cdots & \cdots \\ A_{1n} & A_{2n} & \cdots & A_{nn} \end{pmatrix}$$

为 $\boldsymbol{A}$ 的伴随矩阵，记为 $\boldsymbol{A}^*$. 由定理 2.2.3 可知， $\boldsymbol{A}^*$ 满足

$$\begin{aligned} \boldsymbol{AA}^* &= \begin{pmatrix} a_{11} & a_{12} & \cdots & a_{1n} \\ a_{21} & a_{22} & \cdots & a_{2n} \\ \cdots & \cdots & \cdots & \cdots \\ a_{n1} & a_{n2} & \cdots & a_{nn} \end{pmatrix} \begin{pmatrix} A_{11} & A_{21} & \cdots & A_{n1} \\ A_{12} & A_{22} & \cdots & A_{n2} \\ \cdots & \cdots & \cdots & \cdots \\ A_{1n} & A_{2n} & \cdots & A_{nn} \end{pmatrix} \\ &= \begin{pmatrix} |\boldsymbol{A}| & 0 & \cdots & 0 \\ 0 & |\boldsymbol{A}| & \cdots & 0 \\ \cdots & \cdots & \cdots & \cdots \\ 0 & 0 & 0 & |\boldsymbol{A}| \end{pmatrix} = |\boldsymbol{A}|\boldsymbol{E}. \end{aligned}$$

同理可知,

$$\boldsymbol{A}^*\boldsymbol{A} = |\boldsymbol{A}|\boldsymbol{E}.$$

由此我们可以得到一个判别矩阵是否可逆的定理.

定理 2.4.1 n 阶矩阵 $\boldsymbol{A}$ 为可逆矩阵的充分必要条件是 $|\boldsymbol{A}| \neq 0$. 特别地，当 $\boldsymbol{A}$ 为可逆矩阵时，有

$$\boldsymbol{A}^{-1} = \frac{1}{|\boldsymbol{A}|}\,\boldsymbol{A}^*.$$

证明 如果 $\boldsymbol{A}$ 为可逆矩阵，则由定理 2.3.1 可得

$$|\boldsymbol{A}|\,|\boldsymbol{A}^{-1}| = |\boldsymbol{A}\boldsymbol{A}^{-1}| = |\boldsymbol{E}| = 1,$$

从而 $|\boldsymbol{A}| \neq 0$.

另一方面，如果 $|\boldsymbol{A}| \neq 0$, 则由定理 2.2.3 可得

$$\boldsymbol{A}\Big(\frac{1}{|\boldsymbol{A}|}\,\boldsymbol{A}^*\Big) = \frac{1}{|\boldsymbol{A}|}\,(\boldsymbol{A}^*\boldsymbol{A}) = \boldsymbol{E},$$

$$\Big(\frac{1}{|\boldsymbol{A}|}\,\boldsymbol{A}^*\Big)\boldsymbol{A} = \frac{1}{|\boldsymbol{A}|}\,(\boldsymbol{A}^*\boldsymbol{A}) = \boldsymbol{E},$$

从而 $\boldsymbol{A}$ 为可逆矩阵，且

$$\boldsymbol{A}^{-1} = \frac{1}{|\boldsymbol{A}|}\,\boldsymbol{A}^*.$$

∎

推论 2.4.1 设 $\boldsymbol{A}$ 与 $\boldsymbol{B}$ 都是 n 阶矩阵，且 $\boldsymbol{A}\boldsymbol{B} = \boldsymbol{E}$, 则 $\boldsymbol{A}$ 与 $\boldsymbol{B}$ 都是可逆矩阵，且 $\boldsymbol{B} = \boldsymbol{A}^{-1}$.

证明 由定理 2.3.1 可知，当 $\boldsymbol{A}\boldsymbol{B} = \boldsymbol{E}$ 时，有

$$|\boldsymbol{A}|\,|\boldsymbol{B}| = |\boldsymbol{A}\boldsymbol{B}| = |\boldsymbol{E}| = 1,$$

故 $|\boldsymbol{A}| \neq 0$, $|\boldsymbol{B}| \neq 0$, 从而由定理 2.4.1 可知， $\boldsymbol{A}$ 与 $\boldsymbol{B}$ 都是可逆矩阵，且

$$\boldsymbol{B} = \boldsymbol{E}\boldsymbol{B} = (\boldsymbol{A}^{-1}\boldsymbol{A})\boldsymbol{B} = \boldsymbol{A}^{-1}(\boldsymbol{A}\boldsymbol{B}) = \boldsymbol{A}^{-1}\boldsymbol{E} = \boldsymbol{A}^{-1}.$$

∎

定理 2.4.1 给出一个利用行列式求逆矩阵的方法，但由于计算量较大，在实际应用中只对阶数小于 3 的矩阵求逆矩阵时才使用.

例 2.4.1 设 3 阶矩阵 $\boldsymbol{A}$、$\boldsymbol{B}$、$\boldsymbol{X}$ 满足 $\boldsymbol{A}\boldsymbol{X} = \boldsymbol{B} + \boldsymbol{E}$, 试求矩阵 $\boldsymbol{X}$, 其中

$$\boldsymbol{A} = \begin{pmatrix} 1 & 0 & 1 \\ 1 & -1 & 0 \\ 0 & 1 & 2 \end{pmatrix}, \quad \boldsymbol{B} = \begin{pmatrix} 2 & 0 & 1 \\ 1 & 0 & 0 \\ 0 & 1 & 3 \end{pmatrix}.$$

解 因为

$$|\boldsymbol{A}| = \begin{vmatrix} 1 & 0 & 1 \\ 1 & -1 & 0 \\ 0 & 1 & 2 \end{vmatrix} = \begin{vmatrix} 1 & 0 & 1 \\ 0 & -1 & -1 \\ 0 & 0 & 1 \end{vmatrix} = -1,$$

所以由定理 2.4.1 可知， $\boldsymbol{A}$ 为可逆矩阵，且

$$\boldsymbol{A}^{-1}=\frac{1}{|\boldsymbol{A}|}\boldsymbol{A}^*=-\boldsymbol{A}^*.$$

另一方面，由 $\boldsymbol{A}$ 的表达式可得

$$A_{11}=\begin{vmatrix}-1&0\\1&2\end{vmatrix}=-2,\quad A_{12}=-\begin{vmatrix}1&0\\0&2\end{vmatrix}=-2,\quad A_{13}=\begin{vmatrix}1&-1\\0&1\end{vmatrix}=1,$$

$$A_{21}=-\begin{vmatrix}0&1\\1&2\end{vmatrix}=1,\quad A_{22}=\begin{vmatrix}1&1\\0&2\end{vmatrix}=2,\quad A_{23}=-\begin{vmatrix}1&0\\0&1\end{vmatrix}=-1,$$

$$A_{31}=\begin{vmatrix}0&1\\-1&0\end{vmatrix}=1,\quad A_{32}=-\begin{vmatrix}1&1\\1&0\end{vmatrix}=1,\quad A_{33}=\begin{vmatrix}1&0\\1&-1\end{vmatrix}=-1,$$

故由 $\boldsymbol{A}^*$ 的定义得

$$\boldsymbol{A}^{-1}=-\boldsymbol{A}^*=-\begin{pmatrix}A_{11}&A_{21}&A_{31}\\A_{12}&A_{22}&A_{32}\\A_{13}&A_{23}&A_{33}\end{pmatrix}=\begin{pmatrix}2&-1&-1\\2&-2&-1\\-1&1&1\end{pmatrix},$$

从而由 $\boldsymbol{AX}=\boldsymbol{B}+\boldsymbol{E}$ 及

$$\boldsymbol{B}+\boldsymbol{E}=\begin{pmatrix}2&0&1\\1&0&0\\0&1&3\end{pmatrix}+\begin{pmatrix}1&0&0\\0&1&0\\0&0&1\end{pmatrix}=\begin{pmatrix}3&0&1\\1&1&0\\0&1&4\end{pmatrix}$$

可得

$$\boldsymbol{X}=\begin{pmatrix}2&-1&-1\\2&-2&-1\\-1&1&1\end{pmatrix}\begin{pmatrix}3&0&1\\1&1&0\\0&1&4\end{pmatrix}=\begin{pmatrix}5&-2&-2\\4&-3&-2\\-2&2&3\end{pmatrix}.$$

可逆矩阵与它的伴随矩阵有如下性质.

性质 2.4.1 设 $\boldsymbol{A}$ 是 n 阶可逆矩阵， λ 是一个非零数，则

(1) $|(\lambda\boldsymbol{A})^*|=\lambda^{(n-1)n}|\boldsymbol{A}^*|$;　　(2) $|\boldsymbol{A}^*|=|\boldsymbol{A}|^{n-1}$;

(3) $(\boldsymbol{A}^*)^{-1}=(\boldsymbol{A}^{-1})^*$;　　(4) $(\boldsymbol{A}^*)^{\mathrm{T}}=(\boldsymbol{A}^{\mathrm{T}})^*$.

证明 仅证明性质 (3), 其余请读者自行完成.

事实上，由 $\boldsymbol{A}$ 为可逆矩阵可知， $|\boldsymbol{A}|\neq 0$, 故由

$$\Big(\frac{1}{|\boldsymbol{A}|}\boldsymbol{A}\Big)\boldsymbol{A}^*=\boldsymbol{A}^*\Big(\frac{1}{|\boldsymbol{A}|}\boldsymbol{A}\Big)=\boldsymbol{E}$$

可知， $\boldsymbol{A}^*$ 为可逆矩阵，且

$$(\boldsymbol{A}^*)^{-1}=\frac{1}{|\boldsymbol{A}|}\boldsymbol{A}.$$

另一方面，由 $|\boldsymbol{A}||\boldsymbol{A}^{-1}|=1$ 可知，$\boldsymbol{A}^{-1}$ 为可逆矩阵，且

$$\boldsymbol{A}=(\boldsymbol{A}^{-1})^{-1}=\frac{1}{|\boldsymbol{A}^{-1}|}(\boldsymbol{A}^{-1})^*=|\boldsymbol{A}|(\boldsymbol{A}^{-1})^*,$$

从而

$$(\boldsymbol{A}^*)^{-1}=\frac{1}{|\boldsymbol{A}|}\boldsymbol{A}=\frac{1}{|\boldsymbol{A}|}|\boldsymbol{A}|(\boldsymbol{A}^{-1})^*=(\boldsymbol{A}^{-1})^*.$$ ∎

例 2.4.2 设 $\boldsymbol{A}$ 与 $\boldsymbol{B}$ 均为 n 阶矩阵，且 $|\boldsymbol{A}|=2$, $|\boldsymbol{B}|=\frac{1}{2}$, 求 $|5\boldsymbol{A}^*\boldsymbol{B}^{-1}|$.

解 由性质 2.4.1 可得

$$|5\boldsymbol{A}^*\boldsymbol{B}^{-1}|=5^n|\boldsymbol{A}^*\boldsymbol{B}^{-1}|=5^n|\boldsymbol{A}^*||\boldsymbol{B}^{-1}|=5^n|\boldsymbol{A}|^{n-1}|\boldsymbol{B}|^{-1},$$

从而由 $|\boldsymbol{A}|=2$, $|\boldsymbol{B}|=\frac{1}{2}$ 可得

$$|5\boldsymbol{A}^*\boldsymbol{B}^{-1}|=5^n|\boldsymbol{A}|^{n-1}|\boldsymbol{B}|^{-1}=5^n\times 2^{n-1}\times 2=10^n.$$

2.4.2 矩阵的秩

利用行列式的性质，我们可以给出矩阵“秩”的另一个重要特征.

定理 2.4.2 $m\times n$ 矩阵 $\boldsymbol{A}$ 的秩等于 $|\boldsymbol{A}|$ 的非零余子式的最高阶数.

证明 设 $|\boldsymbol{A}|$ 的非零余子式的最高阶数为 r, 下面证明 $R(\boldsymbol{A})=r$.

如果 $r=0$, 结论显然成立. 如果 $r>0$, 则存在 $\boldsymbol{A}$ 的 r 阶余子矩阵 $\boldsymbol{A}_{r\times r}$, 使得

$$|\boldsymbol{A}_{r\times r}|\neq 0,$$

从而 $\boldsymbol{A}_{r\times r}$ 为可逆矩阵.

对矩阵 $\boldsymbol{A}$ 施以换法变换，将 $\boldsymbol{A}$ 化为 $\boldsymbol{B}$, 即

$$\boldsymbol{A}\longrightarrow\begin{pmatrix}\boldsymbol{A}_{r\times r} & \boldsymbol{B}_{r\times(n-r)}\\ \boldsymbol{C}_{(m-r)\times r} & \boldsymbol{D}_{(m-r)\times(n-r)}\end{pmatrix}=\boldsymbol{B},$$

则由定理 1.4.3 可知，$R(\boldsymbol{A})=R(\boldsymbol{B})$, 故不妨设 $\boldsymbol{A}=\boldsymbol{B}$, 并将矩阵 $\boldsymbol{B}_{r\times(n-r)}$ 按列分块记为

$$\boldsymbol{B}_{r\times(n-r)}=(\boldsymbol{B}_1\ \boldsymbol{B}_2\ \cdots\ \boldsymbol{B}_{n-r}),$$

将矩阵 $\boldsymbol{C}_{(m-r)\times r}$ 按行分块记为

$$\boldsymbol{C}_{(m-r)\times r}=\begin{pmatrix}\boldsymbol{C}_1\\ \boldsymbol{C}_2\\ \vdots\\ \boldsymbol{C}_{m-r}\end{pmatrix},$$

矩阵 $\boldsymbol{D}_{(m-r)\times(n-r)}$ 记为

$$\boldsymbol{D}_{(m-r)\times(n-r)}=\begin{pmatrix} d_{11} & d_{12} & \cdots & d_{1\,n-r} \\ d_{21} & d_{22} & \cdots & d_{2\,n-r} \\ \cdots & \cdots & \cdots & \cdots \\ d_{m-r\,1} & d_{m-r\,2} & \cdots & d_{m-r\,n-r} \end{pmatrix}.$$

另一方面，由 r 为 $|\boldsymbol{A}|$ 的非零余子式的最高阶数可知，任意含 $\boldsymbol{A}_{r\times r}$ 的 $r+1$ 阶余子式均为零，即

$$M_{ij}=\begin{vmatrix} \boldsymbol{A}_{r\times r} & \boldsymbol{B}_j \\ \boldsymbol{C}_i & d_{ij} \end{vmatrix}=0,\quad i=1,2,\cdots,m-r;\ j=1,2,\cdots,n-r,$$

并由 $\boldsymbol{A}_{r\times r}$ 为可逆矩阵，得

$$\begin{pmatrix} \boldsymbol{E}_r & \boldsymbol{O}_{r\times 1} \\ -\boldsymbol{C}_i\boldsymbol{A}_{r\times r}^{-1} & 1 \end{pmatrix}\begin{pmatrix} \boldsymbol{A}_{r\times r} & \boldsymbol{B}_j \\ \boldsymbol{C}_i & d_{ij} \end{pmatrix}=\begin{pmatrix} \boldsymbol{A}_{r\times r} & \boldsymbol{B}_j \\ \boldsymbol{O}_{1\times r} & d_{ij}-\boldsymbol{C}_i\boldsymbol{A}_{r\times r}^{-1}\boldsymbol{B}_j \end{pmatrix},$$

故由定理 2.3.1 可得

$$|\boldsymbol{A}_{r\times r}|\,|d_{ij}-\boldsymbol{C}_i\boldsymbol{A}_{r\times r}^{-1}\boldsymbol{B}_j|=M_{ij}=0,$$

从而由 $|\boldsymbol{A}_{r\times r}|\neq 0$ 可知， $d_{ij}-\boldsymbol{C}_i\boldsymbol{A}_{r\times r}^{-1}\boldsymbol{B}_j=0$.

综上可知，对矩阵 $\boldsymbol{A}$ 施以行初等变换，得

$$\boldsymbol{A}\longrightarrow\begin{pmatrix} \boldsymbol{A}_{r\times r} & \boldsymbol{B}_{r\times(n-r)} \\ \boldsymbol{O}_{(m-r)\times r} & \boldsymbol{O}_{(m-r)\times(n-r)} \end{pmatrix},$$

对上式右端矩阵施以行初等变换，化 $\boldsymbol{A}_{r\times r}$ 为上三角矩阵，从而由 $|\boldsymbol{A}_{r\times r}|\neq 0$ 可得

$$R(\boldsymbol{A})=r.$$ ▌

推论 2.4.2 设 $\boldsymbol{A}$ 为 $m\times n$ 矩阵，且 $R(\boldsymbol{A})\neq 0$，则 $R(\boldsymbol{A})=r$ 的充要条件是 $|\boldsymbol{A}|$ 有 r 阶余子式不为零，所有 $r+1$ 阶余子式全为零.

推论 2.4.3 设 $\boldsymbol{A}$ 为 $m\times n$ 矩阵，则

$$R(\boldsymbol{A})\leqslant\min\{m,\ n\},\quad R(\boldsymbol{A})=R(\boldsymbol{A}^{\mathrm{T}}).$$

2.4.3 Cramer① 法则

有了逆矩阵的概念和求逆矩阵的方法，我们可以给出求解线性方程组的一个重要工具 —— Cramer 法则，它适用于线性方程组的未知数个数与方程个数相等，且其系数行列式不等于零的情形，其思想类似于一元一次方程 $ax=b$，当 $a\neq 0$ 时，其解为 $x=a^{-1}b$ 的情形.

① Cramer，**克莱姆**， 1704—1752.

定理 2.4.3 (Cramer 法则)
设

$$A = \begin{pmatrix} a_{11} & a_{12} & \cdots & a_{1n} \\ a_{21} & a_{22} & \cdots & a_{2n} \\ \cdots & \cdots & \cdots & \cdots \\ a_{n1} & a_{n2} & \cdots & a_{nn} \end{pmatrix}, \quad X = \begin{pmatrix} x_1 \\ x_2 \\ \vdots \\ x_n \end{pmatrix}, \quad B = \begin{pmatrix} b_1 \\ b_2 \\ \vdots \\ b_n \end{pmatrix}.$$

如果 $|A| \neq 0$, 则线性方程组

$$AX = B \tag{2.4.1}$$

有唯一解, 且

$$x_i = \frac{|A_j|}{|A|}, \quad j = 1,\ 2,\ \cdots,\ n,$$

其中

$$A_j = \begin{pmatrix} a_{11} & \cdots & a_{1\,j-1} & b_1 & a_{1\,j+1} & \cdots & a_{1n} \\ \cdots & \cdots & \cdots & \cdots & \cdots & \cdots & \cdots \\ a_{i1} & \cdots & a_{i\,j-1} & b_i & a_{i\,j+1} & \cdots & a_{in} \\ \cdots & \cdots & \cdots & \cdots & \cdots & \cdots & \cdots \\ a_{n1} & \cdots & a_{n\,j-1} & b_n & a_{n\,j+1} & \cdots & a_{nn} \end{pmatrix}, \quad j = 1, 2, \cdots, n.$$

证明 由 $|A| \neq 0$ 可知, A 为可逆矩阵, 并由定理 2.4.1 可得

$$A^{-1} = \frac{1}{|A|}\, A^* = \frac{1}{|A|} \begin{pmatrix} A_{11} & A_{21} & \cdots & A_{n1} \\ A_{12} & A_{22} & \cdots & A_{n2} \\ \cdots & \cdots & \cdots & \cdots \\ A_{1n} & A_{2n} & \cdots & A_{nn}, \end{pmatrix},$$

故在方程组 $AX = B$ 两端左乘以 A^{-1}, 得其同解方程组

$$X = A^{-1}B = \frac{1}{|A|}\, A^*B,$$

从而由逆矩阵的唯一性可知, 线性方程组 $AX = B$ 有唯一解, 且

$$\begin{pmatrix} x_1 \\ x_2 \\ \vdots \\ x_n \end{pmatrix} = \frac{1}{|A|}\, A^*B = \frac{1}{|A|} \begin{pmatrix} b_1A_{11} + b_2A_{21} + \cdots + b_nA_{n1} \\ b_1A_{12} + b_2A_{22} + \cdots + b_nA_{n2} \\ \vdots \\ b_1A_{1n} + b_2A_{2n} + \cdots + b_nA_{nn} \end{pmatrix},$$

即

$$x_j = \frac{1}{|A|}(b_1A_{1j} + b_2A_{2j} + \cdots + b_nA_{nj}) = \frac{1}{|A|}\sum_{k=1}^{n} b_kA_{kj}, \quad j = 1, 2, \cdots, n.$$

另一方面，由于 $A_{kj}\ (k=1,2,\cdots,n)$ 恰好为 $\boldsymbol{A}$ 的元素 a_{kj} 的代数余子式，故由定理 2.2.3 可得

$$\sum_{k=1}^{n} b_k A_{kj} = \begin{vmatrix} a_{11} & \cdots & a_{1\,j-1} & b_1 & a_{1\,j+1} & \cdots & a_{1n} \\ \cdots & \cdots & \cdots & \cdots & \cdots & \cdots & \cdots \\ a_{i1} & \cdots & a_{i\,j-1} & b_i & a_{i\,j+1} & \cdots & a_{in} \\ \cdots & \cdots & \cdots & \cdots & \cdots & \cdots & \cdots \\ a_{n1} & \cdots & a_{n\,j-1} & b_n & a_{n\,j+1} & \cdots & a_{nn} \end{vmatrix} = |\boldsymbol{A}_j|,$$

从而

$$x_i = \frac{|\boldsymbol{A}_j|}{|\boldsymbol{A}|}, \quad j = 1,\ 2,\ \cdots,\ n.$$ ∎

Cramer 法则在系数矩阵 $\boldsymbol{A}$ 可逆的情况下给出了线性方程组 $\boldsymbol{AX}=\boldsymbol{B}$ 的求解公式 $\boldsymbol{X}=\boldsymbol{A}^{-1}\boldsymbol{B}$, 因此只要我们会求 $\boldsymbol{A}^{-1}$ 就不难将解写出.

在定理 2.4.3 中，如果 $\boldsymbol{B}=\boldsymbol{O}$, 则齐次线性方程组 $\boldsymbol{AX}=\boldsymbol{O}$ 总有一个解

$$x_1 = 0, \quad x_2 = 0, \quad \cdots \quad , x_n = 0,$$

称其为方程组 $\boldsymbol{AX}=\boldsymbol{O}$ 的零解. 对于齐次线性方程组，我们关心的是它除去零解外是否还有其他解, 也称为非零解, 利用 Cramer 法则我们可得到如下的判别定理.

定理 2.4.4 如果齐次线性方程组 $\boldsymbol{AX}=\boldsymbol{O}$ 的系数矩阵满足 $|\boldsymbol{A}|\neq 0$, 则该方程组 $\boldsymbol{AX}=\boldsymbol{O}$ 只有零解.

推论 2.4.4 如果齐次线性方程组 $\boldsymbol{AX}=\boldsymbol{O}$ 有非零解，则必有 $|\boldsymbol{A}|=0$.

对于齐次线性方程组的系数行列式等于零的情形，我们将在下一章中讨论.

例 2.4.3 用 Cramer 法则解方程组

$$\begin{cases} 3x_1 + 6x_2 + 7x_3 = 1, \\ -2x_1 - 2x_2 + 3x_3 = -1, \\ x_1 - 2x_2 - 5x_3 = 1. \end{cases}$$

解 设方程组的系数矩阵为 $\boldsymbol{A}$, 常数项矩阵为 $\boldsymbol{B}$, 未知量矩阵为 $\boldsymbol{X}$, 则由

$$|\boldsymbol{A}| = \begin{vmatrix} 3 & 6 & 7 \\ -2 & -2 & 3 \\ 1 & -2 & -5 \end{vmatrix} = 3\begin{vmatrix} -2 & 3 \\ -2 & -5 \end{vmatrix} - 6\begin{vmatrix} -2 & 3 \\ 1 & -5 \end{vmatrix} + 7\begin{vmatrix} -2 & -2 \\ 1 & -2 \end{vmatrix} = 48$$

及 Cramer 法则可知，方程组 $\boldsymbol{AX}=\boldsymbol{B}$ 有唯一解，从而由

$$|\boldsymbol{A}_1| = \begin{vmatrix} 1 & 6 & 7 \\ -1 & -2 & 3 \\ 1 & -2 & -5 \end{vmatrix} = \begin{vmatrix} 0 & 4 & 10 \\ -1 & -2 & 3 \\ 0 & -4 & -2 \end{vmatrix} = \begin{vmatrix} 4 & 10 \\ -4 & -2 \end{vmatrix} = 32,$$

$$|\boldsymbol{A}_2| = \begin{vmatrix} 3 & 1 & 7 \\ -2 & -1 & 3 \\ 1 & 1 & -5 \end{vmatrix} = -8, \quad |\boldsymbol{A}_3| = \begin{vmatrix} 3 & 6 & 1 \\ -2 & -2 & -1 \\ 1 & -2 & 1 \end{vmatrix} = 0$$

可知，方程组 $\boldsymbol{AX} = \boldsymbol{B}$ 的解为

$$x_1 = \frac{32}{48} = \frac{2}{3}, \quad x_2 = -\frac{8}{48} = -\frac{1}{6}, \quad x_3 = 0.$$

例 2.4.4 解方程组

$$\begin{cases} x_1 + 3x_2 + x_4 = 1, \\ x_2 - x_3 + x_4 = -3, \\ x_1 - 2x_2 + 3x_3 - 4x_4 = 4, \\ -7x_2 + 3x_3 - 3x_4 = -3. \end{cases}$$

解 设方程组的系数矩阵为 $\boldsymbol{A}$, 常数项矩阵为 $\boldsymbol{B}$, 未知量矩阵为 $\boldsymbol{X}$, 则由

$$|\boldsymbol{A}| = \begin{vmatrix} 1 & 3 & 0 & 1 \\ 0 & 1 & -1 & 1 \\ 1 & -2 & 3 & -4 \\ 0 & -7 & 3 & -3 \end{vmatrix} = \begin{vmatrix} 1 & 3 & 0 & 1 \\ 0 & 1 & -1 & 1 \\ 0 & -5 & 3 & -5 \\ 0 & -7 & 3 & -3 \end{vmatrix} = \begin{vmatrix} 1 & -1 & 1 \\ 0 & -2 & 0 \\ 0 & -4 & -4 \end{vmatrix} = 8$$

及 Cramer 法则可知，方程组 $\boldsymbol{AX} = \boldsymbol{B}$ 有唯一解，从而由

$$|\boldsymbol{A}_1| = \begin{vmatrix} 1 & 3 & 0 & 1 \\ -3 & 1 & -1 & 1 \\ 4 & -2 & 3 & -4 \\ -3 & -7 & 3 & -3 \end{vmatrix} = \begin{vmatrix} 1 & 3 & 0 & 1 \\ 0 & 10 & -1 & 4 \\ 0 & -14 & 3 & -8 \\ 0 & 2 & 3 & 0 \end{vmatrix} = \begin{vmatrix} 0 & -16 & 4 \\ 0 & 24 & -8 \\ 2 & 3 & 0 \end{vmatrix} = 64,$$

$$|\boldsymbol{A}_2| = \begin{vmatrix} 1 & 1 & 0 & 1 \\ 0 & -3 & -1 & 1 \\ 1 & 4 & 3 & -4 \\ 0 & -3 & 3 & -3 \end{vmatrix} = \begin{vmatrix} 1 & 1 & 0 & 1 \\ 0 & -3 & -1 & 1 \\ 0 & 3 & 3 & -5 \\ 0 & -3 & 3 & -3 \end{vmatrix} = \begin{vmatrix} -3 & -1 & 1 \\ 0 & 2 & -4 \\ 0 & 4 & -4 \end{vmatrix} = -24,$$

$$|\boldsymbol{A}_3| = \begin{vmatrix} 1 & 3 & 1 & 1 \\ 0 & 1 & -3 & 1 \\ 1 & -2 & 4 & -4 \\ 0 & -7 & -3 & -3 \end{vmatrix} = \begin{vmatrix} 1 & 3 & 1 & 1 \\ 0 & 1 & -3 & 1 \\ 0 & -5 & 3 & -5 \\ 0 & -7 & -3 & -3 \end{vmatrix} = \begin{vmatrix} 1 & -3 & 1 \\ 0 & -12 & 0 \\ 0 & -24 & 4 \end{vmatrix} = -48,$$

$$|\boldsymbol{A}_4| = \begin{vmatrix} 1 & 3 & 0 & 1 \\ 0 & 1 & -1 & -3 \\ 1 & -2 & 3 & 4 \\ 0 & -7 & 3 & -3 \end{vmatrix} = \begin{vmatrix} 1 & 3 & 0 & 1 \\ 0 & 1 & -1 & -3 \\ 0 & -5 & 3 & 3 \\ 0 & -7 & 3 & -3 \end{vmatrix} = \begin{vmatrix} 1 & -1 & -3 \\ 0 & -2 & -12 \\ 0 & -4 & -24 \end{vmatrix} = 0$$

可知，方程组 $\boldsymbol{AX}=\boldsymbol{B}$ 的解为

$$x_1=\frac{64}{8}=8,\quad x_2=-\frac{24}{8}=-3,\quad x_3=-\frac{48}{8}=-6,\quad x_4=0.$$

例 2.4.5 问当 μ 取何值时，方程组

$$\begin{cases}x_1+x_2+x_3=0,\\x_1+\mu x_2+x_3=0,\\x_1+\mu x_2+\mu x_3=0\end{cases}$$

有非零解.

解 设方程组的系数矩阵为 $\boldsymbol{A}$, 则

$$|\boldsymbol{A}|=\begin{vmatrix}1&1&1\\1&\mu&1\\1&\mu&\mu\end{vmatrix}=\begin{vmatrix}1&1&1\\0&\mu-1&0\\0&\mu-1&\mu-1\end{vmatrix}=(\mu-1)^2,$$

从而由推论 2.4.4 可知，当 $|\boldsymbol{A}|=0$, 即 $\mu=1$ 时，原方程组有非零解.

习题 2.4

2.4.1 多项选择题：

(1) 设 $n\ (n\geqslant 3)$ 阶矩阵 $\boldsymbol{A}$ 满足 $\boldsymbol{A}^2=\boldsymbol{O}$, 则 ________.

A. $\boldsymbol{A}=\boldsymbol{O}$　　B. $\boldsymbol{A}^3=\boldsymbol{O}$　　C. $|\boldsymbol{A}|=0$　　D. $\boldsymbol{A}^*=\boldsymbol{O}$

(2) $\boldsymbol{A}$ 为 n 阶方阵，则 $|\boldsymbol{A}|=0$ 的充要条件是 ________.

A. 存在可逆矩阵 $\boldsymbol{P}$, 使得 $\boldsymbol{PA}$ 的某行为 $\boldsymbol{O}$;

B. 存在可逆矩阵 $\boldsymbol{Q}$, 使得 $\boldsymbol{AQ}$ 的某列为 $\boldsymbol{O}$;

C. 存在可逆矩阵 $\boldsymbol{P}$ 及 $\boldsymbol{Q}$, 使得 $\boldsymbol{PAQ}=\boldsymbol{O}$;

D. 存在可逆矩阵 $\boldsymbol{P}$, 使得 $\boldsymbol{PAP}^{-1}$ 的最后一行为 $\boldsymbol{O}$.

2.4.2 证明：设 $\boldsymbol{A}$ 为 n 阶可逆矩阵，且 $\boldsymbol{AGA}=\boldsymbol{A}$, 则 $\boldsymbol{G}$ 为可逆矩阵.

2.4.3 证明：设 $\boldsymbol{A}$ 与 $\boldsymbol{B}$ 均为 n 阶矩阵，且 $\boldsymbol{A}+\boldsymbol{B}=\boldsymbol{AB}$, 则 $|\boldsymbol{A}-\boldsymbol{E}|\,|\boldsymbol{B}-\boldsymbol{E}|=1$.

2.4.4 证明：设 $\boldsymbol{A}$ 为 n 阶可逆矩阵，则 $|\boldsymbol{A}^{-1}|=|\boldsymbol{A}|^{-1}$, $(\boldsymbol{A}^n)^{-1}=(\boldsymbol{A}^{-1})^n$.

2.4.5 证明：设 $\boldsymbol{A}$ 为 n 阶可逆矩阵，则 $\boldsymbol{A}^*$ 为可逆矩阵. 如果 $\boldsymbol{A}=\begin{pmatrix}1&2\\3&0\end{pmatrix}$, 求 $(\boldsymbol{A}^*)^{-1}$.

2.4.6 用 Cramer 法则解下列方程组：

(1) $\begin{cases}x-y-z+t=1,\\x+y-2z+t=1,\\x+y+t=2,\\x+z-t=1;\end{cases}$　　(2) $\begin{cases}3x_1+6x_2+7x_3=1,\\-2x_1-2x_2+3x_3=-1,\\x_1-2x_2-5x_3=1.\end{cases}$

2.4.7 设 $\boldsymbol{A}$、$\boldsymbol{B}$ 为 n 阶矩阵， $\boldsymbol{P}$ 为 n 阶可逆矩阵，且 $\boldsymbol{PAP}^{-1}=\boldsymbol{B}$, 证明：

(1) $|\boldsymbol{A}|=|\boldsymbol{B}|$; (2) $|\boldsymbol{A}+\boldsymbol{E}|=|\boldsymbol{B}+\boldsymbol{E}|$.

2.4.8 证明：设 $\boldsymbol{A}$ 为 n 阶矩阵，则 $\boldsymbol{A}^*=\boldsymbol{O} \Longleftrightarrow R(\boldsymbol{A})<n-1$.

2.4.9 证明：设 $\boldsymbol{A}$、$\boldsymbol{B}$ 为 n 阶非零矩阵，且 $\boldsymbol{AB}=\boldsymbol{O}$, 则 $|\boldsymbol{A}|=0$, $|\boldsymbol{B}|=0$.

2.4.10 设 L_1、L_2、L_3 为平面上三条直线，且 L_i $(i=1,2,3)$ 方程为

$$a_ix+b_iy=c_i \quad (i=1,2,3).$$

给出三条直线 L_1、L_2、L_3 仅相交于一点的充分必要条件.

2.4.11 设 $\boldsymbol{A}$、$\boldsymbol{B}$ 为 n 阶矩阵，证明

$$\begin{vmatrix} \boldsymbol{A} & \boldsymbol{B} \\ \boldsymbol{B} & \boldsymbol{A} \end{vmatrix}=|\boldsymbol{A}+\boldsymbol{B}|\,|\boldsymbol{A}-\boldsymbol{B}|.$$

2.4.12 设 $\boldsymbol{A}$ 为 n 阶方阵，证明：

(1) $|\boldsymbol{A}^*|=|\boldsymbol{A}|^{n-1}$ $(n>1)$; (2) $(\boldsymbol{A}^*)^*=|\boldsymbol{A}|^{n-2}\boldsymbol{A}$ $(n>2)$.

2.4.13 设 $\boldsymbol{A}$、$\boldsymbol{B}$ 为 n 阶矩阵，且 $\boldsymbol{A}^2=\boldsymbol{B}^2=\boldsymbol{E}_n$, $|\boldsymbol{A}|+|\boldsymbol{B}|=0$, 证明 $|\boldsymbol{A}+\boldsymbol{B}|=0$.

2.4.14 设 $\boldsymbol{A}$ 与 $\boldsymbol{B}$ 均为 n 阶矩阵，证明

$$\begin{pmatrix} \boldsymbol{E} & \boldsymbol{A} \\ \boldsymbol{O} & \boldsymbol{E} \end{pmatrix}\begin{pmatrix} \boldsymbol{A} & \boldsymbol{O} \\ -\boldsymbol{E} & \boldsymbol{B} \end{pmatrix}=\begin{pmatrix} \boldsymbol{O} & \boldsymbol{AB} \\ -\boldsymbol{E} & \boldsymbol{B} \end{pmatrix}.$$

并由此证明 $|\boldsymbol{AB}|=|\boldsymbol{A}|\,|\boldsymbol{B}|$.

2.4.15 设 $\boldsymbol{DB}=\boldsymbol{BD}$, 且 $|\boldsymbol{D}|\neq 0$, 证明

$$\begin{vmatrix} \boldsymbol{A} & \boldsymbol{B} \\ \boldsymbol{C} & \boldsymbol{D} \end{vmatrix}=|\boldsymbol{DA}-\boldsymbol{BC}|.$$

2.4.16 设 $\boldsymbol{A}$ 为 $m\times n$ 矩阵， $\boldsymbol{B}$ 为 $n\times m$ 矩阵，证明

$$\begin{vmatrix} \boldsymbol{E}_m & \boldsymbol{A} \\ \boldsymbol{B} & \boldsymbol{E}_n \end{vmatrix}=|\boldsymbol{E}_m-\boldsymbol{AB}|=|\boldsymbol{E}_n-\boldsymbol{BA}|.$$

2.4.17 设 $\boldsymbol{A}$ 与 $\boldsymbol{D}$ 均为方阵，证明

$$\begin{vmatrix} \boldsymbol{A} & \boldsymbol{B} & \boldsymbol{O} \\ \boldsymbol{C} & \boldsymbol{D} & \boldsymbol{E} \\ \boldsymbol{O} & \boldsymbol{E} & \boldsymbol{O} \end{vmatrix}=\pm|\boldsymbol{A}|.$$

2.4.18 设 $S_k=\sum\limits_{i=1}^{n}x_i^k$, $k=1,2,\cdots,n$, 证明

$$\begin{pmatrix} S_0 & S_1 & \cdots & S_{n-1} \\ S_1 & S_2 & \cdots & S_n \\ \cdots & \cdots & \cdots & \cdots \\ S_{n-1} & S_n & \cdots & S_{2n-2} \end{pmatrix}=\prod_{1\leqslant j<i\leqslant n}(x_i-x_j)^2.$$

2.4.19 设 $x \neq 0$, $\boldsymbol{A}=(a_{ij})_{n\times n}$, 证明

$$\begin{vmatrix} a_{11} & x^{-1}a_{12} & \cdots & x^{-(n-1)}\cdot a_{1n} \\ xa_{21} & a_{22} & \cdots & x^{-(n-2)}\cdot a_{2n} \\ \cdots & \cdots & \cdots & \cdots \\ x^{n-1}a_{n1} & x^{n-2}a_{n2} & \cdots & a_{nn} \end{vmatrix} = |\boldsymbol{A}|.$$

2.4.20 设 $\boldsymbol{A}$ 与 $\boldsymbol{B}$ 均为 n 阶矩阵, 证明 $R(\boldsymbol{AB}-\boldsymbol{E}) \leqslant R(\boldsymbol{A}-\boldsymbol{E})+R(\boldsymbol{B}-\boldsymbol{E})$.

2.4.21 证明：设 $\boldsymbol{A}$ 为 n 阶矩阵，则下列结论等价：

(1) $\boldsymbol{A}^2=\boldsymbol{E}_n$;

(2) 存在可逆矩阵 $\boldsymbol{P}$, 使得 $\boldsymbol{A}=\boldsymbol{P}\mathrm{diag}(\boldsymbol{E}_r,-\boldsymbol{E}_{n-r})\boldsymbol{P}^{-1}$;

(3) $R(\boldsymbol{A}+\boldsymbol{E}_n)+R(\boldsymbol{A}-\boldsymbol{E}_n)=n$.

2.4.22 设 $\boldsymbol{A}$ 为 r 阶矩阵, $\boldsymbol{D}$ 为 $n-r$ 阶矩阵, 且

$$\text{秩}(\boldsymbol{A} \quad \boldsymbol{B}) = \text{秩}\begin{pmatrix} \boldsymbol{A} & \boldsymbol{B} \\ \boldsymbol{C} & \boldsymbol{D} \end{pmatrix} = \text{秩}\begin{pmatrix} \boldsymbol{A} \\ \boldsymbol{C} \end{pmatrix} = r,$$

证明 $\boldsymbol{A}$ 为可逆矩阵.

总习题 2

2.1 证明：设 n 阶矩阵 $\boldsymbol{A}$ 经一系列初等变换化为 $\boldsymbol{B}$, 则 $|\boldsymbol{A}|=0 \Longleftrightarrow |\boldsymbol{B}|=0$.

2.2 求行列式 D 展开式中 x^4 的系数，其中

$$D=\begin{vmatrix} -x & 3 & 1 & 3 & 0 \\ x & 3 & 2x & 11 & 4 \\ -1 & x & 0 & 4 & 3x \\ 2 & 21 & 4 & x & 5 \\ 1 & -7x & 3 & -1 & 2 \end{vmatrix}.$$

2.3 计算下列 $n\ (n \geqslant 3)$ 阶行列式：

(1) $\begin{vmatrix} 1 & 1 & 1 & \cdots & 1 \\ 1 & x_1 & x_1^2 & \cdots & x_1^n \\ 1 & x_2 & x_2^2 & \cdots & x_2^n \\ \cdots & \cdots & \cdots & \cdots & \\ 1 & x_n & x_n^2 & \cdots & x_n^n \end{vmatrix}$;　　(2) $\begin{vmatrix} a & 0 & \cdots & 0 & b \\ 0 & a & \cdots & b & 0 \\ \cdots & \cdots & \cdots & \cdots & \cdots \\ 0 & b & \cdots & a & 0 \\ b & 0 & \cdots & 0 & a \end{vmatrix}$;

(3) $\begin{vmatrix} 0 & 1 & 1 & \cdots & 1 & 1 \\ 1 & 0 & x & \cdots & x & x \\ 1 & x & 0 & \cdots & x & x \\ \cdots & \cdots & \cdots & \cdots & \cdots & \cdots \\ 1 & x & x & \cdots & 0 & x \\ 1 & x & x & \cdots & x & 0 \end{vmatrix}$.　　(4) $\begin{vmatrix} 1 & 2 & 2 & \cdots & 2 & 2 \\ 2 & 2 & 2 & \cdots & 2 & 2 \\ 2 & 2 & 3 & \cdots & 2 & 2 \\ \cdots & \cdots & \cdots & \cdots & \cdots & \cdots \\ 2 & 2 & 2 & \cdots & n-1 & 2 \\ 2 & 2 & 2 & \cdots & 2 & n \end{vmatrix}$;

(5) $\begin{vmatrix} 1+a_1 & 1 & \cdots & 1 & 1 \\ 1 & 1+a_2 & \cdots & 1 & 1 \\ \cdots & \cdots & \cdots & \cdots & \cdots \\ 1 & 1 & \cdots & 1+a_{n-1} & 1 \\ 1 & 1 & \cdots & 1 & 1+a_n \end{vmatrix}$.

2.4 用 Cramer 法则解下列方程组：

(1) $\begin{cases} 2x+5y=1, \\ 3x+7y=2; \end{cases}$　　(2) $\begin{cases} x+y-2z=-3, \\ 5x-2y+7z=22, \\ 2x-5y+4z=4; \end{cases}$

(3) $\begin{cases} 2x_1+x_2-5x_3+x_4=8, \\ x_1-3x_2-6x_4=9, \\ 2x_2-x_3+2x_4=-5, \\ x_1+4x_2-7x_3+6x_4=0; \end{cases}$　　(4) $\begin{cases} x_1+x_2+x_3+x_4=5, \\ x_1+2x_2-x_3+4x_4=-2, \\ 2x_1-3x_2-x_3-5x_4=-2, \\ 3x_1+x_2+2x_3+11x_4=0. \end{cases}$

2.5 下列计算过程中产生错误的原因是什么？

(1) $\begin{vmatrix} a & c+f \\ d+e & b \end{vmatrix} = \begin{vmatrix} a & c \\ d & b \end{vmatrix} + \begin{vmatrix} a & f \\ e & b \end{vmatrix}$;

(2) $\begin{vmatrix} 1 & 1 & 1 \\ 0 & 2 & 2 \\ 0 & 0 & 3 \end{vmatrix} \xlongequal{\text{第 2 行减第 3 行，第 3 行减第 2 行}} \begin{vmatrix} 1 & 1 & 1 \\ 0 & 2 & -1 \\ 0 & -2 & 1 \end{vmatrix} = 0.$

2.6 证明下列各题：

(1) $\begin{vmatrix} a & 0 & b & 0 \\ 0 & c & 0 & d \\ y & 0 & x & 0 \\ 0 & w & 0 & z \end{vmatrix} = \begin{vmatrix} a & b \\ y & x \end{vmatrix} \begin{vmatrix} c & d \\ w & z \end{vmatrix}$;

(2) 已知 1998, 2196, 2394, 1800 均能被 18 整除，不计算行列式

$$D = \begin{vmatrix} 1 & 9 & 9 & 8 \\ 2 & 1 & 9 & 6 \\ 2 & 3 & 9 & 4 \\ 1 & 8 & 0 & 0 \end{vmatrix}$$

的值，证明行列式 D 能被 18 整除；

(3) $\begin{vmatrix} 1 & 2 & 3 & 4 & \cdots & n-1 & n \\ 1 & 1 & 2 & 3 & \cdots & n-2 & n-1 \\ 1 & x & 1 & 2 & \cdots & n-3 & n-2 \\ \cdots & \cdots & \cdots & \cdots & \cdots & \cdots & \cdots \\ 1 & x & x & x & \cdots & 1 & 2 \\ 1 & x & x & x & \cdots & x & 1 \end{vmatrix} = (-1)^{n+1}x^{n-2}$;

(4) $$\begin{vmatrix} x & -1 & 0 & \cdots & 0 & 0 \\ 0 & x & -1 & \cdots & 0 & 0 \\ 0 & 0 & x & \cdots & 0 & 0 \\ \cdots & \cdots & \cdots & \cdots & \cdots & \cdots \\ 0 & 0 & 0 & \cdots & x & -1 \\ a_n & a_{n-1} & a_{n-2} & \cdots & a_2 & x+a_1 \end{vmatrix} = x^n + a_1x^{n-1} + \cdots + a_{n-1}x + a_n.$$

2.7 证明：n 阶矩阵 $\boldsymbol{A}$ 经一系列初等变换化为 $\boldsymbol{E}_n$, 证明 $\boldsymbol{A}$ 为可逆矩阵.

2.8 证明：设 $\boldsymbol{A}$ 为 n 阶矩阵, 且 $\boldsymbol{A} = -\boldsymbol{A}^{\mathrm{T}}$, 则当 n 为奇数时, 有 $|\boldsymbol{A}| = 0$.

2.9 计算下列 $n\ (n \geqslant 2)$ 阶行列式：

(1) $$\begin{vmatrix} C_m^0 & C_m^1 & C_m^2 & \cdots & C_m^{n-1} \\ C_{m+1}^0 & C_{m+1}^1 & C_{m+1}^2 & \cdots & C_{m+1}^{n-1} \\ C_{m+2}^0 & C_{m+2}^1 & C_{m+2}^2 & \cdots & C_{m+2}^{n-1} \\ \cdots & \cdots & \cdots & \cdots & \cdots \\ C_{m+n-1}^0 & C_{m+n-1}^1 & C_{m+n-1}^2 & \cdots & C_{m+n-1}^{n-1} \end{vmatrix};$$

(2) $$\begin{vmatrix} 1-a_1 & a_2 & 0 & \cdots & 0 & 0 \\ -1 & 1-a_2 & a_3 & \cdots & 0 & 0 \\ 0 & -1 & 1-a_3 & \cdots & \cdots & 0 \\ \cdots & \cdots & \cdots & \cdots & \cdots & \cdots \\ 0 & 0 & \cdots & \cdots & 1-a_{n-1} & a_n \\ 0 & 0 & \cdots & \cdots & -1 & 1-a_n \end{vmatrix};$$

(3) $$\begin{vmatrix} a_1^n & a_1^{n-1}b_1 & \cdots & a_1b_1^{n-1} & b_1^n \\ a_2^n & a_2^{n-1}b_2 & \cdots & a_2b_2^{n-1} & b_2^n \\ \cdots & \cdots & \cdots & \cdots & \cdots \\ a_n^n & a_n^{n-1}b_n & \cdots & a_nb_n^{n-1} & b_n^n \\ a_{n+1}^n & a_{n+1}^{n-1}b_{n+1} & \cdots & a_{n+1}b_{n+1}^{n-1} & b_{n+1}^n \end{vmatrix};$$

(4) $$\begin{vmatrix} 1+x_1^2 & x_1x_2 & \cdots & x_1x_n \\ x_2x_1 & 1+x_2^2 & \cdots & x_2x_n \\ \cdots & \cdots & \cdots & \cdots \\ x_nx_1 & x_nx_2 & \cdots & 1+x_n^2 \end{vmatrix}.$$

2.10 证明：设 n 阶矩阵 $\boldsymbol{A}$ 的所有元素都是 ±1, 则 $|\boldsymbol{A}|$ 为能被 2^{n-1} 整除的整数.

2.11 证明：设 $a \neq 0$, 则 $\mathrm{diag}(a,\ a^{-1})$ 可经一系列消法变换化为单位矩阵.

2.12 证明：设 3 阶矩阵 $\boldsymbol{A}$ 的元素为 1 或 0, 则 $|\boldsymbol{A}|$ 的最大值为 2.

2.13 设 $\boldsymbol{A} = (a_{ij})_{n\times n}$, A_{ij} 为 $|\boldsymbol{A}|$ 的元素 a_{ij} 的代数余子式, 证明

$$\begin{vmatrix} a_{11}+x & a_{12}+x & \cdots & a_{1n}+x \\ a_{21}+x & a_{22}+x & \cdots & a_{2n}+x \\ \cdots & \cdots & \cdots & \cdots \\ a_{n1}+x & a_{n2}+x & \cdots & a_{nn}+x \end{vmatrix} = |(a_{ij})_{n\times n}| + x\sum_{i=1}^{n}\sum_{j=1}^{n}A_{ij}.$$

2.14 计算下列 $n\ (n \geqslant 2)$ 阶行列式：

(1) $\begin{vmatrix} x_1 & a_1b_2 & \cdots & a_1b_n \\ a_2b_1 & x_2 & \cdots & a_2b_n \\ \cdots & \cdots & \cdots & \cdots \\ a_nb_1 & a_nb_2 & \cdots & x_n \end{vmatrix}$；

(2) $\begin{vmatrix} \dfrac{1}{x_1+y_1} & \dfrac{1}{x_1+y_2} & \cdots & \dfrac{1}{x_1+y_n} \\ \dfrac{1}{x_2+y_1} & \dfrac{1}{x_2+y_2} & \cdots & \dfrac{1}{x_2+y_n} \\ \cdots & \cdots & \cdots & \cdots \\ \dfrac{1}{x_n+y_1} & \dfrac{1}{x_n+y_2} & \cdots & \dfrac{1}{x_n+y_n} \end{vmatrix}$；

(3) $\begin{vmatrix} a+b & ab & 0 & \cdots & 0 & 0 \\ 1 & a+b & ab & \cdots & 0 & 0 \\ 0 & 1 & a+b & \cdots & 0 & 0 \\ \cdots & \cdots & \cdots & \cdots & \cdots & \cdots \\ 0 & 0 & \cdots & \cdots & a+b & ab \\ 0 & 0 & \cdots & \cdots & 1 & a+b \end{vmatrix}$；

(4) $\begin{vmatrix} x & y & y & \cdots & y & y \\ z & x & y & \cdots & y & y \\ \cdots & \cdots & \cdots & \cdots & \cdots & \cdots \\ z & z & \cdots & \cdots & x & y \\ z & z & \cdots & \cdots & z & x \end{vmatrix}$.

第 3 章　向量空间与线性方程组

为了进一步研究线性方程组有解的条件、求解方法、解的分类及解的结构，我们需要研究线性代数理论中一个重要内容 —— n 维向量空间及 n 维向量，其在物理学、力学及国民经济等领域中有着广泛的应用.

3.1　n 维向量

我们把 $n\times 1$ 阶矩阵也称为 n 维列向量，把 $1\times n$ 阶矩阵也称为 n 维行向量，n 维列向量与 n 维行向量统称为 n 维向量．例如，n 维列向量

$$\boldsymbol{\varepsilon}_1=\begin{pmatrix}1\\0\\\vdots\\0\end{pmatrix},\quad \boldsymbol{\varepsilon}_2=\begin{pmatrix}0\\1\\\vdots\\0\end{pmatrix},\quad \cdots,\quad \boldsymbol{\varepsilon}_n=\begin{pmatrix}0\\0\\\vdots\\1\end{pmatrix}. \tag{3.1.1}$$

我们规定 n 维向量的运算与它们被看成矩阵时的运算是一致的．例如，向量 $\boldsymbol{\varepsilon}_j$ 的转置向量为 n 维行向量，即

$$\boldsymbol{\varepsilon}_1^{\mathrm{T}}=(\underbrace{1,0,\cdots,0}_{n\ 个}),\quad \boldsymbol{\varepsilon}_2^{\mathrm{T}}=(\underbrace{0,1,\cdots,0}_{n\ 个}),\quad \cdots,\quad \boldsymbol{\varepsilon}_n^{\mathrm{T}}=(\underbrace{0,0,\cdots,1}_{n\ 个}). \tag{3.1.2}$$

容易看出，n 维向量就是我们熟知的二维矢量、三维矢量的推广，即一个 n 维行向量就是由 n 个数 $a_1,a_2,\cdots,a_n$ 组成的有序数组 $(a_1,a_2,\cdots,a_n)$，其中第 i 个元素 a_i 称为 n 维向量的第 i 个分量．分量全为 0 的向量称为零向量．分量全为实数的向量称为实向量，分量全为复数的向量称为复向量.

本教材通常用希腊字母 $\boldsymbol{\alpha}$, $\boldsymbol{\beta}$, $\boldsymbol{\gamma}$, $\cdots$ 表示向量，用英文字母 a, b, $c\cdots$ 表示向量的分量．特别地，在不致混淆的情形下，零向量 $\boldsymbol{O}$ 也用数 0 表示．今后除特别说明外，一般只讨论实向量.

为了讨论向量的性质，我们把若干个同维数的向量所构成的集合称为向量组．例如，将 $m\times n$ 矩阵

$$\boldsymbol{A}=\begin{pmatrix}a_{11}&a_{12}&\cdots&a_{1n}\\a_{21}&a_{22}&\cdots&a_{2n}\\\cdots&\cdots&\cdots&\cdots\\a_{m1}&a_{m2}&\cdots&a_{mn}\end{pmatrix}$$

按行分块，可得到一个由 m 个 n 维行向量构成的向量组

$$\boldsymbol{\beta}_i=(a_{i1},a_{i2},\cdots,a_{in}),\quad i=1,2,\cdots,m,$$

按列分块，可得到一个由 n 个 m 维列向量构成的向量组

$$\boldsymbol{\alpha}_j=\begin{pmatrix}a_{1j}\\a_{2j}\\\vdots\\a_{mj}\end{pmatrix},\quad j=1,2,\cdots,n.$$

向量组 $\boldsymbol{\alpha}_1, \boldsymbol{\alpha}_2,\cdots,\boldsymbol{\alpha}_n$ 与 $\boldsymbol{\beta}_1, \boldsymbol{\beta}_2,\cdots,\boldsymbol{\beta}_n$ 分别称为 $\boldsymbol{A}$ 的列向量组与 $\boldsymbol{A}$ 的行向量组，这两个向量组都是只含有有限个向量. 特别地，由式 (3.1.1) 及式 (3.1.2) 确定的向量组称为 n 维单位向量组，也简称为单位向量组.

另一方面，对于任意 n 个 m 维列向量构成的向量组 $\boldsymbol{\alpha}_1, \boldsymbol{\alpha}_2,\cdots,\boldsymbol{\alpha}_n$，它们可以构成一个 $m\times n$ 矩阵 (分块矩阵)

$$\boldsymbol{A}=(\boldsymbol{\alpha}_1\ \boldsymbol{\alpha}_2,\ \cdots\ \boldsymbol{\alpha}_n).$$

例如，由式 (3.1.1) 确定的 n 维单位向量组构成一个 n 阶单位矩阵 $\boldsymbol{E}$, 即

$$\boldsymbol{E}=(\boldsymbol{\varepsilon}_1,\ \boldsymbol{\varepsilon}_2,\cdots,\boldsymbol{\varepsilon}_n)=\begin{pmatrix}1&0&\cdots&0\\0&1&\cdots&0\\\cdots&\cdots&\cdots&\cdots\\0&0&\cdots&1\end{pmatrix}.$$

行向量与列向量在许多方面具有相同或平行的结果，本书所讨论的向量如无特别说明均指列向量.

3.2 向量组的线性相关性

由上面的讨论可知，向量和矩阵之间有许多相同的性质. 但向量是一类特殊的矩阵，故有其特殊的性质，这就是我们要讨论的内容.

3.2.1 向量的线性组合

定义 3.2.1 设 $\boldsymbol{\alpha}_1,\boldsymbol{\alpha}_2,\cdots,\boldsymbol{\alpha}_s,\boldsymbol{\beta}$ 都是 n 维向量. 如果存在一组数 $k_1,k_2,\cdots,k_s$，使得

$$\boldsymbol{\beta}=k_1\boldsymbol{\alpha}_1+k_2\boldsymbol{\alpha}_2+\cdots+k_s\boldsymbol{\alpha}_s,$$

则称 $\boldsymbol{\beta}$ 是向量组 $\boldsymbol{\alpha}_1,\boldsymbol{\alpha}_2,\cdots,\boldsymbol{\alpha}_s$ 的线性组合，也称 $\boldsymbol{\beta}$ 可由向量组 $\boldsymbol{\alpha}_1,\boldsymbol{\alpha}_2,\cdots,\boldsymbol{\alpha}_s$ 线性表示或线性表出.

例如，任意一个 n 维向量 $\boldsymbol{\alpha}=(a_1,a_2,\cdots,a_n)^{\mathrm{T}}$ 都是单位向量组 $\boldsymbol{\varepsilon}_1, \boldsymbol{\varepsilon}_2,\cdots,\boldsymbol{\varepsilon}_n$ 的线性组合，且线性组合的表达式为

$$\boldsymbol{\alpha}=a_1\boldsymbol{\varepsilon}_1+a_2\boldsymbol{\varepsilon}_2+\cdots+a_n\boldsymbol{\varepsilon}_n.$$

显然，零向量可表示为任意向量组的线性组合.

在定义 3.2.1 中，如果假设

$$\boldsymbol{\beta}=\begin{pmatrix}b_1\\b_2\\\vdots\\b_n\end{pmatrix},\quad \boldsymbol{\alpha}_j=\begin{pmatrix}a_{1j}\\a_{2j}\\\vdots\\a_{nj}\end{pmatrix}\ (j=1,2,\cdots,s),$$

则按分块矩阵的运算规则，向量 $\boldsymbol{\beta}$ 可表示为

$$\boldsymbol{\beta}=(\boldsymbol{\alpha}_1,\boldsymbol{\alpha}_2,\cdots,\boldsymbol{\alpha}_s)\begin{pmatrix}k_1\\k_2\\\vdots\\k_s\end{pmatrix},$$

也可写为矩阵方程

$$\begin{pmatrix}a_{11}&a_{12}&\cdots&a_{1s}\\a_{21}&a_{22}&\cdots&a_{2s}\\\cdots&\cdots&\cdots&\cdots\\a_{n1}&a_{n2}&\cdots&a_{ns}\end{pmatrix}\begin{pmatrix}k_1\\k_2\\\vdots\\k_s\end{pmatrix}=\begin{pmatrix}b_1\\b_2\\\vdots\\b_n\end{pmatrix}.$$

由此可知，数组 $k_1, k_2, \cdots, k_s$ 满足

$$\boldsymbol{\beta}=k_1\boldsymbol{\alpha}_1+k_2\boldsymbol{\alpha}_2+\cdots+k_s\boldsymbol{\alpha}_s$$

的充分必要条件是：k_1，k_2，$\cdots$，k_s 是非齐次线性方程组

$$\begin{cases}a_{11}x_1+a_{12}x_2+\cdots+a_{1s}x_s=b_1,\\a_{21}x_1+a_{22}x_2+\cdots+a_{2s}x_s=b_2,\\\cdots\cdots\cdots\quad\cdots\cdots\cdots\cdots\cdots\cdots\cdots\cdots\cdots\\a_{n1}x_1+a_{n2}x_2+\cdots+a_{ns}x_s=b_n\end{cases}$$

的一个解. 换句话说，向量 $\boldsymbol{\beta}$ 可由向量组 $\boldsymbol{\alpha}_1,\boldsymbol{\alpha}_2,\cdots,\boldsymbol{\alpha}_s$ 线性表示的充分必要条件是非齐次线性方程组

$$x_1\boldsymbol{\alpha}_1+x_2\boldsymbol{\alpha}_2+\cdots+x_s\boldsymbol{\alpha}_s=\boldsymbol{\beta}$$

有解. 因此，研究非齐次线性方程组求解问题就是研究线性组合问题.

例 3.2.1 设

$$\boldsymbol{\alpha}_1=\begin{pmatrix}2\\3\\0\\0\end{pmatrix},\ \boldsymbol{\alpha}_2=\begin{pmatrix}3\\5\\0\\0\end{pmatrix},\ \boldsymbol{\alpha}_3=\begin{pmatrix}0\\0\\4\\1\end{pmatrix},\ \boldsymbol{\alpha}_4=\begin{pmatrix}0\\0\\3\\1\end{pmatrix},\ \boldsymbol{\beta}=\begin{pmatrix}1\\2\\3\\4\end{pmatrix},$$

求向量 $\boldsymbol{\beta}$ 由向量组 $\boldsymbol{\alpha}_1$，$\boldsymbol{\alpha}_2$，$\boldsymbol{\alpha}_3$，$\boldsymbol{\alpha}_4$ 线性表示的表达式.

解 设存在一组数 x_1, x_2, x_3, x_4 满足向量方程

$$\boldsymbol{\beta} = x_1\boldsymbol{\alpha}_1 + x_2\boldsymbol{\alpha}_2 + x_3\boldsymbol{\alpha}_3 + x_4\boldsymbol{\alpha}_4,$$

即

$$\begin{pmatrix} 2 & 3 & 0 & 0 \\ 3 & 5 & 0 & 0 \\ 0 & 0 & 4 & 3 \\ 0 & 0 & 1 & 1 \end{pmatrix}\begin{pmatrix} x_1 \\ x_2 \\ x_3 \\ x_4 \end{pmatrix} = \begin{pmatrix} 1 \\ 2 \\ 3 \\ 4 \end{pmatrix}.$$

对方程组的增广矩阵施以行初等变换，得

$$\begin{pmatrix} 2 & 3 & 0 & 0 & 1 \\ 3 & 5 & 0 & 0 & 2 \\ 0 & 0 & 4 & 3 & 3 \\ 0 & 0 & 1 & 1 & 4 \end{pmatrix} \longrightarrow \begin{pmatrix} 4 & 6 & 0 & 0 & 2 \\ 3 & 5 & 0 & 0 & 2 \\ 0 & 0 & 1 & 0 & -9 \\ 0 & 0 & 1 & 1 & 4 \end{pmatrix} \longrightarrow \begin{pmatrix} 1 & 1 & 0 & 0 & 0 \\ 3 & 5 & 0 & 0 & 2 \\ 0 & 0 & 1 & 0 & -9 \\ 0 & 0 & 0 & 1 & 13 \end{pmatrix}$$

$$\longrightarrow \begin{pmatrix} 1 & 1 & 0 & 0 & 0 \\ 0 & 2 & 0 & 0 & 2 \\ 0 & 0 & 1 & 0 & -9 \\ 0 & 0 & 0 & 1 & 13 \end{pmatrix} \longrightarrow \begin{pmatrix} 1 & 1 & 0 & 0 & 0 \\ 0 & 1 & 0 & 0 & 1 \\ 0 & 0 & 1 & 0 & -9 \\ 0 & 0 & 0 & 1 & 13 \end{pmatrix} \longrightarrow \begin{pmatrix} 1 & 0 & 0 & 0 & -1 \\ 0 & 1 & 0 & 0 & 1 \\ 0 & 0 & 1 & 0 & -9 \\ 0 & 0 & 0 & 1 & 13 \end{pmatrix}.$$

由此解得 $x_1 = -1,\ x_2 = 1,\ x_3 = -9,\ x_4 = 13$, 从而

$$\boldsymbol{\beta} = -\boldsymbol{\alpha}_1 + \boldsymbol{\alpha}_2 - 9\boldsymbol{\alpha}_3 + 13\boldsymbol{\alpha}_4.$$

定理 3.2.1 如果矩阵 $\boldsymbol{A}$ 经过行初等变换化为矩阵 $\boldsymbol{B}$, 则 $\boldsymbol{A}$ 的列向量组与 $\boldsymbol{B}$ 对应的列向量组有相同的线性组合关系.

证明 设矩阵 $\boldsymbol{A}$ 经过行初等变换化为矩阵 $\boldsymbol{B}$, 且 $\boldsymbol{A}$ 与 $\boldsymbol{B}$ 按列分块为

$$\boldsymbol{A} = (\boldsymbol{\alpha}_1\ \boldsymbol{\alpha}_2\ \cdots\ \boldsymbol{\alpha}_n),\quad \boldsymbol{B} = (\boldsymbol{\beta}_1\ \boldsymbol{\beta}_2\ \cdots\ \boldsymbol{\beta}_n),$$

则由推论 1.4.3 可知，存在一个可逆矩阵 $\boldsymbol{P}$, 使得 $\boldsymbol{PA} = \boldsymbol{B}$, 即

$$(\boldsymbol{P}\boldsymbol{\alpha}_1\ \boldsymbol{P}\boldsymbol{\alpha}_2\ \cdots\ \boldsymbol{P}\boldsymbol{\alpha}_n) = (\boldsymbol{\beta}_1\ \boldsymbol{\beta}_2\ \cdots\ \boldsymbol{\beta}_n),$$

于是由分块矩阵相等的定义，得 $\boldsymbol{P}\boldsymbol{\alpha}_j = \boldsymbol{\beta}_j,\ j = 1, 2, \cdots, n$.

另一方面，如果 $\boldsymbol{A}$ 的某些列向量 $\boldsymbol{\alpha}_{j1}, \boldsymbol{\alpha}_{j2}, \cdots, \boldsymbol{\alpha}_{js}, \boldsymbol{\alpha}_{js+1}$ 的线性组合关系为

$$\boldsymbol{\alpha}_{js+1} = k_1\boldsymbol{\alpha}_{j1} + k_2\boldsymbol{\alpha}_{j2} + \cdots + k_s\boldsymbol{\alpha}_{js},$$

则由 $\boldsymbol{\beta}_j = \boldsymbol{P}\boldsymbol{\alpha}_j$ 可知，在矩阵 $\boldsymbol{B}$ 中与其对应的向量组的组合关系为

$$\begin{aligned} \boldsymbol{\beta}_{js+1} &= \boldsymbol{P}(k_1\boldsymbol{\alpha}_{j1} + k_2\boldsymbol{\alpha}_{j2} + \cdots + k_s\boldsymbol{\alpha}_{js}) \\ &= k_1\boldsymbol{\beta}_{j1} + k_2\boldsymbol{\beta}_{j2} + \cdots + k_s\boldsymbol{\beta}_{js}, \end{aligned}$$

从而 $\boldsymbol{A}$ 的列向量组与 $\boldsymbol{B}$ 对应的列向量组有相同的线性组合关系. ∎

例 3.2.2 设

$$\boldsymbol{\alpha}_1=\begin{pmatrix}1\\2\\3\\1\end{pmatrix},\quad \boldsymbol{\alpha}_2=\begin{pmatrix}2\\3\\1\\2\end{pmatrix},\quad \boldsymbol{\alpha}_3=\begin{pmatrix}3\\1\\2\\-2\end{pmatrix},\quad \boldsymbol{\alpha}_4=\begin{pmatrix}0\\4\\2\\5\end{pmatrix}.$$

求向量 $\boldsymbol{\alpha}_4$ 由向量组 $\boldsymbol{\alpha}_1$, $\boldsymbol{\alpha}_2$, $\boldsymbol{\alpha}_3$ 线性表示的表达式.

解 设 $\boldsymbol{A}=(\boldsymbol{\alpha}_1\ \boldsymbol{\alpha}_2\ \boldsymbol{\alpha}_3\ \boldsymbol{\alpha}_4)$, 对矩阵 $\boldsymbol{A}$ 施以行初等变换，得

$$\boldsymbol{A}=\begin{pmatrix}1&2&3&0\\2&3&1&4\\3&1&2&2\\1&2&-2&5\end{pmatrix}\longrightarrow\begin{pmatrix}1&2&3&0\\0&-1&-5&4\\0&-5&-7&2\\0&0&-5&5\end{pmatrix}\longrightarrow\begin{pmatrix}1&2&3&0\\0&1&5&-4\\0&-5&-7&2\\0&0&-5&5\end{pmatrix}$$

$$\longrightarrow\begin{pmatrix}1&0&-7&8\\0&1&5&-4\\0&0&18&-18\\0&0&-5&5\end{pmatrix}\longrightarrow\begin{pmatrix}1&0&0&1\\0&1&0&1\\0&0&1&-1\\0&0&0&0\end{pmatrix}=(\boldsymbol{\beta}_1,\boldsymbol{\beta}_2,\boldsymbol{\beta}_3,\boldsymbol{\beta}_4)=\boldsymbol{B}.$$

由此可知，向量方程

$$x_1\boldsymbol{\beta}_1+x_2\boldsymbol{\beta}_2+x_3\boldsymbol{\beta}_3=\boldsymbol{\beta}_4$$

的解为 $x_1=1$, $x_2=1$, $x_3=-1$, 从而由定理 3.2.1 可得

$$\boldsymbol{\alpha}_4=\boldsymbol{\alpha}_1+\boldsymbol{\alpha}_2-\boldsymbol{\alpha}_3.$$

下面讨论两个向量组之间的线性表示问题.

定义 3.2.2 如果 $\boldsymbol{\alpha}_1$, $\boldsymbol{\alpha}_2,\cdots,\boldsymbol{\alpha}_s$ 中的每一个向量都能由向量组 $\boldsymbol{\beta}_1$, $\boldsymbol{\beta}_2,\cdots,\boldsymbol{\beta}_t$ 线性表示，则称向量组 $\boldsymbol{\alpha}_1$, $\boldsymbol{\alpha}_2,\cdots,\boldsymbol{\alpha}_s$ 可由向量组 $\boldsymbol{\beta}_1$, $\boldsymbol{\beta}_2,\cdots,\boldsymbol{\beta}_t$ 线性表示. 如果两个向量组能互相线性表示，则称这两个向量组等价.

在定义 3.2.2 中，如果 $\boldsymbol{\alpha}_1$, $\boldsymbol{\alpha}_2,\cdots,\boldsymbol{\alpha}_s$ 可由向量组 $\boldsymbol{\beta}_1$, $\boldsymbol{\beta}_2,\cdots,\boldsymbol{\beta}_t$ 线性表示为

$$\boldsymbol{\alpha}_j=k_{1j}\boldsymbol{\beta}_1+k_{2j}\boldsymbol{\beta}_2+\cdots+k_{tj}\boldsymbol{\beta}_t\ \ (j=1,2,\cdots,s),$$

则上式可写成矩阵形式

$$(\boldsymbol{\alpha}_1,\boldsymbol{\alpha}_2,\cdots,\boldsymbol{\alpha}_s)=(\boldsymbol{\beta}_1,\boldsymbol{\beta}_2,\cdots,\boldsymbol{\beta}_t)\boldsymbol{K},$$

称 $\boldsymbol{K}$ 为线性表示的系数矩阵，其中

$$\boldsymbol{K}=\begin{pmatrix}k_{11}&k_{12}&\cdots&k_{1s}\\k_{21}&k_{22}&\cdots&k_{2s}\\\cdots&\cdots&\cdots&\cdots\\k_{t1}&k_{t2}&\cdots&k_{ts}\end{pmatrix}.$$

如果记 $\boldsymbol{A}=(\boldsymbol{\alpha}_1,\boldsymbol{\alpha}_2,\cdots,\boldsymbol{\alpha}_s)$, $\boldsymbol{B}=(\boldsymbol{\beta}_1,\boldsymbol{\beta}_2,\cdots,\boldsymbol{\beta}_t)$, $\boldsymbol{K}=(k_{ij})_{t\times s}$, 则 $\boldsymbol{A}$ 的列向量组可由 $\boldsymbol{B}$ 的列向量组线性表示的充分必要条件是存在矩阵 $\boldsymbol{K}$, 使得

$$\boldsymbol{A}=\boldsymbol{B}\boldsymbol{K}.$$

特别地，如果 $\boldsymbol{K}$ 是可逆矩阵，则 $\boldsymbol{A}$ 的列向量组与 $\boldsymbol{B}$ 的列向量组等价.

向量组之间的等价关系有如下性质：

(1) 反身性，即向量组 $\boldsymbol{\alpha}_1$, $\boldsymbol{\alpha}_2,\cdots,\boldsymbol{\alpha}_s$ 与 $\boldsymbol{\alpha}_1$, $\boldsymbol{\alpha}_2,\cdots,\boldsymbol{\alpha}_s$ 等价；

(2) 对称性，即如果向量组 $\boldsymbol{\alpha}_1$, $\boldsymbol{\alpha}_2,\cdots,\boldsymbol{\alpha}_s$ 与向量组 $\boldsymbol{\beta}_1$, $\boldsymbol{\beta}_2,\cdots,\boldsymbol{\beta}_t$ 等价，则向量组 $\boldsymbol{\beta}_1$, $\boldsymbol{\beta}_2,\cdots,\boldsymbol{\beta}_t$ 与向量组 $\boldsymbol{\alpha}_1$, $\boldsymbol{\alpha}_2,\cdots,\boldsymbol{\alpha}_s$ 等价;

(3) 传递性，即如果向量组 $\boldsymbol{\alpha}_1$, $\boldsymbol{\alpha}_2,\cdots,\boldsymbol{\alpha}_s$ 与向量组 $\boldsymbol{\beta}_1$, $\boldsymbol{\beta}_2,\cdots,\boldsymbol{\beta}_t$ 等价，且向量组 $\boldsymbol{\beta}_1$, $\boldsymbol{\beta}_2,\cdots,\boldsymbol{\beta}_t$ 与向量组 $\boldsymbol{\gamma}_1$, $\boldsymbol{\gamma}_2,\cdots,\boldsymbol{\gamma}_l$ 等价，则向量组 $\boldsymbol{\alpha}_1$, $\boldsymbol{\alpha}_2,\cdots,\boldsymbol{\alpha}_s$ 与向量组 $\boldsymbol{\gamma}_1$, $\boldsymbol{\gamma}_2,\cdots,\boldsymbol{\gamma}_l$ 等价.

例 3.2.3 试问向量组 $\boldsymbol{\alpha}_1=(1,1,0)^{\mathrm{T}}$, $\boldsymbol{\alpha}_2=(0,1,2)^{\mathrm{T}}$, $\boldsymbol{\alpha}_3=(1,0,-1)^{\mathrm{T}}$ 与向量组 $\boldsymbol{\beta}_1=(2,1,-1)^{\mathrm{T}}$, $\boldsymbol{\beta}_2=(2,-1,2)^{\mathrm{T}}$, $\boldsymbol{\beta}_3=(3,0,1)^{\mathrm{T}}$ 是否等价？

解 设 $\boldsymbol{A}=(\boldsymbol{\alpha}_1\ \boldsymbol{\alpha}_2\ \boldsymbol{\alpha}_3)$, $\boldsymbol{B}=(\boldsymbol{\beta}_1\ \boldsymbol{\beta}_2\ \boldsymbol{\beta}_3)$, $\boldsymbol{K}=(k_{ij})_{3\times 3}$ 满足矩阵方程

$$\boldsymbol{A}=\boldsymbol{B}\boldsymbol{K}.$$

对矩阵 $(\boldsymbol{B}\ \boldsymbol{A})$ 施以行初等变换，将 $\boldsymbol{B}$ 化为单位矩阵 $\boldsymbol{E}$, 得

$$(\boldsymbol{B}\ \boldsymbol{A})=\begin{pmatrix}2&2&3&1&0&1\\1&-1&0&1&1&0\\-1&2&1&0&2&-1\end{pmatrix}\longrightarrow\begin{pmatrix}1&4&4&1&2&0\\0&1&1&1&3&-1\\-1&2&1&0&2&-1\end{pmatrix}$$

$$\longrightarrow\begin{pmatrix}1&4&4&1&2&0\\0&1&1&1&3&-1\\0&6&5&1&4&-1\end{pmatrix}\longrightarrow\begin{pmatrix}1&0&0&-3&-10&4\\0&1&1&1&3&-1\\0&0&-1&-5&-14&5\end{pmatrix}$$

$$\longrightarrow\begin{pmatrix}1&0&0&-3&-10&4\\0&1&1&1&3&-1\\0&0&1&5&14&-5\end{pmatrix}\longrightarrow\begin{pmatrix}1&0&0&-3&-10&4\\0&1&0&-4&-11&4\\0&0&1&5&14&-5\end{pmatrix},$$

故矩阵方程的解矩阵为

$$\boldsymbol{K}=\begin{pmatrix}-3&-10&4\\-4&-11&4\\5&14&-5\end{pmatrix},$$

从而向量组 $\boldsymbol{\alpha}_1$, $\boldsymbol{\alpha}_2$, $\boldsymbol{\alpha}_3$ 可由向量组 $\boldsymbol{\beta}_1$, $\boldsymbol{\beta}_2$, $\boldsymbol{\beta}_3$ 线性表示，且

$$\begin{cases}\boldsymbol{\alpha}_1=-3\boldsymbol{\beta}_1-4\boldsymbol{\beta}_2+5\boldsymbol{\beta}_3,\\ \boldsymbol{\alpha}_2=-10\boldsymbol{\beta}_1-11\boldsymbol{\beta}_2+14\boldsymbol{\beta}_3,\\ \boldsymbol{\alpha}_3=4\boldsymbol{\beta}_1+4\boldsymbol{\beta}_2-5\boldsymbol{\beta}_3.\end{cases}$$

另一方面，由

$$|\boldsymbol{K}|=\begin{vmatrix}-3&-10&4\\-4&-11&4\\5&14&-5\end{vmatrix}=\begin{vmatrix}-3&-10&1\\-4&-11&0\\5&14&0\end{vmatrix}=\begin{vmatrix}-4&-11\\5&14\end{vmatrix}=-1$$

可知，解矩阵 $\boldsymbol{K}$ 可逆，且

$$\boldsymbol{K}^{-1}=-\begin{pmatrix}K_{11}&K_{21}&K_{31}\\K_{12}&K_{22}&K_{32}\\K_{13}&K_{23}&K_{33}\end{pmatrix}=\begin{pmatrix}1&-6&-4\\0&5&4\\1&8&7\end{pmatrix},$$

从而由

$$(\boldsymbol{\beta}_1,\boldsymbol{\beta}_2,\boldsymbol{\beta}_3)=\boldsymbol{B}=\boldsymbol{A}\boldsymbol{K}^{-1}=(\boldsymbol{\alpha}_1,\boldsymbol{\alpha}_2,\boldsymbol{\alpha}_3)\begin{pmatrix}1&-6&-4\\0&5&4\\1&8&7\end{pmatrix}$$

可知，向量组 $\boldsymbol{\beta}_1$，$\boldsymbol{\beta}_2$，$\boldsymbol{\beta}_3$ 可由向量组 $\boldsymbol{\alpha}_1$，$\boldsymbol{\alpha}_2$，$\boldsymbol{\alpha}_3$ 线性表示，且

$$\begin{cases}\boldsymbol{\beta}_1=\boldsymbol{\alpha}_1+0\boldsymbol{\alpha}_2+\boldsymbol{\alpha}_3,\\\boldsymbol{\beta}_2=-6\boldsymbol{\alpha}_1+5\boldsymbol{\alpha}_2+8\boldsymbol{\alpha}_3,\\\boldsymbol{\beta}_3=-4\boldsymbol{\alpha}_1+4\boldsymbol{\alpha}_2+7\boldsymbol{\alpha}_3.\end{cases}$$

综上可知，向量组 $\boldsymbol{\alpha}_1$，$\boldsymbol{\alpha}_2$，$\boldsymbol{\alpha}_3$ 与向量组 $\boldsymbol{\beta}_1$，$\boldsymbol{\beta}_2$，$\boldsymbol{\beta}_3$ 等价.

3.2.2 向量组的线性相关与线性无关

定义 3.2.3 对于给定的一个向量组 $\boldsymbol{\alpha}_1$，$\boldsymbol{\alpha}_2,\cdots,\boldsymbol{\alpha}_s$，如果存在一组不全为零的数 k_1，$k_2,\cdots,k_s$，使得

$$k_1\boldsymbol{\alpha}_1+k_2\boldsymbol{\alpha}_2+\cdots+k_s\boldsymbol{\alpha}_s=0,$$

则称向量组 $\boldsymbol{\alpha}_1$，$\boldsymbol{\alpha}_2,\cdots,\boldsymbol{\alpha}_s$ 线性相关；否则，称向量组 $\boldsymbol{\alpha}_1$，$\boldsymbol{\alpha}_2,\cdots,\boldsymbol{\alpha}_s$ 线性无关.

由定义 3.2.3 可知，如果向量组 $\boldsymbol{\alpha}_1$，$\boldsymbol{\alpha}_2,\cdots,\boldsymbol{\alpha}_s$ 线性无关，则对任意给定的一组数 k_1，$k_2,\cdots,k_s$，当

$$k_1\boldsymbol{\alpha}_1+k_2\boldsymbol{\alpha}_2+\cdots+k_s\boldsymbol{\alpha}_s=0$$

时，必有 $k_j=0$，$j=1,2,\cdots,s$.

显然，一个向量组不是线性相关的，就是线性无关的. 例如，对于给定的向量

$$\boldsymbol{\alpha}_1=\begin{pmatrix}2\\1\end{pmatrix},\ \boldsymbol{\alpha}_2=\begin{pmatrix}3\\8\end{pmatrix},\ \boldsymbol{\beta}_1=\begin{pmatrix}-1\\1\end{pmatrix},\ \boldsymbol{\beta}_2=\begin{pmatrix}3\\4\end{pmatrix},\ \boldsymbol{\beta}_3=\begin{pmatrix}2\\5\end{pmatrix},$$

容易验证，向量组 $\boldsymbol{\alpha}_1$，$\boldsymbol{\alpha}_2$ 是线性相关的，而向量组 $\boldsymbol{\beta}_1$，$\boldsymbol{\beta}_2$，$\boldsymbol{\beta}_3$ 是线性相关的.

根据定义 3.2.3 容易验证如下的结论:

(1) 只含有一个向量的向量组 $\boldsymbol{\alpha}$ 是线性无关的充分必要条件为 $\boldsymbol{\alpha} \neq 0$.

(2) 向量组 $\boldsymbol{\alpha}_1, \boldsymbol{\alpha}_2$ 线性相关的充分必要条件为 $\boldsymbol{\alpha}_1$ 与 $\boldsymbol{\alpha}_2$ 对应的分量成比例.

(3) 如果向量组 $\boldsymbol{\alpha}_1, \boldsymbol{\alpha}_2, \cdots, \boldsymbol{\alpha}_s$ 线性相关, 则把它任意增加 m 个向量所构成的向量组 $\boldsymbol{\alpha}_1, \cdots, \boldsymbol{\alpha}_s, \boldsymbol{\alpha}_{s+1}, \cdots, \boldsymbol{\alpha}_{s+m}$ 也线性相关.

(4) 如果向量组 $\boldsymbol{\alpha}_1, \boldsymbol{\alpha}_2, \cdots, \boldsymbol{\alpha}_s$ 线性无关, 则它的任何一个非空部分组① 也线性无关.

例 3.2.4 设向量组 $\boldsymbol{\alpha}_1, \boldsymbol{\alpha}_2, \boldsymbol{\alpha}_3$ 线性无关, 且

$$\boldsymbol{\beta}_1 = \boldsymbol{\alpha}_1 + \boldsymbol{\alpha}_2, \quad \boldsymbol{\beta}_2 = \boldsymbol{\alpha}_2 + 2\boldsymbol{\alpha}_3, \quad \boldsymbol{\beta}_3 = 5\boldsymbol{\alpha}_3,$$

求证向量组 $\boldsymbol{\beta}_1, \boldsymbol{\beta}_2, \boldsymbol{\beta}_3$ 线性无关.

证明 对任意一组数 k_1, k_2, k_3, 如果

$$k_1\boldsymbol{\beta}_1 + k_2\boldsymbol{\beta}_2 + k_3\boldsymbol{\beta}_3 = 0,$$

则由 $\boldsymbol{\beta}_1 = \boldsymbol{\alpha}_1 + \boldsymbol{\alpha}_2$, $\boldsymbol{\beta}_2 = \boldsymbol{\alpha}_2 + 2\boldsymbol{\alpha}_3$, $\boldsymbol{\beta}_3 = 5\boldsymbol{\alpha}_3$ 可得

$$k_1\boldsymbol{\alpha}_1 + (k_1 + k_2)\boldsymbol{\alpha}_2 + (2k_2 + 5k_3)\boldsymbol{\alpha}_3 = 0,$$

于是由向量组 $\boldsymbol{\alpha}_1, \boldsymbol{\alpha}_2, \boldsymbol{\alpha}_3$ 线性无关可知, k_1, k_2, k_3 满足方程组

$$\begin{cases} k_1 = 0, \\ k_1 + k_2 = 0, \\ 2k_2 + 5k_3 = 0. \end{cases}$$

解此方程组得 $k_1 = k_2 = k_3 = 0$, 从而向量组 $\boldsymbol{\beta}_1, \boldsymbol{\beta}_2, \boldsymbol{\beta}_3$ 线性无关.

例 3.2.5 求证 n 维单位向量组 $\varepsilon_1, \varepsilon_2, \cdots, \varepsilon_n$ 是线性无关的.

解 对任意一组数 $k_1, k_2, \cdots, k_n$, 如果

$$k_1\varepsilon_1 + k_2\varepsilon_2 + \cdots + k_n\varepsilon_n = 0,$$

则由 $\boldsymbol{E}_n = (\varepsilon_1\ \varepsilon_2\ \cdots\ \varepsilon_n)$ 可得

$$\begin{pmatrix} 1 & 0 & \cdots & 0 \\ 0 & 1 & \cdots & 0 \\ \cdots & \cdots & \cdots & \cdots \\ 0 & 0 & \cdots & 1 \end{pmatrix} \begin{pmatrix} k_1 \\ k_2 \\ \vdots \\ k_n \end{pmatrix} = \begin{pmatrix} 0 \\ 0 \\ \vdots \\ 0 \end{pmatrix},$$

即 $k_j = 0$, $j = 1, 2, \cdots, n$, 从而向量组 $\varepsilon_1, \varepsilon_2, \cdots, \varepsilon_n$ 线性无关.

①一个向量组构成集合的非空子集通常称为向量组的非空部分组.

下面给出关于向量组线性相关性的一些重要结论.

定理 3.2.2 n 阶矩阵 $\boldsymbol{A}$ 的列向量组线性无关的充分必要条件是 $|\boldsymbol{A}| \neq 0$.

证明 设 n 阶矩阵 $\boldsymbol{A}$ 的列向量为 $\boldsymbol{\alpha}_1$, $\boldsymbol{\alpha}_2, \cdots, \boldsymbol{\alpha}_n$, 即

$$\boldsymbol{A} = (\boldsymbol{\alpha}_1\ \boldsymbol{\alpha}_2\ \cdots\ \boldsymbol{\alpha}_n) = \begin{pmatrix} a_{11} & a_{12} & \cdots & a_{1n} \\ a_{21} & a_{22} & \cdots & a_{2n} \\ \cdots & \cdots & \cdots & \cdots \\ a_{n1} & a_{n2} & \cdots & a_{nn} \end{pmatrix},$$

则由定理 2.4.4 及推论 2.4.4 可知, $|\boldsymbol{A}| \neq 0$ 的充分必要条件为方程组

$$\begin{pmatrix} a_{11} & a_{12} & \cdots & a_{1n} \\ a_{21} & a_{22} & \cdots & a_{2n} \\ \cdots & \cdots & \cdots & \cdots \\ a_{n1} & a_{n2} & \cdots & a_{nn} \end{pmatrix} \begin{pmatrix} x_1 \\ x_2 \\ \vdots \\ x_n \end{pmatrix} = \begin{pmatrix} 0 \\ 0 \\ \vdots \\ 0 \end{pmatrix},$$

即方程组

$$x_1\boldsymbol{\alpha}_1 + x_2\boldsymbol{\alpha}_2 + \cdots + x_n\boldsymbol{\alpha}_n = 0$$

只有零解, 从而 $|\boldsymbol{A}| \neq 0$ 的充分必要条件为向量组 $\boldsymbol{\alpha}_1$, $\boldsymbol{\alpha}_2, \cdots, \boldsymbol{\alpha}_n$ 线性无关. ▌

推论 3.2.1 如果向量组中含有向量的个数大于向量的维数, 则该向量组必线性相关.

证明 设 $\boldsymbol{\alpha}_1, \boldsymbol{\alpha}_2, \cdots, \boldsymbol{\alpha}_s$ 都是 n 维向量, 且 $s > n$.

如果向量组 $\boldsymbol{\alpha}_1$, $\boldsymbol{\alpha}_2, \cdots, \boldsymbol{\alpha}_n$, $\boldsymbol{\alpha}_{n+1}$ 线性无关, 则它的部分组 $\boldsymbol{\alpha}_1$, $\boldsymbol{\alpha}_2, \cdots, \boldsymbol{\alpha}_n$ 也线性无关, 故由定理 3.2.2 可知, 矩阵 $\boldsymbol{A} = (\boldsymbol{\alpha}_1\ \boldsymbol{\alpha}_2\ \cdots\ \boldsymbol{\alpha}_n)$ 的行列式 $|\boldsymbol{A}| \neq 0$, 从而由 Cramer 法则可知, 向量方程

$$x_1\boldsymbol{\alpha}_1 + x_2\boldsymbol{\alpha}_2 + \cdots + x_n\boldsymbol{\alpha}_n = \boldsymbol{\alpha}_{n+1}$$

有唯一解 k_1, $k_2, \cdots, k_n$, 即

$$k_1\boldsymbol{\alpha}_1 + k_2\boldsymbol{\alpha}_2 + \cdots + k_n\boldsymbol{\alpha}_n + (-1)\boldsymbol{\alpha}_{n+1} = 0.$$

这与 $\boldsymbol{\alpha}_1$, $\boldsymbol{\alpha}_2, \cdots, \boldsymbol{\alpha}_n$, $\boldsymbol{\alpha}_{n+1}$ 线性无关矛盾, 此矛盾说明 $\boldsymbol{\alpha}_1$, $\boldsymbol{\alpha}_2, \cdots, \boldsymbol{\alpha}_n$, $\boldsymbol{\alpha}_{n+1}$ 线性相关, 从而由 $s > n$ 可知, 向量组 $\boldsymbol{\alpha}_1$, $\boldsymbol{\alpha}_2, \cdots, \boldsymbol{\alpha}_s$ 线性相关. ▌

定理 3.2.3 向量组 $\boldsymbol{\alpha}_1$, $\boldsymbol{\alpha}_2, \cdots, \boldsymbol{\alpha}_s$ $(s \geqslant 2)$ 线性相关的充分必要条件是该向量组中至少有一个向量可由其余的 $s-1$ 个向量线性表示.

证明 设向量组 $\boldsymbol{\alpha}_1, \boldsymbol{\alpha}_2, \cdots, \boldsymbol{\alpha}_s$ 线性相关, 则存在不全为零的数 $k_1, k_2, \cdots, k_s$, 使得

$$k_1\boldsymbol{\alpha}_1 + k_2\boldsymbol{\alpha}_2 + \cdots + k_s\boldsymbol{\alpha}_s = 0,$$

故至少存在 $k_1, k_2, \cdots, k_s$ 中的一个数 k_j, 使得 $k_j \neq 0$, 从而

$$\boldsymbol{\alpha}_j = -\frac{k_1}{k_j}\boldsymbol{\alpha}_1 - \cdots - \frac{k_{j-1}}{k_j}\boldsymbol{\alpha}_{j-1} - \frac{k_{j+1}}{k_j}\boldsymbol{\alpha}_{j+1} - \cdots - \frac{k_s}{k_j}\boldsymbol{\alpha}_s,$$

即 $\boldsymbol{\alpha}_j$ 可由其余的 $s-1$ 个向量线性表示.

另一方面，如果向量组 $\boldsymbol{\alpha}_1, \boldsymbol{\alpha}_2, \cdots, \boldsymbol{\alpha}_s$ 中至少有一个向量可由其余 $s-1$ 个向量线性表示，则存在某个 $\boldsymbol{\alpha}_j$ $(1 \leqslant j \leqslant s)$ 可由向量组 $\boldsymbol{\alpha}_1, \cdots, \boldsymbol{\alpha}_{j-1}, \boldsymbol{\alpha}_{j+1}, \cdots, \boldsymbol{\alpha}_s$ 线性表示，即存在一组数 $k_1, \cdots, k_{j-1}, k_{j+1}, \cdots, k_s$, 使得

$$\boldsymbol{\alpha}_j = k_1\boldsymbol{\alpha}_1 + \cdots + k_{j-1}\boldsymbol{\alpha}_{j-1} + k_{j+1}\boldsymbol{\alpha}_{j+1} + \cdots + k_s\boldsymbol{\alpha}_s,$$

从而存在一组不全为零的数 $k_1, \cdots, k_{j-1}, -1, k_{j+1}, \cdots, k_s$, 使得

$$\boldsymbol{\alpha}_j = k_1\boldsymbol{\alpha}_1 + \cdots + k_{j-1}\boldsymbol{\alpha}_{j-1} - \boldsymbol{\alpha}_j + k_{j+1}\boldsymbol{\alpha}_{j+1} + \cdots + \boldsymbol{\alpha}_s = 0,$$

即向量组 $\boldsymbol{\alpha}_1, \boldsymbol{\alpha}_2, \cdots, \boldsymbol{\alpha}_s$ 线性相关. ▌

定理 3.2.4 设向量组 $\boldsymbol{\alpha}_1, \boldsymbol{\alpha}_2, \cdots, \boldsymbol{\alpha}_s$ 线性无关，而向量组 $\boldsymbol{\beta}, \boldsymbol{\alpha}_1, \boldsymbol{\alpha}_2, \cdots, \boldsymbol{\alpha}_s$ 线性相关，则向量 $\boldsymbol{\beta}$ 能由向量组 $\boldsymbol{\alpha}_1, \boldsymbol{\alpha}_2, \cdots, \boldsymbol{\alpha}_s$ 线性表示，且表示法是唯一的.

证明 由于向量组 $\boldsymbol{\beta}, \boldsymbol{\alpha}_1, \boldsymbol{\alpha}_2, \cdots, \boldsymbol{\alpha}_s$ 线性相关，故由定义 3.2.1 可知，存在一组不全为零的数 $k, k_1, k_2, \cdots, k_s$, 使得

$$k\boldsymbol{\beta} + k_1\boldsymbol{\alpha}_1 + k_2\boldsymbol{\alpha}_2 + \cdots + k_s\boldsymbol{\alpha}_s = 0.$$

如果 $k = 0$, 则与向量组 $\boldsymbol{\alpha}_1, \boldsymbol{\alpha}_2, \cdots, \boldsymbol{\alpha}_s$ 线性无关矛盾，故 $k \neq 0$, 从而

$$\boldsymbol{\beta} = -\frac{k_1}{k}\boldsymbol{\alpha}_1 - \frac{k_2}{k}\boldsymbol{\alpha}_2 - \cdots - \frac{k_s}{k}\boldsymbol{\alpha}_s,$$

即向量 $\boldsymbol{\beta}$ 能由向量组 $\boldsymbol{\alpha}_1, \boldsymbol{\alpha}_2, \cdots, \boldsymbol{\alpha}_s$ 线性表示.

另一方面，如果存在两组数 $k_1, k_2, \cdots, k_s$ 及 $j_1, j_2, \cdots, j_s$, 使得

$$\boldsymbol{\beta} = k_1\boldsymbol{\alpha}_1 + k_2\boldsymbol{\alpha}_2 + \cdots + k_s\boldsymbol{\alpha}_s$$

和

$$\boldsymbol{\beta} = j_1\boldsymbol{\alpha}_1 + j_2\boldsymbol{\alpha}_2 + \cdots + j_s\boldsymbol{\alpha}_s$$

均成立，则将上面的两式相减，得

$$(k_1 - j_1)\boldsymbol{\alpha}_1 + (k_2 - j_2)\boldsymbol{\alpha}_2 + \cdots + (k_s - j_s)\boldsymbol{\alpha}_s = 0,$$

从而由向量组 $\boldsymbol{\alpha}_1, \boldsymbol{\alpha}_2, \cdots, \boldsymbol{\alpha}_s$ 线性无关可得

$$k_i = j_i, \quad i = 1, 2, \cdots, s,$$

即线性表示的系数是唯一的. ▌

定理 3.2.5 设 $\boldsymbol{\beta}_j\ (j=1,2,\cdots,s)$ 为 $m+1$ 维向量，$\boldsymbol{\alpha}_j$ 是由 $\boldsymbol{\beta}_j$ 去掉第 $m+1$ 个分量构成的 m 维向量，即

$$\boldsymbol{\alpha}_j=\begin{pmatrix}a_{1j}\\a_{2j}\\\vdots\\a_{mj}\end{pmatrix},\quad \boldsymbol{\beta}_j=\begin{pmatrix}a_{1j}\\a_{2j}\\\vdots\\a_{mj}\\a_{m+1\,j}\end{pmatrix},\quad j=1,2,\cdots,s.$$

如果向量组 $\boldsymbol{\alpha}_1,\ \boldsymbol{\alpha}_2,\cdots,\boldsymbol{\alpha}_s$ 线性无关，则向量组 $\boldsymbol{\beta}_1,\ \boldsymbol{\beta}_2,\cdots,\boldsymbol{\beta}_s$ 也线性无关.

证明 由向量组 $\boldsymbol{\alpha}_1,\ \boldsymbol{\alpha}_2,\cdots,\boldsymbol{\alpha}_s$ 线性无关可知，向量方程

$$x_1\boldsymbol{\alpha}_1+x_2\boldsymbol{\alpha}_2+\cdots+x_s\boldsymbol{\alpha}_s=0$$

只有零解，即方程组

$$\begin{cases}a_{11}x_1+a_{12}x_2+\cdots+a_{1s}x_s=0,\\a_{21}x_1+a_{22}x_2+\cdots+a_{2s}x_s=0,\\\cdots\cdots\cdots\cdots\cdots\cdots\cdots\cdots\cdots,\\a_{m1}x_1+a_{m2}x_2+\cdots+a_{ms}x_s=0\end{cases}$$

只有零解，于是方程组

$$\begin{cases}a_{11}x_1+a_{12}x_2+\cdots+a_{1s}x_s=0,\\a_{21}x_1+a_{22}x_2+\cdots+a_{2s}x_s=0,\\\cdots\cdots\cdots\cdots\cdots\cdots\cdots\cdots\cdots\\a_{m1}x_1+a_{m2}x_2+\cdots+a_{ms}x_s=0,\\a_{m+1\,1}x_1+a_{m+1\,2}x_2+\cdots+a_{m+1\,s}x_s=0\end{cases}$$

也只有零解. 由此可知，向量组 $\boldsymbol{\beta}_1,\boldsymbol{\beta}_2,\cdots,\boldsymbol{\beta}_s$ 也线性无关. ▌

推论 3.2.2 在定理 3.2.5 的条件下，如果向量组 $\boldsymbol{\beta}_1,\ \boldsymbol{\beta}_2,\cdots,\boldsymbol{\beta}_s$ 线性相关，则向量组 $\boldsymbol{\alpha}_1,\ \boldsymbol{\alpha}_2,\cdots,\boldsymbol{\alpha}_s$ 也线性相关.

定理 3.2.5 及推论 3.2.2 是对向量组 $\boldsymbol{\alpha}_1,\boldsymbol{\alpha}_2,\cdots,\boldsymbol{\alpha}_s$ 中各个分量都相应增加一个分量时给出的结论，可以证明，如果向量组中各个分量都在相应的位置增加 k 个分量，结论仍然成立.

推论 3.2.3 设 $\boldsymbol{A}$ 为 $m\times n$ 矩阵，如果存在 $|\boldsymbol{A}|$ 的一个 r 阶子式 D，使得 $D\neq 0$，则在 $\boldsymbol{A}$ 中按 D 所在的列 (行) 选出的 r 个列 (行) 向量线性无关.

定理 3.2.6 设向量组 $\boldsymbol{\alpha}_1,\ \boldsymbol{\alpha}_2,\cdots,\boldsymbol{\alpha}_s$ 可由向量组 $\boldsymbol{\beta}_1,\ \boldsymbol{\beta}_2,\cdots,\boldsymbol{\beta}_t$ 线性表示，且 $s>t$，则向量组 $\boldsymbol{\alpha}_1,\ \boldsymbol{\alpha}_2,\cdots,\boldsymbol{\alpha}_s$ 线性相关.

证明　由向量组 $\boldsymbol{\alpha}_1, \boldsymbol{\alpha}_2, \cdots, \boldsymbol{\alpha}_s$ 可由向量组 $\boldsymbol{\beta}_1, \boldsymbol{\beta}_2, \cdots, \boldsymbol{\beta}_t$ 线性表示可知，对每一个 $\boldsymbol{\alpha}_j\ (j=1,2,\cdots,s)$，都存在一组数 $k_{1j}, k_{2j}, \cdots, k_{tj}$，使得

$$\boldsymbol{\alpha}_j = k_{1j}\boldsymbol{\beta}_1 + k_{2j}\boldsymbol{\beta}_2 + \cdots + k_{tj}\boldsymbol{\beta}_t\ \ (j=1,2,\cdots,s),$$

于是可得矩阵等式

$$(\boldsymbol{\alpha}_1, \boldsymbol{\alpha}_2, \cdots, \boldsymbol{\alpha}_s) = (\boldsymbol{\beta}_1, \boldsymbol{\beta}_2, \cdots, \boldsymbol{\beta}_t)\boldsymbol{K},$$

其中

$$\boldsymbol{K} = \begin{pmatrix} k_{11} & k_{12} & \cdots & k_{1s} \\ k_{21} & k_{22} & \cdots & k_{2s} \\ \cdots & \cdots & \cdots & \cdots \\ k_{t1} & k_{t2} & \cdots & k_{ts} \end{pmatrix}.$$

另一方面，由 $s>t$ 可知，$\boldsymbol{K}$ 的列向量 $\gamma_1, \gamma_2, \cdots, \gamma_s$ 个数大于向量的维数，故由推论 3.2.1 可知，向量组 $\gamma_1, \gamma_2, \cdots, \gamma_s$ 线性相关，即存在一组不全为零的数 $x_1, x_2, \cdots, x_s$，使得

$$x_1\gamma_1 + x_2\gamma_2 + \cdots + x_s\gamma_s = 0,$$

从而由

$$(\boldsymbol{\alpha}_1, \boldsymbol{\alpha}_2, \cdots, \boldsymbol{\alpha}_s)\begin{pmatrix} x_1 \\ x_2 \\ \vdots \\ x_s \end{pmatrix} = (\boldsymbol{\beta}_1, \boldsymbol{\beta}_2, \cdots, \boldsymbol{\beta}_t)(\gamma_1, \gamma_2, \cdots, \gamma_s)\begin{pmatrix} x_1 \\ x_2 \\ \vdots \\ x_s \end{pmatrix} = 0$$

可得

$$x_1\boldsymbol{\alpha}_1 + x_2\boldsymbol{\alpha}_2 + \cdots + x_s\boldsymbol{\alpha}_s = 0,$$

即向量组 $\boldsymbol{\alpha}_1, \boldsymbol{\alpha}_2, \cdots, \boldsymbol{\alpha}_s$ 线性相关. ∎

推论 3.2.4 如果向量组 $\boldsymbol{\alpha}_1, \boldsymbol{\alpha}_2, \cdots, \boldsymbol{\alpha}_s$ 可由向量组 $\boldsymbol{\beta}_1, \boldsymbol{\beta}_2, \cdots, \boldsymbol{\beta}_t$ 线性表示，且向量组 $\boldsymbol{\alpha}_1, \boldsymbol{\alpha}_2, \cdots, \boldsymbol{\alpha}_s$ 线性无关，则必有 $s \leqslant t$.

推论 3.2.5 如果向量组 $\boldsymbol{\alpha}_1, \boldsymbol{\alpha}_2, \cdots, \boldsymbol{\alpha}_s$ 与向量组 $\boldsymbol{\beta}_1, \boldsymbol{\beta}_2, \cdots, \boldsymbol{\beta}_t$ 等价，且它们都是线性无关的，则必有 $s=t$.

例 3.2.6 证明：向量组 $\boldsymbol{\alpha}_1, \boldsymbol{\alpha}_2, \boldsymbol{\alpha}_3$ 线性无关，并讨论向量组 $\boldsymbol{\alpha}_1, \boldsymbol{\alpha}_2, \boldsymbol{\alpha}_3, \boldsymbol{\alpha}_4$ 的线性相关性，其中

$$\boldsymbol{\alpha}_1 = \begin{pmatrix} 1 \\ 0 \\ 0 \\ x_1 \end{pmatrix},\ \boldsymbol{\alpha}_2 = \begin{pmatrix} 1 \\ 1 \\ 0 \\ x_2 \end{pmatrix},\ \boldsymbol{\alpha}_3 = \begin{pmatrix} 1 \\ 1 \\ 1 \\ x_3 \end{pmatrix},\ \boldsymbol{\alpha}_4 = \begin{pmatrix} 1 \\ 2 \\ 3 \\ x_4 \end{pmatrix}.$$

证明　设 D 为列向量 $\boldsymbol{\alpha}_1, \boldsymbol{\alpha}_2, \boldsymbol{\alpha}_3$ 分别去掉第 4 个分量后所得到的行列式，则

$$D=\begin{vmatrix}1&1&1\\0&1&1\\0&0&1\end{vmatrix}=1,$$

从而由推论 3.2.3 可知，向量组 $\boldsymbol{\alpha}_1$，$\boldsymbol{\alpha}_2$，$\boldsymbol{\alpha}_3$ 线性无关.

另一方面，对矩阵 $\boldsymbol{A}=(\boldsymbol{\alpha}_1\ \boldsymbol{\alpha}_2\ \boldsymbol{\alpha}_3\ \boldsymbol{\alpha}_4)$ 施以行初等变换，得

$$A=\begin{pmatrix}1&1&1&1\\0&1&1&2\\0&0&1&3\\x_1&x_2&x_3&x_4\end{pmatrix}\longrightarrow\begin{pmatrix}1&0&0&-1\\0&1&1&2\\0&0&1&3\\0&x_2-x_1&x_3-x_1&x_4-x_1\end{pmatrix}$$

$$\longrightarrow\begin{pmatrix}1&0&0&-1\\0&1&0&-1\\0&0&1&3\\0&0&x_3-x_2&x_4-2x_2+x_1\end{pmatrix}\longrightarrow\begin{pmatrix}1&0&0&-1\\0&1&0&-1\\0&0&1&3\\0&0&0&\sum\limits_{k=1}^{4}x_k-4x_3\end{pmatrix},$$

从而当 $x_4-3x_3+x_2+x_1=0$ 时，有

$$-\boldsymbol{\alpha}_1-\boldsymbol{\alpha}_2+3\boldsymbol{\alpha}_3=\boldsymbol{\alpha}_4,$$

即向量组 $\boldsymbol{\alpha}_1$，$\boldsymbol{\alpha}_2$，$\boldsymbol{\alpha}_3$，$\boldsymbol{\alpha}_4$ 线性相关.

习题 3.2

3.2.1 证明向量 $\boldsymbol{\alpha}$ 可由向量组 $\boldsymbol{\alpha}_1, \boldsymbol{\alpha}_2, \boldsymbol{\alpha}_3$ 线性表示，并求表示系数，其中

$$\boldsymbol{\alpha}=\begin{pmatrix}0\\0\\1\end{pmatrix},\quad \boldsymbol{\alpha}_1=\begin{pmatrix}1\\1\\0\end{pmatrix},\quad \boldsymbol{\alpha}_2=\begin{pmatrix}2\\1\\3\end{pmatrix},\quad \boldsymbol{\alpha}_3=\begin{pmatrix}1\\0\\1\end{pmatrix}.$$

3.2.2 判断下列向量组是线性相关组还是线性无关组.

(1) $\begin{pmatrix}1\\0\\0\\0\end{pmatrix},\ \begin{pmatrix}0\\1\\0\\0\end{pmatrix},\ \begin{pmatrix}0\\0\\1\\0\end{pmatrix},\ \begin{pmatrix}0\\0\\0\\1\end{pmatrix}$;

(2) $\begin{pmatrix}1\\2\\1\\0\end{pmatrix},\ \begin{pmatrix}2\\3\\-1\\0\end{pmatrix},\ \begin{pmatrix}0\\0\\1\\0\end{pmatrix},\ \begin{pmatrix}0\\0\\2\\1\end{pmatrix}$;

(3) $\begin{pmatrix}1\\1\\1\end{pmatrix},\ \begin{pmatrix}0\\2\\-5\end{pmatrix},\ \begin{pmatrix}1\\-1\\6\end{pmatrix}$;

(4) $\begin{pmatrix}1\\a_1\\a_1^2\\a_1^3\end{pmatrix}$, $\begin{pmatrix}1\\a_2\\a_2^2\\a_2^3\end{pmatrix}$, $\begin{pmatrix}1\\a_3\\a_3^2\\a_3^3\end{pmatrix}$ (a_1, a_2, a_3 互不相等).

3.2.3 判断下列叙述正确与否，正确者说明理由，错误者举出反例.

(1) 只含有一个向量的向量组 $\boldsymbol{\alpha}$ 线性无关当且仅当 $\boldsymbol{\alpha} \neq 0$.

(2) 含零向量的向量组必为线性相关组.

(3) 当 $k_1 = k_2 = \cdots = k_t = 0$ 时，$k_1\boldsymbol{\alpha}_1 + k_2\boldsymbol{\alpha}_2 + \cdots + k_t\boldsymbol{\alpha}_t = 0$, 则 $\boldsymbol{\alpha}_1, \boldsymbol{\alpha}_2, \cdots, \boldsymbol{\alpha}_t$ 线性无关.

(4) 如果对任意不全为零的数 $k_1, \cdots, k_t$, 都有

$$k_1\boldsymbol{\alpha}_1 + k_2\boldsymbol{\alpha}_2 + \cdots + k_t\boldsymbol{\alpha}_t \neq 0,$$

则 $\boldsymbol{\alpha}_1, \boldsymbol{\alpha}_2, \cdots, \boldsymbol{\alpha}_t$ 线性无关.

(5) $\boldsymbol{\alpha}_1, \boldsymbol{\alpha}_2$ 线性相关的充要条件是 $\boldsymbol{\alpha}_1$ 可由 $\boldsymbol{\alpha}_2$ 线性表示，且 $\boldsymbol{\alpha}_2$ 可由 $\boldsymbol{\alpha}_1$ 线性表示.

(6) 向量 $\boldsymbol{\alpha}, \boldsymbol{\beta}, \boldsymbol{\gamma}$ 中任一个均不能由另两个线性表示，则 $\boldsymbol{\alpha}, \boldsymbol{\beta}, \boldsymbol{\gamma}$ 线性无关.

(7) $\boldsymbol{\alpha}_1, \cdots, \boldsymbol{\alpha}_t$ 线性无关，$\boldsymbol{\beta}_1, \cdots, \boldsymbol{\beta}_s$ 线性无关，则 $\boldsymbol{\alpha}_1, \cdots, \boldsymbol{\alpha}_t, \boldsymbol{\beta}_1, \cdots, \boldsymbol{\beta}_s$ 线性无关.

(8) 两个等价的向量组，若其中一个是线性无关组，则另一个也是线性无关组.

(9) 含有相同个数向量的两个线性无关组必等价.

(10) 含有两个相同向量的向量组一定是线性相关组.

3.2.4 求满足下列条件的实数 λ:

(1) 向量组 $\begin{pmatrix}\lambda\\1\\1\end{pmatrix}$, $\begin{pmatrix}1\\\lambda\\1\end{pmatrix}$, $\begin{pmatrix}0\\1\\\lambda\end{pmatrix}$ 线性相关;

(2) 向量组 $\begin{pmatrix}-1\\0\\1\end{pmatrix}$, $\begin{pmatrix}-4\\\lambda\\3\end{pmatrix}$, $\begin{pmatrix}1\\-3\\\lambda+1\end{pmatrix}$ 线性相关;

(3) 向量组 $\begin{pmatrix}1\\2\\3\end{pmatrix}$, $\begin{pmatrix}0\\-1\\1\end{pmatrix}$, $\begin{pmatrix}\lambda\\0\\2\end{pmatrix}$ 线性无关.

3.2.5 求 x, y 之间的关系，使得向量组 $\boldsymbol{\alpha}_1$, $\boldsymbol{\alpha}_2$, $\boldsymbol{\alpha}_3$ 线性无关，其中

$$\boldsymbol{\alpha}_1 = \begin{pmatrix}0\\x\\1\end{pmatrix},\ \boldsymbol{\alpha}_2 = \begin{pmatrix}1\\1\\1\end{pmatrix},\ \boldsymbol{\alpha}_3 = \begin{pmatrix}1\\y\\0\end{pmatrix}.$$

3.2.6 问当 λ 取何值时，向量 $\boldsymbol{\alpha}$ 可由向量组 $\boldsymbol{\beta}_1$, $\boldsymbol{\beta}_2$, $\boldsymbol{\beta}_3$ 线性表示，其中

$$\boldsymbol{\alpha} = \begin{pmatrix}0\\\lambda\\\lambda^2\end{pmatrix},\ \boldsymbol{\beta}_1 = \begin{pmatrix}1+\lambda\\1\\1\end{pmatrix},\ \boldsymbol{\beta}_2 = \begin{pmatrix}1\\1+\lambda\\1\end{pmatrix},\ \boldsymbol{\beta}_3 = \begin{pmatrix}1\\1\\1+\lambda\end{pmatrix}.$$

3.2.7 证明：如果 $\boldsymbol{\alpha}_1, \cdots, \boldsymbol{\alpha}_r$ 线性无关，$\boldsymbol{\alpha}_1, \cdots, \boldsymbol{\alpha}_r, \boldsymbol{\beta}$ 线性相关，则 $\boldsymbol{\beta}$ 可由 $\boldsymbol{\alpha}_1, \cdots, \boldsymbol{\alpha}_r$ 线性表示.

3.2.8 设 $\boldsymbol{\beta}$ 可由线性无关的向量组 $\boldsymbol{\alpha}_1, \cdots, \boldsymbol{\alpha}_r$ 线性表示，证明表示法是唯一的.

3.2.9 证明：若 $\boldsymbol{\alpha}_1, \cdots, \boldsymbol{\alpha}_t$ 线性无关，$\boldsymbol{\alpha}_{t+1}$ 不能由 $\boldsymbol{\alpha}_1, \cdots, \boldsymbol{\alpha}_t$ 线性表示，则 $\boldsymbol{\alpha}_1, \cdots, \boldsymbol{\alpha}_t, \boldsymbol{\alpha}_{t+1}$ 线性无关.

3.2.10 证明： $n+1$ 个 n 维向量必线性相关.

3.2.11 证明：若 $\boldsymbol{\alpha}_1, \cdots, \boldsymbol{\alpha}_t$ 线性无关，则 $\boldsymbol{\alpha}_1, \boldsymbol{\alpha}_1+\boldsymbol{\alpha}_2, \cdots, \boldsymbol{\alpha}_1+\boldsymbol{\alpha}_t$ 线性无关.

3.3 向量组的秩

为了讨论向量组的秩，我们先给出极大线性无关组的定义.

定义 3.3.1 如果向量组 S 中存在一个线性无关的部分向量组 $\boldsymbol{\alpha}_1, \boldsymbol{\alpha}_2, \cdots, \boldsymbol{\alpha}_r$，并且向量组 S 中的任何 $r+1$ 个向量构成的部分向量组都线性相关，则称向量组 $\boldsymbol{\alpha}_1, \boldsymbol{\alpha}_2, \cdots, \boldsymbol{\alpha}_r$ 为向量组 S 的一个极大线性无关组，简称为极大无关组.

由定理 3.2.4 及定理 3.2.6 可得极大线性无关组的等价定义.

定理 3.3.1 设 $\boldsymbol{\alpha}_1, \boldsymbol{\alpha}_2, \cdots, \boldsymbol{\alpha}_r$ 为向量组 S 的一个线性无关的部分向量组，则向量组 $\boldsymbol{\alpha}_1, \boldsymbol{\alpha}_2, \cdots, \boldsymbol{\alpha}_r$ 为向量组 S 的一个极大无关组的充分必要条件是向量组 S 中的任意一个向量都可由向量组 $\boldsymbol{\alpha}_1, \boldsymbol{\alpha}_2, \cdots, \boldsymbol{\alpha}_r$ 线性表示.

证明 设向量组 $\boldsymbol{\alpha}_1, \boldsymbol{\alpha}_2, \cdots, \boldsymbol{\alpha}_r$ 为向量组 S 的一个极大无关组，则对 S 中的任意一个向量 $\boldsymbol{\beta}$, 向量组 $\boldsymbol{\alpha}_1, \boldsymbol{\alpha}_2, \cdots, \boldsymbol{\alpha}_r, \boldsymbol{\beta}$ 线性相关，从而由向量组 $\boldsymbol{\alpha}_1, \boldsymbol{\alpha}_2, \cdots, \boldsymbol{\alpha}_r$ 线性无关及定理 3.2.4 可知， $\boldsymbol{\beta}$ 可由向量组 $\boldsymbol{\alpha}_1, \boldsymbol{\alpha}_2, \cdots, \boldsymbol{\alpha}_s$ 线性表示.

另一方面，如果向量组 S 中的任意一个向量都可由向量组 $\boldsymbol{\alpha}_1, \boldsymbol{\alpha}_2, \cdots, \boldsymbol{\alpha}_r$ 线性表示，则对于向量组 S 中的任意 $r+1$ 个向量 $\boldsymbol{\beta}_1, \boldsymbol{\beta}_2, \cdots, \boldsymbol{\beta}_{r+1}$, 存在 $r+1$ 组数 $k_{1j}, k_{2j}, \cdots, k_{rj}$, $j=1,2,\cdots,r+1$, 使得

$$\boldsymbol{\beta}_j = k_{1j}\boldsymbol{\alpha}_1 + k_{2j}\boldsymbol{\alpha}_2 + \cdots + k_{rj}\boldsymbol{\alpha}_r, \quad j=1,2,\cdots,r+1,$$

故由定理 3.2.6 可知，向量组 $\boldsymbol{\beta}_1, \boldsymbol{\beta}_2, \cdots, \boldsymbol{\beta}_{r+1}$ 线性相关，从而由 $\boldsymbol{\beta}_1, \boldsymbol{\beta}_2, \cdots, \boldsymbol{\beta}_{r+1}$ 的任意性及向量组 $\boldsymbol{\alpha}_1, \boldsymbol{\alpha}_2, \cdots, \boldsymbol{\alpha}_r$ 线性无关可知，向量组 $\boldsymbol{\alpha}_1, \boldsymbol{\alpha}_2, \cdots, \boldsymbol{\alpha}_r$ 为向量组 S 的一个极大无关组. ∎

应当指出，一个向量组的极大无关组不是唯一的. 例如，在向量组

$$\boldsymbol{\alpha}_1 = \begin{pmatrix} 1 \\ 0 \end{pmatrix}, \quad \boldsymbol{\alpha}_2 = \begin{pmatrix} 0 \\ 1 \end{pmatrix}, \quad \boldsymbol{\alpha}_3 = \begin{pmatrix} 1 \\ 1 \end{pmatrix}, \quad \boldsymbol{\alpha}_4 = \begin{pmatrix} 0 \\ 2 \end{pmatrix}$$

中，向量组 $\boldsymbol{\alpha}_1, \boldsymbol{\alpha}_2$ 与向量组 $\boldsymbol{\alpha}_3, \boldsymbol{\alpha}_4$ 都是向量组 $\boldsymbol{\alpha}_1, \boldsymbol{\alpha}_2, \boldsymbol{\alpha}_3, \boldsymbol{\alpha}_4$ 的极大无关组. 虽然向量组的极大无关组是不唯一的，但由推论 3.2.5 可知，它们所包含向量的个数

相同. 这是向量组的一个重要标志, 为此引入如下概念.

定义 3.3.2 设向量组 $\boldsymbol{\alpha}_1, \boldsymbol{\alpha}_2, \cdots, \boldsymbol{\alpha}_r$ 为向量组 S 的一个极大无关组, 称向量组 $\boldsymbol{\alpha}_1, \boldsymbol{\alpha}_2, \cdots, \boldsymbol{\alpha}_r$ 所含向量的个数 r 为向量组 S 的秩, 记为 $R(S)$ 或秩 S. 如果 S 中只含零向量, 规定 $R(S)=0$.

在定义 3.3.2 中, 如果 S 中只含有限个向量 $\boldsymbol{\alpha}_1, \boldsymbol{\alpha}_2, \cdots, \boldsymbol{\alpha}_m$, 我们把向量组 S 的秩也记为 $R(\boldsymbol{\alpha}_1, \boldsymbol{\alpha}_2, \cdots, \boldsymbol{\alpha}_m)$, 即

$$R(S)=R(\boldsymbol{\alpha}_1, \boldsymbol{\alpha}_2, \cdots, \boldsymbol{\alpha}_m).$$

由极大无关组的定义可得:

定理 3.3.2 向量组 $\boldsymbol{\alpha}_1, \boldsymbol{\alpha}_2, \cdots, \boldsymbol{\alpha}_s$ 线性无关的充分必要条件为

$$R(\boldsymbol{\alpha}_1, \boldsymbol{\alpha}_2, \cdots, \boldsymbol{\alpha}_s)=s.$$

由推论 3.2.4 可得:

定理 3.3.3 如果向量组 S 可由向量组 $\boldsymbol{\alpha}_1, \boldsymbol{\alpha}_2, \cdots, \boldsymbol{\alpha}_s$ 线性表示, 则

$$R(S) \leqslant R(\boldsymbol{\alpha}_1, \boldsymbol{\alpha}_2, \cdots, \boldsymbol{\alpha}_s).$$

推论 3.3.1 如果向量组 $\boldsymbol{\alpha}_1, \boldsymbol{\alpha}_2, \cdots, \boldsymbol{\alpha}_s$ 与向量组 $\boldsymbol{\beta}_1, \boldsymbol{\beta}_2, \cdots, \boldsymbol{\beta}_t$ 等价, 则

$$R(\boldsymbol{\alpha}_1, \boldsymbol{\alpha}_2, \cdots, \boldsymbol{\alpha}_s)=R(\boldsymbol{\beta}_1, \boldsymbol{\beta}_2, \cdots, \boldsymbol{\beta}_t).$$

等价向量组的秩相等, 但秩相同的两个向量组不一定等价. 例如, 由 4 维单位向量构成的向量组 $\varepsilon_1, \varepsilon_2$ 与向量组 $\varepsilon_3, \varepsilon_4$, 这两个向量组的秩都是 2, 但这两个向量组不等价.

关于向量组的秩与矩阵的秩有如下定理.

定理 3.3.4 非零矩阵 $\boldsymbol{A}$ 的秩等于 $\boldsymbol{A}$ 的列 (行) 向量组的秩.

证明 设 $m \times n$ 矩阵 $\boldsymbol{A}$ 的列向量为 $\boldsymbol{\alpha}_1, \boldsymbol{\alpha}_2, \cdots, \boldsymbol{\alpha}_n$, 且 $R(\boldsymbol{A})=r$, 则 $r \neq 0$, 并由推论 2.4.2 可知, 存在 $|\boldsymbol{A}|$ 的一个 r 阶余子式 D_r, 使得 $D_r \neq 0$, 同时 $|\boldsymbol{A}|$ 的所有 $r+1$ 阶余子式全为零, 故由推论 3.2.3 可知, 存在 $\boldsymbol{A}$ 的 r 个列向量 $\boldsymbol{\alpha}_{j1}, \boldsymbol{\alpha}_{j2}, \cdots, \boldsymbol{\alpha}_{jr}$, 使得向量组 $\boldsymbol{\alpha}_{j1}, \boldsymbol{\alpha}_{j2}, \cdots, \boldsymbol{\alpha}_{jr}$ 线性无关, 同时 $\boldsymbol{A}$ 的任何 $r+1$ 个列向量构成的向量组线性相关 (否则与 $|\boldsymbol{A}|$ 的 $r+1$ 阶余子式全为零矛盾), 从而向量组 $\boldsymbol{\alpha}_{j1}, \boldsymbol{\alpha}_{j2}, \cdots, \boldsymbol{\alpha}_{jr}$ 为 $\boldsymbol{A}$ 的列向量组的一个极大无关组, 且

$$R(\boldsymbol{A})=r=R(\boldsymbol{\alpha}_1, \boldsymbol{\alpha}_2, \cdots, \boldsymbol{\alpha}_n).$$

另一方面, 由

$$R(\boldsymbol{A})=R(\boldsymbol{A}^{\mathrm{T}})$$

可知, 矩阵 $\boldsymbol{A}$ 的秩等于 $\boldsymbol{A}$ 的行向量组的秩. ∎

由定理 3.3.4 及其证明过程可知矩阵 $\boldsymbol{A}$ 的秩等于 $\boldsymbol{A}$ 的行向量组的秩 (简称 $\boldsymbol{A}$ 的行秩), 也等于 $\boldsymbol{A}$ 的列向量组的秩 (简称 $\boldsymbol{A}$ 的列秩). 当 $R(\boldsymbol{A})=r$ 时, 存在 $|\boldsymbol{A}|$ 的 r 阶余子式 $D_r\neq 0$, 故对应于 D_r 所在列 (行) 的 r 个列 (行) 向量是 $\boldsymbol{A}$ 的列 (行) 向量组的一个极大无关组, 从而由初等变换不改变矩阵的秩可知, 我们可以用初等变换求向量组的秩及极大无关组.

例 3.3.1 求矩阵

$$\boldsymbol{A}=\begin{pmatrix}1&2&3&1&3&1\\-1&-1&-2&0&1&2\\2&3&5&1&2&-1\\3&4&7&1&1&-3\end{pmatrix},$$

的列秩及一个极大无关组, 并将其余列向量用该极大无关组线性表示.

解 设 $\boldsymbol{A}$ 的列向量为 $\boldsymbol{\alpha}_1$, $\boldsymbol{\alpha}_2$, $\boldsymbol{\alpha}_3$, $\boldsymbol{\alpha}_4$, $\boldsymbol{\alpha}_5$, $\boldsymbol{\alpha}_6$, 对矩阵 $\boldsymbol{A}$ 施以行初等变换, 得

$$\boldsymbol{A}=\begin{pmatrix}1&2&3&1&3&1\\-1&-1&-2&0&1&2\\2&3&5&1&2&-1\\3&4&7&1&1&-3\end{pmatrix}\longrightarrow\begin{pmatrix}1&2&3&1&3&1\\0&1&1&1&4&3\\0&-1&-1&-1&-4&-3\\0&-2&-2&-2&-8&-6\end{pmatrix}$$

$$\longrightarrow\begin{pmatrix}1&2&3&1&3&1\\0&1&1&1&4&3\\0&0&0&0&0&0\\0&0&0&0&0&0\end{pmatrix}\longrightarrow\begin{pmatrix}1&0&1&-1&-5&-5\\0&1&1&1&4&3\\0&0&0&0&0&0\\0&0&0&0&0&0\end{pmatrix}=\boldsymbol{B},$$

从而向量组 $\boldsymbol{\alpha}_1$, $\boldsymbol{\alpha}_2$ 是向量组 $\boldsymbol{\alpha}_1$, $\boldsymbol{\alpha}_2$, $\boldsymbol{\alpha}_3$, $\boldsymbol{\alpha}_4$, $\boldsymbol{\alpha}_5$, $\boldsymbol{\alpha}_6$ 的一个极大无关组, 且

$$R(\boldsymbol{\alpha}_1,\boldsymbol{\alpha}_2,\boldsymbol{\alpha}_3,\boldsymbol{\alpha}_4,\boldsymbol{\alpha}_5,\boldsymbol{\alpha}_6)=R(\boldsymbol{A})=R(\boldsymbol{B})=2.$$

另一方面, 由矩阵 $\boldsymbol{B}$ 可知, 列向量 $\boldsymbol{\alpha}_3$, $\boldsymbol{\alpha}_4$, $\boldsymbol{\alpha}_5$, $\boldsymbol{\alpha}_6$ 可表示为

$$\boldsymbol{\alpha}_3=\boldsymbol{\alpha}_1+\boldsymbol{\alpha}_2,\ \boldsymbol{\alpha}_4=-\boldsymbol{\alpha}_1+\boldsymbol{\alpha}_2,\ \boldsymbol{\alpha}_5=-5\boldsymbol{\alpha}_1+4\boldsymbol{\alpha}_2,\ \boldsymbol{\alpha}_6=-5\boldsymbol{\alpha}_1+3\boldsymbol{\alpha}_2.$$

在例 3.3.1 中, 对 $\boldsymbol{A}$ 的列向量组只能作行初等变换, 而对 $\boldsymbol{A}$ 的行向量组只能作列初等变换. 向量 $\boldsymbol{\alpha}_3$, $\boldsymbol{\alpha}_4$, $\boldsymbol{\alpha}_5$, $\boldsymbol{\alpha}_6$ 由极大无关组 $\boldsymbol{\alpha}_1$, $\boldsymbol{\alpha}_2$ 线性表示的表达式可根据 $\boldsymbol{B}$ 直接写出. 请读者思考这是为什么?

例 3.3.2 n 维向量组 $\boldsymbol{\alpha}_1$, $\boldsymbol{\alpha}_2,\cdots,\boldsymbol{\alpha}_n$ 线性无关的充分必要条件是任意一个 n 维向量都可以由向量组 $\boldsymbol{\alpha}_1$, $\boldsymbol{\alpha}_2,\cdots,\boldsymbol{\alpha}_n$ 线性表示.

证明 设向量组 $\boldsymbol{\alpha}_1$, $\boldsymbol{\alpha}_2,\cdots,\boldsymbol{\alpha}_n$ 线性无关. 对任意一个 n 维向量 $\boldsymbol{\beta}$, 则由推论 3.2.1 可知, $n+1$ 个 n 维向量组 $\boldsymbol{\beta},\boldsymbol{\alpha}_1,\boldsymbol{\alpha}_2,\cdots,\boldsymbol{\alpha}_n$ 线性相关, 从而由定理 3.2.4 可知, $\boldsymbol{\beta}$ 可由向量组 $\boldsymbol{\alpha}_1,\boldsymbol{\alpha}_2,\cdots,\boldsymbol{\alpha}_n$ 线性表示.

另一方面, 如果任意一个 n 维向量都可以由向量组 $\boldsymbol{\alpha}_1, \boldsymbol{\alpha}_2, \cdots, \boldsymbol{\alpha}_n$ 线性表示, 则 n 维单位向量组 $\boldsymbol{\varepsilon}_1, \boldsymbol{\varepsilon}_2, \cdots, \boldsymbol{\varepsilon}_n$ 可由向量组 $\boldsymbol{\alpha}_1, \boldsymbol{\alpha}_2, \cdots, \boldsymbol{\alpha}_n$ 线性表示, 而任意一个 n 维向量可由 n 维单位向量组线性表示, 故向量组 $\boldsymbol{\alpha}_1, \boldsymbol{\alpha}_2, \cdots, \boldsymbol{\alpha}_n$ 与单位向量组 $\boldsymbol{\varepsilon}_1, \boldsymbol{\varepsilon}_2, \cdots, \boldsymbol{\varepsilon}_n$ 等价, 从而

$$R(\boldsymbol{\alpha}_1, \boldsymbol{\alpha}_2, \cdots, \boldsymbol{\alpha}_n) = R(\boldsymbol{\varepsilon}_1, \boldsymbol{\varepsilon}_2, \cdots, \boldsymbol{\varepsilon}_n) = n,$$

即向量组 $\boldsymbol{\alpha}_1, \boldsymbol{\alpha}_2, \cdots, \boldsymbol{\alpha}_n$ 线性无关.

例 3.3.3 设 $\boldsymbol{A}$ 与 $\boldsymbol{B}$ 均为 $m \times n$ 矩阵, 求证

$$R(\boldsymbol{A}+\boldsymbol{B}) \leqslant R(\boldsymbol{A}) + R(\boldsymbol{B}).$$

证明 设 $\boldsymbol{A}$ 的列向量为 $\boldsymbol{\alpha}_1, \boldsymbol{\alpha}_2, \cdots, \boldsymbol{\alpha}_n$, $\boldsymbol{B}$ 的列向量为 $\boldsymbol{\beta}_1, \boldsymbol{\beta}_2, \cdots, \boldsymbol{\beta}_n$, 矩阵 $\boldsymbol{A}+\boldsymbol{B}$ 的列向量为 $\boldsymbol{\gamma}_1, \boldsymbol{\gamma}_2, \cdots, \boldsymbol{\gamma}_n$, 则由

$$\boldsymbol{\gamma}_1 = \boldsymbol{\alpha}_1 + \boldsymbol{\beta}_1, \quad \boldsymbol{\gamma}_2 = \boldsymbol{\alpha}_2 + \boldsymbol{\beta}_2, \quad \cdots, \quad \boldsymbol{\gamma}_n = \boldsymbol{\alpha}_n + \boldsymbol{\beta}_n,$$

可知, 向量组 $\boldsymbol{\gamma}_1, \boldsymbol{\gamma}_2, \cdots, \boldsymbol{\gamma}_n$ 可由向量组 $\boldsymbol{\alpha}_1, \cdots, \boldsymbol{\alpha}_n, \boldsymbol{\beta}_1, \cdots, \boldsymbol{\beta}_n$ 线性表示.

另一方面, 如果 $\boldsymbol{\alpha}_{j_1}, \boldsymbol{\alpha}_{j_2}, \cdots, \boldsymbol{\alpha}_{j_s}$ 与 $\boldsymbol{\beta}_{i_1}, \boldsymbol{\beta}_{i_2}, \cdots, \boldsymbol{\beta}_{i_t}$ 分别为 $\boldsymbol{A}$ 与 $\boldsymbol{B}$ 的列向量组的极大无关组, 则 $\boldsymbol{A}+\boldsymbol{B}$ 的列向量组可由向量组 $\boldsymbol{\alpha}_{j_1}, \boldsymbol{\alpha}_{j_2}, \cdots, \boldsymbol{\alpha}_{j_s}, \boldsymbol{\beta}_{i_1}, \boldsymbol{\beta}_{i_2}, \cdots, \boldsymbol{\beta}_{i_t}$ 线性表示, 故

$$R(\boldsymbol{A}+\boldsymbol{B}) \leqslant R(\boldsymbol{\alpha}_{j_1}, \boldsymbol{\alpha}_{j_2}, \cdots, \boldsymbol{\alpha}_{j_s}, \boldsymbol{\beta}_{i_1}, \boldsymbol{\beta}_{i_2}, \cdots, \boldsymbol{\beta}_{i_t}) \leqslant j_s + i_t,$$

从而由 $R(\boldsymbol{A}) = j_s$, $R(\boldsymbol{B}) = i_t$ 可得

$$R(\boldsymbol{A}+\boldsymbol{B}) \leqslant R(\boldsymbol{A}) + R(\boldsymbol{B}).$$

习题 3.3

3.3.1 求下列向量组的一个极大无关组和秩, 并用极大无关组线性表示每个向量.

(1) $\boldsymbol{\alpha}_1 = \begin{pmatrix} 1 \\ 0 \\ -2 \end{pmatrix}, \quad \boldsymbol{\alpha}_2 = \begin{pmatrix} 2 \\ 1 \\ 3 \end{pmatrix}, \quad \boldsymbol{\alpha}_3 = \begin{pmatrix} 5 \\ 1 \\ -3 \end{pmatrix};$

(2) $\boldsymbol{\alpha}_1 = \begin{pmatrix} 2 \\ 3 \\ 0 \\ -1 \end{pmatrix}, \quad \boldsymbol{\alpha}_2 = \begin{pmatrix} 0 \\ 7 \\ -4 \\ 5 \end{pmatrix}, \quad \boldsymbol{\alpha}_3 = \begin{pmatrix} 3 \\ 1 \\ 2 \\ 4 \end{pmatrix};$

(3) $\boldsymbol{\alpha}_1 = \begin{pmatrix} 2 \\ 2 \\ 0 \\ -3 \end{pmatrix}, \quad \boldsymbol{\alpha}_2 = \begin{pmatrix} 0 \\ 2 \\ 5 \\ 8 \end{pmatrix}, \quad \boldsymbol{\alpha}_3 = \begin{pmatrix} 2 \\ -2 \\ -10 \\ -19 \end{pmatrix};$

(4) $\boldsymbol{\alpha}_1=\begin{pmatrix}1\\-1\\2\\4\end{pmatrix}$, $\boldsymbol{\alpha}_2=\begin{pmatrix}0\\3\\1\\2\end{pmatrix}$, $\boldsymbol{\alpha}_3=\begin{pmatrix}3\\0\\7\\14\end{pmatrix}$.

3.3.2 设 $R(\boldsymbol{\alpha}_1, \cdots, \boldsymbol{\alpha}_t)=r$, 证明： $\boldsymbol{\alpha}_1, \cdots, \boldsymbol{\alpha}_{t-1}$ 的秩为 r 或 $r-1$, 进一步证明

$$R(\boldsymbol{\alpha}_1, \cdots, \boldsymbol{\alpha}_{t-s}) \geqslant r-s.$$

3.3.3 设 $\boldsymbol{\alpha}_1,\boldsymbol{\alpha}_2,\boldsymbol{\alpha}_3$ 与 $\boldsymbol{\alpha}_2,\boldsymbol{\alpha}_3,\boldsymbol{\alpha}_4$ 均线性无关，求 $R(\boldsymbol{\alpha}_1,\boldsymbol{\alpha}_2,\boldsymbol{\alpha}_3,\boldsymbol{\alpha}_4)$, 并说明理由.

3.3.4 证明可逆矩阵的任意 r 行必线性无关.

3.3.5 证明：矩阵 $\boldsymbol{A}$ 可逆当且仅当 $\boldsymbol{A}$ 的诸行线性无关，诸列也线性无关.

3.3.6 设 $R(\boldsymbol{\alpha}_1,\boldsymbol{\alpha}_2,\boldsymbol{\alpha}_3,\boldsymbol{\alpha}_4,\boldsymbol{\alpha}_5)=4$, $R(\boldsymbol{\alpha}_1,\boldsymbol{\alpha}_2,\boldsymbol{\alpha}_3,\boldsymbol{\alpha}_4)=3$, $R(\boldsymbol{\alpha}_1,\boldsymbol{\alpha}_2,\boldsymbol{\alpha}_3)=3$, 证明

$$R(\boldsymbol{\alpha}_1,\boldsymbol{\alpha}_2,\boldsymbol{\alpha}_3,\boldsymbol{\alpha}_5-\boldsymbol{\alpha}_4)=4.$$

3.3.7 设 $\boldsymbol{\alpha}_1, \boldsymbol{\alpha}_2,\cdots, \boldsymbol{\alpha}_r$ 线性无关且可由向量组 $\boldsymbol{\beta}_1, \boldsymbol{\beta}_2,\cdots, \boldsymbol{\beta}_s$ 线性表示，证明 $s\geqslant r$.

3.3.8 设 $\boldsymbol{\alpha}_1, \boldsymbol{\alpha}_2,\cdots, \boldsymbol{\alpha}_r$ 可由向量组 $\boldsymbol{\beta}_1, \boldsymbol{\beta}_2,\cdots,\boldsymbol{\beta}_s$ 线性表示，且 $r>s$, 证明向量组 $\boldsymbol{\alpha}_1, \boldsymbol{\alpha}_2,\cdots,\boldsymbol{\alpha}_r$ 线性相关.

3.3.9 已知 n 阶单位矩阵 $\boldsymbol{E}$ 的列向量 $\boldsymbol{\varepsilon}_1, \boldsymbol{\varepsilon}_2,\cdots,\boldsymbol{\varepsilon}_n$ 可由向量组 $\boldsymbol{\alpha}_1, \boldsymbol{\alpha}_2,\cdots,\boldsymbol{\alpha}_n$ 线性表示，证明 $\boldsymbol{\alpha}_1, \boldsymbol{\alpha}_2,\cdots,\boldsymbol{\alpha}_n$ 线性无关.

3.3.10 设向量组 $\boldsymbol{\alpha}_1, \boldsymbol{\alpha}_2,\cdots,\boldsymbol{\alpha}_t$ 的秩为 r, 证明：$\boldsymbol{\alpha}_1, \boldsymbol{\alpha}_2,\cdots,\boldsymbol{\alpha}_t$ 中任意 r 个线性无关向量构成的向量组必为 $\boldsymbol{\alpha}_1, \boldsymbol{\alpha}_2,\cdots,\boldsymbol{\alpha}_t$ 的一个极大无关组.

3.4 向量空间

3.4.1 $\mathbb{R}^n$ 空间与子空间

对于 n 维实向量全体构成的集合 $\mathbb{R}^n$, 即

$$\mathbb{R}^n=\left\{\begin{pmatrix}x_1\\x_2\\\vdots\\x_n\end{pmatrix}\middle|\ x_1, x_2,\cdots,x_n\in\mathbb{R}\right\},$$

如果在 $\mathbb{R}^n$ 上定义了向量的加法运算和数乘运算，此时称 $\mathbb{R}^n$ 为 n 维向量空间，也简称为 $\mathbb{R}^n$ 空间.

例如，我们熟知的 2 维向量空间和 3 维向量空间分别为

$$\mathbb{R}^2=\left\{\begin{pmatrix}x\\y\end{pmatrix}\middle|\ x, y\in\mathbb{R}\right\},\quad \mathbb{R}^3=\left\{\begin{pmatrix}x\\y\\z\end{pmatrix}\middle|\ x, y, z\in\mathbb{R}\right\}.$$

定义 3.4.1 设 V 为 $\mathbb{R}^n$ 的一个非空子集，如果对 $\forall\,\boldsymbol{\alpha},\ \boldsymbol{\beta}\in V$ 及 $\forall\,k\in\mathbb{R}$, 都有 $\boldsymbol{\alpha}+\boldsymbol{\beta}\in V,\ k\boldsymbol{\alpha}\in V$, 则称 V 为 $\mathbb{R}^n$ 的一个向量子空间，简称子空间.

显然，只含有零向量的集合 $\{O\}$ 与 $\mathbb{R}^n$ 均为 $\mathbb{R}^n$ 空间的子空间，称子空间 $\{O\}$ 为零子空间. 从定义可以看出 $\mathbb{R}^n$ 的任一子空间都包含零向量. 在 3 维几何空间中，通过坐标原点的直线方程可写为

$$\frac{x}{a}=\frac{y}{b}=\frac{z}{c}\quad(a^2+b^2+c^2\neq 0),$$

该直线上的全体点构成的集合

$$\left\{\begin{pmatrix}x\\y\\z\end{pmatrix}\middle|\ \frac{x}{a}=\frac{y}{b}=\frac{z}{c},\ x,\ y,\ z\in\mathbb{R}\right\}$$

是 $\mathbb{R}^3$ 的一个子空间；通过坐标原点的平面方程可写为

$$Ax+By+Cz=0\quad(A^2+B^2+C^2\neq 0),$$

该平面上的全体点构成的集合

$$\{(x,y,z)^{\mathrm{T}}\mid Ax+By+Cz=0,\ x,\ y,\ z\in\mathbb{R}\}$$

是 $\mathbb{R}^3$ 的一个子空间.

例 3.4.1 判断集合 $V_1=\{(x,y,0,z)^{\mathrm{T}}\mid x+z=0,\ x,\ y,\ z\in\mathbb{R}\}$ 是否为 $\mathbb{R}^4$ 空间的子空间.

解 对 $\forall\,\boldsymbol{\alpha}=(a_1,a_2,0,a_4)^{\mathrm{T}}\in V_1,\boldsymbol{\beta}=(b_1,b_2,0,b_4)^{\mathrm{T}}\in V_1$ 及 $\forall\,k\in\mathbb{R}$, 则

$$\boldsymbol{\alpha}+\boldsymbol{\beta}=(a_1+b_1,a_2+b_2,0,a_4+b_4)^{\mathrm{T}},\quad k\boldsymbol{\alpha}=(ka_1,ka_2,0,ka_4)^{\mathrm{T}},$$

并由 $a_1+a_4=0,\ b_1+b_4=0$ 可得

$$(a_1+b_1)+(a_4+b_4)=0,\quad ka_1+ka_4=k(a_1+a_4)=0,$$

从而 $\boldsymbol{\alpha}+\boldsymbol{\beta}\in V_1,\ k\boldsymbol{\alpha}\in V_1$, 即 V_1 是 $\mathbb{R}^4$ 的一个子空间.

3.4.2 子空间的基与维数

定义 3.4.2 设 V 是 $\mathbb{R}^n$ 的一个非零子空间，如果向量组 $\boldsymbol{\alpha}_1,\ \boldsymbol{\alpha}_2,\cdots,\boldsymbol{\alpha}_r$ 是 V 的一个极大无关组，则称向量组 $\boldsymbol{\alpha}_1,\ \boldsymbol{\alpha}_2,\cdots,\boldsymbol{\alpha}_r$ 为子空间 V 的一个基，称 r 为 V 的维数，并称 V 是 $\mathbb{R}^n$ 的 r 维子空间.

由定义 3.4.2 可知，非零子空间 V 的任意两个基向量组是等价的. 显然，n 维单位向量组 $\boldsymbol{\varepsilon}_1,\ \boldsymbol{\varepsilon}_2,\cdots,\boldsymbol{\varepsilon}_n$ 为 $\mathbb{R}^n$ 空间的一组基，且 $\mathbb{R}^n$ 可表示为

$$\mathbb{R}^n=\{x_1\boldsymbol{\varepsilon}_1+x_2\boldsymbol{\varepsilon}_2+\cdots+x_n\boldsymbol{\varepsilon}_n\mid x_1,\ x_2,\cdots,x_n\in\mathbb{R}\},$$

$\mathbb{R}^n$ 空间的维数为 n. 规定零子空间的维数为 0. 在例 3.4.1 中, 4 维向量组 $\varepsilon_1-\varepsilon_4$, ε_2 和向量组 $-2\varepsilon_1+2\varepsilon_4$, $3\varepsilon_2$ 都是 V_1 的基, V_1 的维数为 2.

设 $\boldsymbol{\alpha}_1$, $\boldsymbol{\alpha}_2,\cdots,\boldsymbol{\alpha}_m$ 为不全为零的 n 维向量, 则容易验证

$$\{k_1\boldsymbol{\alpha}_1+k_2\boldsymbol{\alpha}_2+\cdots+k_m\boldsymbol{\alpha}_m \mid k_1,\ k_2,\cdots,k_m\in\mathbb{R}\}$$

是 $\mathbb{R}^n$ 的一个子空间, 记为 $L(\boldsymbol{\alpha}_1,\ \boldsymbol{\alpha}_2,\cdots,\boldsymbol{\alpha}_m)$. 我们称 $L(\boldsymbol{\alpha}_1,\ \boldsymbol{\alpha}_2,\cdots,\boldsymbol{\alpha}_m)$ 为由向量 $\boldsymbol{\alpha}_1$, $\boldsymbol{\alpha}_2,\cdots,\boldsymbol{\alpha}_m$ 生成的子空间, 它的基就是向量组 $\boldsymbol{\alpha}_1$, $\boldsymbol{\alpha}_2,\cdots,\boldsymbol{\alpha}_m$ 的极大无关组, 维数就是向量组 $\boldsymbol{\alpha}_1$, $\boldsymbol{\alpha}_2,\cdots,\boldsymbol{\alpha}_m$ 的秩.

例 3.4.2 设 V 是由向量

$$\boldsymbol{\alpha}_1=\begin{pmatrix}1\\0\\1\\1\end{pmatrix},\ \boldsymbol{\alpha}_2=\begin{pmatrix}2\\1\\2\\4\end{pmatrix},\ \boldsymbol{\alpha}_3=\begin{pmatrix}-1\\0\\-1\\-1\end{pmatrix},\ \boldsymbol{\alpha}_4=\begin{pmatrix}1\\-1\\-2\\-1\end{pmatrix},\ \boldsymbol{\alpha}_5=\begin{pmatrix}1\\2\\0\\5\end{pmatrix}$$

生成的子空间, 求 V 的一组基和维数.

解 设 $\boldsymbol{A}=(\boldsymbol{\alpha}_1\ \boldsymbol{\alpha}_2\ \boldsymbol{\alpha}_3\ \boldsymbol{\alpha}_4\ \boldsymbol{\alpha}_5)$, 对矩阵 $\boldsymbol{A}$ 施以行初等变换, 得

$$\boldsymbol{A}=\begin{pmatrix}1&2&-1&1&1\\0&1&0&-1&2\\1&2&-1&-2&0\\1&4&-1&-1&5\end{pmatrix}\to\begin{pmatrix}1&2&-1&1&1\\0&1&0&-1&2\\0&0&0&-3&-1\\0&0&0&0&0\end{pmatrix},$$

从而 $\boldsymbol{\alpha}_1$, $\boldsymbol{\alpha}_2$, $\boldsymbol{\alpha}_4$ 为 V 的一个基, V 的维数为 3.

3.4.3 基变换与坐标变换

设 V 是 $\mathbb{R}^n$ 的一个非零子空间, $\boldsymbol{\alpha}_1$, $\boldsymbol{\alpha}_2,\cdots,\boldsymbol{\alpha}_r$ 为 V 的一组基, 则对 $\forall\,\boldsymbol{\alpha}\in V$, 存在唯一的一组数 x_1, $x_2,\cdots,x_r$, 使得

$$\boldsymbol{\alpha}=x_1\boldsymbol{\alpha}_1+x_2\boldsymbol{\alpha}_2+\cdots+k_r\boldsymbol{\alpha}_r.$$

此时, 称数 k_1, $k_2,\cdots,k_r$ 为 $\boldsymbol{\alpha}$ 在基 $\boldsymbol{\alpha}_1$, $\boldsymbol{\alpha}_2,\cdots,\boldsymbol{\alpha}_r$ 下的坐标, 记为 $(x_1,x_2,\cdots,x_r)$.

例如, 在例 3.4.2 中, 对矩阵 A 继续施以行初等变换, 得

$$A=\begin{pmatrix}1&2&-1&1&1\\0&1&0&-1&2\\1&2&-1&-2&0\\1&4&-1&-1&5\end{pmatrix}\to\begin{pmatrix}1&0&-1&12&0\\0&1&0&-7&0\\0&0&0&3&1\\0&0&0&0&0\end{pmatrix}$$

故向量组 $\boldsymbol{\alpha}_1$, $\boldsymbol{\alpha}_2$, $\boldsymbol{\alpha}_5$ 也是向量空间 V 的一组基, 并由

$$\boldsymbol{\alpha}_4=12\boldsymbol{\alpha}_1-7\boldsymbol{\alpha}_2+3\boldsymbol{\alpha}_5$$

可知，向量 $\boldsymbol{\alpha}_4$ 在基 $\boldsymbol{\alpha}_1$，$\boldsymbol{\alpha}_2$，$\boldsymbol{\alpha}_5$ 下的坐标为 $(12,-7,3)$.

特别地，n 维向量 $\boldsymbol{\alpha}=(a_1,a_2,\cdots,a_n)^{\mathrm{T}}$ 在 $\mathbb{R}^n$ 的基 ε_1，$\varepsilon_2,\cdots,\varepsilon_n$ 下可表示为

$$\boldsymbol{\alpha}=a_1\varepsilon_1+a_2\varepsilon_2+\cdots+a_n\varepsilon_n,$$

故向量 $\boldsymbol{\alpha}$ 在基 ε_1，$\varepsilon_2,\cdots,\varepsilon_n$ 下的坐标为 $(a_1,a_2,\cdots,a_n)$. 通常称 ε_1，$\varepsilon_2,\cdots,\varepsilon_n$ 为 $\mathbb{R}^n$ 的一个自然基.

容易验证，非零向量空间的基不是唯一的. 下面讨论基与基之间的变换公式.

设 $\boldsymbol{\xi}_1$，$\boldsymbol{\xi}_2,\cdots,\boldsymbol{\xi}_r$ 和 $\boldsymbol{\eta}_1$，$\boldsymbol{\eta}_2,\cdots,\boldsymbol{\eta}_r$ 均为 $\mathbb{R}^n$ 的子空间 V 的基，则由基的定义可知，存在 r 组数 a_{1j}，a_{2j}，$\cdots$，a_{rj}，$j=1,2,\cdots,r$，使得

$$\begin{cases}\boldsymbol{\eta}_1=a_{11}\boldsymbol{\xi}_1+a_{12}\boldsymbol{\xi}_2+\cdots+a_{1r}\boldsymbol{\xi}_r,\\ \boldsymbol{\eta}_2=a_{21}\boldsymbol{\xi}_1+a_{22}\boldsymbol{\xi}_2+\cdots+a_{2r}\boldsymbol{\xi}_r,\\ \cdots\cdots\cdots\cdots\cdots\cdots\cdots\cdots\cdots\\ \boldsymbol{\eta}_r=a_{r1}\boldsymbol{\xi}_1+a_{r2}\boldsymbol{\xi}_2+\cdots+a_{rr}\boldsymbol{\xi}_r.\end{cases}\tag{3.4.1}$$

称此方程组为从基 $\boldsymbol{\xi}_1$，$\boldsymbol{\xi}_2,\cdots,\boldsymbol{\xi}_r$ 到基 $\boldsymbol{\eta}_1$，$\boldsymbol{\eta}_2,\cdots,\boldsymbol{\eta}_r$ 的基变换公式，称其系数矩阵

$$\boldsymbol{A}=\begin{pmatrix}a_{11}&a_{21}&\cdots&a_{r1}\\ a_{12}&a_{22}&\cdots&a_{r2}\\ \cdots&\cdots&\cdots&\cdots\\ a_{1r}&a_{2r}&\cdots&a_{rr}\end{pmatrix}$$

为从基 $\boldsymbol{\xi}_1$，$\boldsymbol{\xi}_2,\cdots,\boldsymbol{\xi}_r$ 到基 $\boldsymbol{\eta}_1$，$\boldsymbol{\eta}_2,\cdots,\boldsymbol{\eta}_r$ 的过渡矩阵.

利用矩阵运算，从基 $\boldsymbol{\xi}_1$，$\boldsymbol{\xi}_2,\cdots,\boldsymbol{\xi}_r$ 到基 $\boldsymbol{\eta}_1$，$\boldsymbol{\eta}_2,\cdots,\boldsymbol{\eta}_r$ 的基变换公式可表示为

$$(\boldsymbol{\eta}_1\ \boldsymbol{\eta}_2\ \cdots\ \boldsymbol{\eta}_r)=(\boldsymbol{\xi}_1\ \boldsymbol{\xi}_2\ \cdots\ \boldsymbol{\xi}_r)\begin{pmatrix}a_{11}&a_{21}&\cdots&a_{r1}\\ a_{12}&a_{22}&\cdots&a_{r2}\\ \cdots&\cdots&\cdots&\cdots\\ a_{1r}&a_{2r}&\cdots&a_{rr}\end{pmatrix}.\tag{3.4.2}$$

由于矩阵乘积的秩小于或等于因子矩阵的秩，从而由

$$r=R(\boldsymbol{\eta}_1,\boldsymbol{\eta}_2,\cdots,\boldsymbol{\eta}_r)\leqslant R(\boldsymbol{A})\leqslant r$$

可知，过渡矩阵 $\boldsymbol{A}$ 的秩为 r，从而过渡矩阵 $\boldsymbol{A}$ 为可逆矩阵.

下面讨论在不同基下的坐标变换公式.

对 $\forall\,\boldsymbol{\alpha}\in V$，如果向量 $\boldsymbol{\alpha}$ 在基 $\boldsymbol{\xi}_1$，$\boldsymbol{\xi}_2,\cdots,\boldsymbol{\xi}_r$ 下的坐标为 $(x_1,x_2,\cdots,x_r)$，而在基 $\boldsymbol{\eta}_1$，$\boldsymbol{\eta}_2,\cdots,\boldsymbol{\eta}_r$ 下的坐标为 $(y_1,y_2,\cdots,y_r)$，则

$$\boldsymbol{\alpha}=x_1\boldsymbol{\xi}_1+x_2\boldsymbol{\xi}_2+\cdots+x_r\boldsymbol{\xi}_r=y_1\boldsymbol{\eta}_1+y_2\boldsymbol{\eta}_2+\cdots+y_r\boldsymbol{\eta}_r,$$

故由基变换公式 (3.4.1) 可得

$$\begin{aligned}\boldsymbol{\alpha} &= x_1\boldsymbol{\xi}_1 + x_2\boldsymbol{\xi}_2 + \cdots + x_r\boldsymbol{\xi}_r \\ &= \Big(\sum_{k=1}^{r} a_{k1}y_k\Big)\boldsymbol{\xi}_1 + \Big(\sum_{k=1}^{r} a_{k2}y_k\Big)\boldsymbol{\xi}_2 + \cdots + \Big(\sum_{k=1}^{r} a_{kr}y_k\Big)\boldsymbol{\xi}_r,\end{aligned}$$

从而由向量 $\boldsymbol{\alpha}$ 在基 $\boldsymbol{\xi}_1, \boldsymbol{\xi}_2, \cdots, \boldsymbol{\xi}_r$ 下的坐标是唯一的，得

$$\begin{cases} x_1 = a_{11}y_1 + a_{21}y_2 + \cdots + a_{r1}y_r, \\ x_2 = a_{12}y_1 + a_{22}y_2 + \cdots + a_{r2}y_r, \\ \cdots\ \cdots\ \cdots\ \cdots\ \cdots\ \cdots\ \cdots\ \cdots\ \cdots \\ x_r = a_{1r}y_1 + a_{2r}y_2 + \cdots + a_{rr}y_r. \end{cases}$$

利用过渡矩阵 $\boldsymbol{A}$, 此方程组可写为

$$\begin{pmatrix} x_1 \\ x_2 \\ \vdots \\ x_r \end{pmatrix} = \boldsymbol{A}\begin{pmatrix} y_1 \\ y_2 \\ \vdots \\ y_r \end{pmatrix} = \begin{pmatrix} a_{11} & a_{21} & \cdots & a_{r1} \\ a_{12} & a_{22} & \cdots & a_{r2} \\ \cdots & \cdots & \cdots & \cdots \\ a_{1r} & a_{2r} & \cdots & a_{rr} \end{pmatrix}\begin{pmatrix} y_1 \\ y_2 \\ \vdots \\ y_r \end{pmatrix}$$

或

$$\begin{pmatrix} y_1 \\ y_2 \\ \vdots \\ y_r \end{pmatrix} = \boldsymbol{A}^{-1}\begin{pmatrix} x_1 \\ x_2 \\ \vdots \\ x_r \end{pmatrix} = \begin{pmatrix} a_{11} & a_{21} & \cdots & a_{r1} \\ a_{12} & a_{22} & \cdots & a_{r2} \\ \cdots & \cdots & \cdots & \cdots \\ a_{1r} & a_{2r} & \cdots & a_{rr} \end{pmatrix}^{-1}\begin{pmatrix} x_1 \\ x_2 \\ \vdots \\ x_r \end{pmatrix}.$$

上面的两个式子统称为坐标变换公式.

例 3.4.3 求从 $\mathbb{R}^3$ 空间的基 $\boldsymbol{\xi}_1 = (0,1,1)^{\mathrm{T}}$, $\boldsymbol{\xi}_2 = (-1,1,0)^{\mathrm{T}}$, $\boldsymbol{\xi}_3 = (1,2,2)^{\mathrm{T}}$ 到基 $\boldsymbol{\eta}_1 = (1,0,-1)^{\mathrm{T}}$, $\boldsymbol{\eta}_2 = (2,1,1)^{\mathrm{T}}$, $\boldsymbol{\eta}_3 = (1,1,1)^{\mathrm{T}}$ 的过渡矩阵及向量 $\boldsymbol{\alpha} = (3,0,1)^{\mathrm{T}}$ 在基 $\boldsymbol{\xi}_1, \boldsymbol{\xi}_2, \boldsymbol{\xi}_3$ 下的坐标.

解 设 $\boldsymbol{B} = (\boldsymbol{\xi}_1\ \boldsymbol{\xi}_2\ \boldsymbol{\xi}_3)$, $\boldsymbol{C} = (\boldsymbol{\eta}_1\ \boldsymbol{\eta}_2\ \boldsymbol{\eta}_3)$, 从基 $\boldsymbol{\xi}_1, \boldsymbol{\xi}_2, \boldsymbol{\xi}_3$ 到基 $\boldsymbol{\eta}_1, \boldsymbol{\eta}_2, \boldsymbol{\eta}_3$ 的过渡矩阵为 $\boldsymbol{A}$, 则对矩阵 $(\boldsymbol{B}\ \boldsymbol{E}_3)$ 施以行初等变换，得

$$\begin{aligned}(\boldsymbol{B}\ \boldsymbol{E}_3) &= \begin{pmatrix} 0 & -1 & 1 & 1 & 0 & 0 \\ 1 & 1 & 2 & 0 & 1 & 0 \\ 1 & 0 & 2 & 0 & 0 & 1 \end{pmatrix} \longrightarrow \begin{pmatrix} 1 & 0 & 3 & 1 & 1 & 0 \\ 1 & 1 & 2 & 0 & 1 & 0 \\ 1 & 0 & 2 & 0 & 0 & 1 \end{pmatrix} \\ &\longrightarrow \begin{pmatrix} 1 & 0 & 3 & 1 & 1 & 0 \\ 0 & 1 & -1 & -1 & 0 & 0 \\ 0 & 0 & -1 & -1 & -1 & 1 \end{pmatrix} \longrightarrow \begin{pmatrix} 1 & 0 & 0 & -2 & -2 & 3 \\ 0 & 1 & 0 & 0 & 1 & -1 \\ 0 & 0 & 1 & 1 & 1 & -1 \end{pmatrix},\end{aligned}$$

故矩阵 $\boldsymbol{B}$ 为可逆矩阵，且

$$\boldsymbol{B}^{-1}=\begin{pmatrix}-2&-2&3\\0&1&-1\\1&1&-1\end{pmatrix},$$

从而由 $\boldsymbol{C}=\boldsymbol{BA}$ 可得

$$\boldsymbol{A}=\boldsymbol{B}^{-1}\boldsymbol{C}=\begin{pmatrix}-2&-2&3\\0&1&-1\\1&1&-1\end{pmatrix}\begin{pmatrix}1&2&1\\0&1&1\\-1&1&1\end{pmatrix}=\begin{pmatrix}-5&-3&-1\\1&0&0\\2&2&1\end{pmatrix}.$$

设 $\boldsymbol{\alpha}$ 在基 $\boldsymbol{\xi}_1$, $\boldsymbol{\xi}_2$, $\boldsymbol{\xi}_3$ 下的坐标为 (x_1,x_2,x_3), 则由

$$\boldsymbol{\alpha}=x_1\boldsymbol{\xi}_1+x_2\boldsymbol{\xi}_2+x_3\boldsymbol{\xi}_3=(\boldsymbol{\xi}_1\ \boldsymbol{\xi}_2\ \boldsymbol{\xi}_3)\begin{pmatrix}x_1\\x_2\\x_3\end{pmatrix}$$

可得

$$\begin{pmatrix}x_1\\x_2\\x_3\end{pmatrix}=\boldsymbol{B}^{-1}\boldsymbol{\alpha}=\begin{pmatrix}-2&-2&3\\0&1&-1\\1&1&-1\end{pmatrix}\begin{pmatrix}3\\0\\1\end{pmatrix}=\begin{pmatrix}-3\\-1\\2\end{pmatrix},$$

从而向量 $\boldsymbol{\alpha}$ 在基 $\boldsymbol{\xi}_1$, $\boldsymbol{\xi}_2$, $\boldsymbol{\xi}_3$ 下的坐标为 $(-3,-1,2)$, 即

$$\boldsymbol{\alpha}=-3\boldsymbol{\xi}_1-\boldsymbol{\xi}_2+2\boldsymbol{\xi}_3.$$

3.4.4　向量的内积

我们在前面介绍了 n 维向量空间及其子空间，还有它们的基、维数及坐标的概念. 但二维、三维几何空间中我们有很多结果是以向量的长度、夹角等概念为基础的，现在将这些概念推广到 $\mathbb{R}^n$ 中，并介绍一种重要的矩阵 —— 正交阵.

在二维空间 $\mathbb{R}^2$ 中，向量 $\boldsymbol{\alpha}=(x_1,x_2)^{\mathrm{T}}$ 与向量 $\boldsymbol{\beta}=(y_1,y_2)^{\mathrm{T}}$ 的点乘积为

$$\boldsymbol{\alpha}\cdot\boldsymbol{\beta}=|\boldsymbol{\alpha}||\boldsymbol{\beta}|\cos\theta,$$

其中 $|\boldsymbol{\alpha}|$, $|\boldsymbol{\beta}|$ 分别为向量 $\boldsymbol{\alpha}$ 和向量 $\boldsymbol{\beta}$ 的长度， θ 为 $\boldsymbol{\alpha}$ 和 $\boldsymbol{\beta}$ 的夹角，即

$$|\boldsymbol{\alpha}|=\sqrt{x_1^2+x_2^2},\ \ |\boldsymbol{\beta}|=\sqrt{y_1^2+y_2^2}.$$

我们利用坐标可得

$$\boldsymbol{\alpha}\cdot\boldsymbol{\beta}=x_1y_1+x_2y_2.$$

在三维空间中我们也有类似的结论，由此先将点乘积和长度推广到 $\mathbb{R}^n$ 中.

定义 3.4.3 设 $\boldsymbol{\alpha}=(a_1,a_2\cdots,a_n)^{\mathrm{T}}$, $\boldsymbol{\beta}=(b_1,b_2,\cdots,b_n)^{\mathrm{T}}$ 为 $\mathbb{R}^n$ 中任意两个向量，称数 $a_1b_1+a_2b_2+\cdots+a_nb_n$ 为向量 $\boldsymbol{\alpha}$ 与 $\boldsymbol{\beta}$ 的内积，记为 $\langle\boldsymbol{\alpha},\boldsymbol{\beta}\rangle$, 即

$$\langle\boldsymbol{\alpha},\boldsymbol{\beta}\rangle=a_1b_1+a_2b_2+\cdots+a_nb_n.$$

例如，在空间 $\mathbb{R}^4$ 中，如果 $\boldsymbol{\alpha}=(1,-2,3,4)^{\mathrm{T}}$, $\boldsymbol{\beta}=(3,4,-5,6)^{\mathrm{T}}$, 则

$$\langle\boldsymbol{\alpha},\boldsymbol{\beta}\rangle=1\times 3+(-2)\times 4+3\times(-5)+4\times 6=4.$$

由内积的定义及矩阵乘法运算可知，向量 $\boldsymbol{\alpha}$ 与 $\boldsymbol{\beta}$ 的内积可表示为

$$\langle\boldsymbol{\alpha},\boldsymbol{\beta}\rangle=\boldsymbol{\alpha}^{\mathrm{T}}\boldsymbol{\beta}=\boldsymbol{\beta}^{\mathrm{T}}\boldsymbol{\alpha}.$$

容易验证，内积具有以下基本性质：

(1) 对 $\forall\,\boldsymbol{\alpha},\ \boldsymbol{\beta}\in\mathbb{R}^n$, 有

$$\langle\boldsymbol{\alpha},\boldsymbol{\beta}\rangle=\langle\boldsymbol{\beta},\boldsymbol{\alpha}\rangle;$$

(2) 对 $\forall\,\boldsymbol{\alpha},\ \boldsymbol{\beta},\ \boldsymbol{\gamma}\in\mathbb{R}^n$, 有

$$\langle\boldsymbol{\alpha}+\boldsymbol{\beta},\boldsymbol{\gamma}\rangle=\langle\boldsymbol{\alpha},\boldsymbol{\gamma}\rangle+\langle\boldsymbol{\beta},\boldsymbol{\gamma}\rangle;$$

(3) 对 $\forall\,\boldsymbol{\alpha},\ \boldsymbol{\beta}\in\mathbb{R}^n$ 及 $\forall\,k\in\mathbb{R}$, 有

$$\langle k\boldsymbol{\alpha},\boldsymbol{\beta}\rangle=\langle\boldsymbol{\alpha},k\boldsymbol{\beta}\rangle=k\,\langle\boldsymbol{\alpha},\boldsymbol{\beta}\rangle;$$

(4) 对 $\forall\,\boldsymbol{\alpha}\in\mathbb{R}^n$, 有 $\langle\boldsymbol{\alpha},\boldsymbol{\alpha}\rangle\geqslant 0$, 且 $\langle\boldsymbol{\alpha},\boldsymbol{\alpha}\rangle=0$ 当且仅当 $\boldsymbol{\alpha}=0$.

定义 3.4.4 设 $\boldsymbol{\alpha}=(a_1,a_2,\cdots,a_n)^{\mathrm{T}}\in\mathbb{R}^n$, 称数 $\sqrt{\langle\boldsymbol{\alpha},\boldsymbol{\alpha}\rangle}$ 为向量 $\boldsymbol{\alpha}$ 的长度或模，记为 $|\boldsymbol{\alpha}|$, 即

$$|\boldsymbol{\alpha}|=\sqrt{a_1^2+a_2^2+\cdots+a_n^2}.$$

特别地，如果 $|\boldsymbol{\alpha}|=1$, 则称 $\boldsymbol{\alpha}$ 为单位向量.

由性质 (3) 可知，对任何非零向量 $\boldsymbol{\alpha}$, 向量 $\dfrac{1}{|\boldsymbol{\alpha}|}\boldsymbol{\alpha}$ 为单位向量. 例如，

$$\left|\begin{pmatrix}1\\0\end{pmatrix}\right|=1,\quad \left|\begin{pmatrix}1\\2\end{pmatrix}\right|=\sqrt{1+4}=\sqrt{5},\quad \frac{1}{\sqrt{5}}\left|\begin{pmatrix}1\\2\end{pmatrix}\right|=1.$$

在 $\mathbb{R}^n$ 空间中，我们有了内积和长度的概念就可以定义两向量间的夹角. 为此我们需要下面的 Cauchy—Schwarz① 不等式，即对 $\forall\,\boldsymbol{\alpha},\ \boldsymbol{\beta}\in\mathbb{R}^n$, 有

$$\langle\boldsymbol{\alpha},\boldsymbol{\beta}\rangle^2\leqslant\langle\boldsymbol{\alpha},\boldsymbol{\alpha}\rangle\langle\boldsymbol{\beta},\boldsymbol{\beta}\rangle=|\boldsymbol{\alpha}|\,|\boldsymbol{\beta}|.$$

事实上，对 $\forall\,\boldsymbol{\alpha},\ \boldsymbol{\beta}\in\mathbb{R}^n$, 如果 $\boldsymbol{\alpha}=0$ 或 $\boldsymbol{\beta}=0$, 不等式

$$\langle\boldsymbol{\alpha},\boldsymbol{\beta}\rangle^2\leqslant\langle\boldsymbol{\alpha},\boldsymbol{\alpha}\rangle\langle\boldsymbol{\beta},\boldsymbol{\beta}\rangle$$

① Cauchy，柯西， 1789—1857. Schwarz，施瓦茨， 1843—1921.

显然成立，故不妨设 $\boldsymbol{\alpha} \neq 0$，从而由内积的性质可知，对 $\forall\, x \in \mathbb{R}$，有

$$x^2 \langle \boldsymbol{\alpha}, \boldsymbol{\alpha} \rangle + 2x \langle \boldsymbol{\alpha}, \boldsymbol{\beta} \rangle + \langle \boldsymbol{\beta}, \boldsymbol{\beta} \rangle = \langle x\boldsymbol{\alpha} + \boldsymbol{\beta}, x\boldsymbol{\alpha} + \boldsymbol{\beta} \rangle \geqslant 0.$$

由 x 的任意性，可将上式左端看成以 x 为未知数的一元二次多项式，故有

$$4 \langle \boldsymbol{\alpha}, \boldsymbol{\beta} \rangle^2 - 4 \langle \boldsymbol{\alpha}, \boldsymbol{\alpha} \rangle \langle \boldsymbol{\beta}, \boldsymbol{\beta} \rangle \leqslant 0,$$

即

$$\langle \boldsymbol{\alpha}, \boldsymbol{\beta} \rangle^2 \leqslant \langle \boldsymbol{\alpha}, \boldsymbol{\alpha} \rangle \langle \boldsymbol{\beta}, \boldsymbol{\beta} \rangle.$$

定义 3.4.5 对 $\forall\, \boldsymbol{\alpha},\, \boldsymbol{\beta} \in \mathbb{R}^n$，称数

$$\theta = \begin{cases} \arccos \dfrac{\langle \boldsymbol{\alpha}, \boldsymbol{\beta} \rangle}{|\boldsymbol{\alpha}|\,|\boldsymbol{\beta}|}, & |\boldsymbol{\alpha}|\,|\boldsymbol{\beta}| \neq 0, \\ \dfrac{\pi}{2}, \quad |\boldsymbol{\alpha}|\,|\boldsymbol{\beta}| = 0 \end{cases}$$

为向量 $\boldsymbol{\alpha}$ 与向量 $\boldsymbol{\beta}$ 的夹角，也记为 $\langle \widehat{\boldsymbol{\alpha}, \boldsymbol{\beta}} \rangle$.

例如，对于向量 $\boldsymbol{\alpha} = (1,0,1,1)^{\mathrm{T}}$, $\boldsymbol{\beta} = (-1,2,1,3)^{\mathrm{T}}$，由

$$\langle \boldsymbol{\alpha}, \boldsymbol{\beta} \rangle = 1 \times (-1) + 0 \times 2 + 1 \times 1 + 1 \times 3 = 3,$$

$$|\boldsymbol{\alpha}| = \sqrt{1^2 + 0^2 + 1^2 + 1^2} = \sqrt{3}, \quad |\boldsymbol{\beta}| = \sqrt{(-1)^2 + 2^2 + 1^2 + 3^2} = \sqrt{15}$$

可得

$$\langle \widehat{\boldsymbol{\alpha}, \boldsymbol{\beta}} \rangle = \arccos \frac{\langle \boldsymbol{\alpha}, \boldsymbol{\beta} \rangle}{|\boldsymbol{\alpha}|\,|\boldsymbol{\beta}|} = \arccos \frac{3}{\sqrt{3}\sqrt{15}} = \arccos \frac{1}{\sqrt{5}}.$$

利用向量的夹角我们可以定义向量的正交、正交向量组和 (标准) 正交基.

定义 3.4.6 对 $\forall\, \boldsymbol{\alpha},\, \boldsymbol{\beta} \in \mathbb{R}^n$，如果 $\langle \boldsymbol{\alpha}, \boldsymbol{\beta} \rangle = 0$，则称向量 $\boldsymbol{\alpha}$ 与向量 $\boldsymbol{\beta}$ 正交或垂直，记为 $\boldsymbol{\alpha} \perp \boldsymbol{\beta}$.

显然，零向量与任何同维数向量都正交，向量 $\boldsymbol{\alpha}$ 与向量 $\boldsymbol{\beta}$ 正交的充分必要条件是 $\boldsymbol{\alpha}$ 与 $\boldsymbol{\beta}$ 的夹角为 $\dfrac{\pi}{2}$.

我们已建立的平面直角坐标系就是在 $\mathbb{R}^2$ 空间中选定了一组基 $(1,0)^{\mathrm{T}}$, $(0,1)^{\mathrm{T}}$，空间直角坐标系就是在 $\mathbb{R}^3$ 空间中选定了一组基 $(1,0,0)^{\mathrm{T}}$, $(0,1,0)^{\mathrm{T}}$, $(0,0,1)^{\mathrm{T}}$. 这两个向量组不仅满足之前对基的要求，还是由两两正交的单位向量组成的.

我们称一组两两正交的非零向量为一个正交向量组，称每个向量都是单位向量的正交向量组为标准正交向量组. 如果 $\mathbb{R}^n$ 的子空间 V 的一个基是 (标准) 正交向量组，则称其为 V 的一个 (标准) 正交基.

例如，$(1,0)^{\mathrm{T}}$, $(0,1)^{\mathrm{T}}$ 是 $\mathbb{R}^2$ 的一个标准正交基，$(1,0,0)^{\mathrm{T}}$, $(0,1,0)^{\mathrm{T}}$, $(0,0,1)^{\mathrm{T}}$ 是 $\mathbb{R}^3$ 的一个标准正交基.

标准正交基与我们前面所介绍的基有什么不同呢？首先，标准正交基中的向量都是单位向量，但还有更重要的一点就是标准正交基是一个正交向量组，而前面所介绍的基向量组只需是线性无关向量组即可. 这两者之间有什么联系呢？我们有下面的结论.

定理 3.4.1 正交向量组必为线性无关的向量组.

证明 设 $\boldsymbol{\alpha}_1$, $\boldsymbol{\alpha}_2, \cdots, \boldsymbol{\alpha}_m$ 为正交向量组，则对每一个向量 $\boldsymbol{\alpha}_j$ $(j=1,2,\cdots,m)$, 有 $\langle\boldsymbol{\alpha}_j,\boldsymbol{\alpha}_j\rangle>0$, 且当 $j\neq i$ 时，有

$$\langle\boldsymbol{\alpha}_j,\boldsymbol{\alpha}_i\rangle=0.$$

另一方面，对任意一组数 k_1, $k_2,\cdots,k_m$, 如果

$$k_1\boldsymbol{\alpha}_1+k_2\boldsymbol{\alpha}_2+\cdots+k_m\boldsymbol{\alpha}_m=0,$$

则由 $\boldsymbol{\alpha}_1$, $\boldsymbol{\alpha}_2,\cdots,\boldsymbol{\alpha}_m$ 是正交向量组可知，对每一个向量 $\boldsymbol{\alpha}_j$ $(j=1,2,\cdots,m)$, 有

$$\langle\boldsymbol{\alpha}_j,k_1\boldsymbol{\alpha}_1+k_2\boldsymbol{\alpha}_2+\cdots+k_m\boldsymbol{\alpha}_m\rangle=k_j\langle\boldsymbol{\alpha}_j,\boldsymbol{\alpha}_j\rangle=0,$$

从而由 $\langle\boldsymbol{\alpha}_j,\boldsymbol{\alpha}_j\rangle>0$ 可知,

$$k_j=0,\quad j=1,2,\cdots,m,$$

即向量组 $\boldsymbol{\alpha}_1$, $\boldsymbol{\alpha}_2,\cdots,\boldsymbol{\alpha}_m$ 线性无关. ▌

反之，线性无关的向量组却不一定是正交向量组，这方面的例子几乎可以信手拈来. 例如， $(1,0,0)^{\mathrm{T}}$, $(1,1,0)^{\mathrm{T}}$, $(1,1,1)^{\mathrm{T}}$ 是 $\mathbb{R}^3$ 一个线性无关的向量组，但不是一个正交向量组. 尽管如此，我们却可以通过下面的方法，从一个给定的线性无关向量组出发，得到一个与之等价的正交向量组.

定理 3.4.2 设向量组 $\boldsymbol{\alpha}_1$, $\boldsymbol{\alpha}_2,\cdots,\boldsymbol{\alpha}_m$ 线性无关，令

$$\boldsymbol{\beta}_1=\boldsymbol{\alpha}_1,\quad \boldsymbol{\beta}_k=\boldsymbol{\alpha}_k-\sum_{j=1}^{k-1}\frac{\langle\boldsymbol{\alpha}_k,\boldsymbol{\beta}_j\rangle}{\langle\boldsymbol{\beta}_j,\boldsymbol{\beta}_j\rangle}\boldsymbol{\beta}_j,\quad j=2,3,\cdots,m,$$

则 $\boldsymbol{\beta}_1$, $\boldsymbol{\beta}_2,\cdots,\boldsymbol{\beta}_m$ 是一个正交向量组，且它与向量组 $\boldsymbol{\alpha}_1$, $\boldsymbol{\alpha}_2,\cdots,\boldsymbol{\alpha}_m$ 等价.

定理 3.4.2 的证明见参考文献 [6]. 如果在定理 3.4.2 中，进一步取

$$\boldsymbol{\gamma}_1=\frac{1}{|\boldsymbol{\beta}_1|}\boldsymbol{\beta}_1,\quad \boldsymbol{\gamma}_2=\frac{1}{|\boldsymbol{\beta}_2|}\boldsymbol{\beta}_2,\quad \cdots,\quad \boldsymbol{\gamma}_m=\frac{1}{|\boldsymbol{\beta}_m|}\boldsymbol{\beta}_m,$$

则 $\boldsymbol{\gamma}_1$, $\boldsymbol{\gamma}_2,\cdots,\boldsymbol{\gamma}_m$ 是一个标准正交向量组，且它与 $\boldsymbol{\alpha}_1$, $\boldsymbol{\alpha}_2,\cdots,\boldsymbol{\alpha}_m$ 等价.

我们把从线性无关的向量组导出正交向量组的过程称为 Schmidt① 正交化，把由正交向量组导出标准正交向量组的过程称为单位化.

① Schmidt，施密特， 1876—1959.

例 3.4.4 将向量组 $\boldsymbol{\alpha}_1, \boldsymbol{\alpha}_2, \boldsymbol{\alpha}_3$ 正交化，然后再单位化，其中

$$\boldsymbol{\alpha}_1=\begin{pmatrix}1\\0\\1\end{pmatrix},\ \boldsymbol{\alpha}_2=\begin{pmatrix}1\\1\\0\end{pmatrix},\ \boldsymbol{\alpha}_3=\begin{pmatrix}0\\1\\1\end{pmatrix}.$$

解 令 $\boldsymbol{\beta}_1=\boldsymbol{\alpha}_1$, 则由 $\langle\boldsymbol{\alpha}_2,\boldsymbol{\beta}_1\rangle=1, \langle\boldsymbol{\beta}_1,\boldsymbol{\beta}_1\rangle=2$ 可得

$$\boldsymbol{\beta}_2=\boldsymbol{\alpha}_2-\frac{\langle\boldsymbol{\alpha}_2,\boldsymbol{\beta}_1\rangle}{\langle\boldsymbol{\beta}_1,\boldsymbol{\beta}_1\rangle}\boldsymbol{\beta}_1=\begin{pmatrix}1\\1\\0\end{pmatrix}-\frac{1}{2}\begin{pmatrix}1\\0\\1\end{pmatrix}=\frac{1}{2}\begin{pmatrix}1\\2\\-1\end{pmatrix}$$

由

$$\langle\boldsymbol{\alpha}_3,\boldsymbol{\beta}_1\rangle=1,\ \langle\boldsymbol{\alpha}_3,\boldsymbol{\beta}_2\rangle=\frac{1}{2},\ \langle\boldsymbol{\beta}_1,\boldsymbol{\beta}_1\rangle=2,\ \langle\boldsymbol{\beta}_2,\boldsymbol{\beta}_2\rangle=\frac{3}{2}$$

可得

$$\begin{aligned}\boldsymbol{\beta}_3&=\boldsymbol{\alpha}_3-\frac{\langle\boldsymbol{\alpha}_3,\boldsymbol{\beta}_1\rangle}{\langle\boldsymbol{\beta}_1,\boldsymbol{\beta}_1\rangle}\boldsymbol{\beta}_1-\frac{\langle\boldsymbol{\alpha}_3,\boldsymbol{\beta}_2\rangle}{\langle\boldsymbol{\beta}_2,\boldsymbol{\beta}_2\rangle}\boldsymbol{\beta}_2\\&=\begin{pmatrix}0\\1\\1\end{pmatrix}-\frac{1}{2}\begin{pmatrix}1\\0\\1\end{pmatrix}-\frac{1}{3}\cdot\frac{1}{2}\begin{pmatrix}1\\2\\-1\end{pmatrix}=\frac{2}{3}\begin{pmatrix}-1\\1\\1\end{pmatrix},\end{aligned}$$

从而 $\boldsymbol{\beta}_1, \boldsymbol{\beta}_2, \boldsymbol{\beta}_3$ 是与 $\boldsymbol{\alpha}_1, \boldsymbol{\alpha}_2, \boldsymbol{\alpha}_3$ 等价的正交向量组.

另一方面，由

$$|\boldsymbol{\beta}_1|=\sqrt{2},\quad |\boldsymbol{\beta}_2|=\frac{1}{2}\sqrt{6},\quad |\boldsymbol{\beta}_3|=\frac{2}{3}\sqrt{3}$$

可得

$$\boldsymbol{\gamma}_1=\frac{1}{|\boldsymbol{\beta}_1|}\boldsymbol{\beta}_1=\frac{1}{\sqrt{2}}\begin{pmatrix}1\\0\\1\end{pmatrix},$$

$$\boldsymbol{\gamma}_2=\frac{1}{|\boldsymbol{\beta}_2|}\boldsymbol{\beta}_2=\frac{2}{\sqrt{6}}\cdot\frac{1}{2}\begin{pmatrix}1\\2\\-1\end{pmatrix}=\frac{1}{\sqrt{6}}\begin{pmatrix}1\\2\\-1\end{pmatrix},$$

$$\boldsymbol{\gamma}_3=\frac{1}{|\boldsymbol{\beta}_3|}\boldsymbol{\beta}_3=\frac{\sqrt{3}}{2}\cdot\frac{2}{3}\begin{pmatrix}-1\\1\\1\end{pmatrix}=\frac{1}{\sqrt{3}}\begin{pmatrix}-1\\1\\1\end{pmatrix},$$

从而 $\boldsymbol{\gamma}_1, \boldsymbol{\gamma}_2, \boldsymbol{\gamma}_3$ 是与 $\boldsymbol{\alpha}_1, \boldsymbol{\alpha}_2, \boldsymbol{\alpha}_3$ 等价的标准正交向量组.

前面我们已经知道， $\mathbb{R}^n$ 的每一个非零子空间都有基，由上面的讨论有

定理 3.4.3 $\mathbb{R}^n$ 的每一个非零子空间都有标准正交基.

3.4.5 正交矩阵

设 n 阶矩阵 $\boldsymbol{A}$ 的 n 个列向量为 $\boldsymbol{\alpha}_1, \boldsymbol{\alpha}_2, \cdots, \boldsymbol{\alpha}_n$, 如果 $\boldsymbol{\alpha}_1, \boldsymbol{\alpha}_2, \cdots, \boldsymbol{\alpha}_n$ 是 $\mathbb{R}^n$ 的一个标准正交基, 则 $\boldsymbol{A}$ 为可逆矩阵, 且

$$\langle \boldsymbol{\alpha}_i, \boldsymbol{\alpha}_j \rangle = \boldsymbol{\alpha}_i^{\mathrm{T}} \boldsymbol{\alpha}_j = \begin{cases} 1, & i = j, \\ 0, & i \neq j, \end{cases}$$

于是由

$$\begin{pmatrix} \langle \boldsymbol{\alpha}_1, \boldsymbol{\alpha}_1 \rangle & \langle \boldsymbol{\alpha}_1, \boldsymbol{\alpha}_2 \rangle & \cdots & \langle \boldsymbol{\alpha}_1, \boldsymbol{\alpha}_n \rangle \\ \langle \boldsymbol{\alpha}_2, \boldsymbol{\alpha}_1 \rangle & \langle \boldsymbol{\alpha}_2, \boldsymbol{\alpha}_2 \rangle & \cdots & \langle \boldsymbol{\alpha}_2, \boldsymbol{\alpha}_n \rangle \\ \cdots & \cdots & \cdots & \cdots \\ \langle \boldsymbol{\alpha}_n, \boldsymbol{\alpha}_1 \rangle & \langle \boldsymbol{\alpha}_n, \boldsymbol{\alpha}_2 \rangle & \cdots & \langle \boldsymbol{\alpha}_n, \boldsymbol{\alpha}_n \rangle \end{pmatrix} = \begin{pmatrix} 1 & 0 & \cdots & 0 \\ 0 & 1 & \cdots & 0 \\ \cdots & \cdots & \cdots & \cdots \\ 0 & 0 & \cdots & 1 \end{pmatrix}$$

可得

$$\boldsymbol{A}^{\mathrm{T}} \boldsymbol{A} = \boldsymbol{E}_n.$$

由此, 我们引入

定义 3.4.7 如果 n 阶实矩阵 $\boldsymbol{A}$ 满足 $\boldsymbol{A}^{\mathrm{T}} \boldsymbol{A} = \boldsymbol{E}$, 则称 $\boldsymbol{A}$ 为正交矩阵.

将上面的分析总结为下面的定理.

定理 3.4.4 设 $\boldsymbol{A}$ 为 n 阶实矩阵, 则下列结论等价:

(1) $\boldsymbol{A}$ 是正交矩阵或 $\boldsymbol{A}^{\mathrm{T}}$ 是正交矩阵;

(2) $\boldsymbol{A}^{\mathrm{T}} \boldsymbol{A} = \boldsymbol{E}$ 或 $\boldsymbol{A}\boldsymbol{A}^{\mathrm{T}} = \boldsymbol{E}$;

(3) $\boldsymbol{A}^{\mathrm{T}} = \boldsymbol{A}^{-1}$;

(4) $\boldsymbol{A}$ 的列 (行) 向量组是一个标准正交向量组.

例如, 下列矩阵

$$E_n, \quad \begin{pmatrix} \cos\theta & \sin\theta \\ -\sin\theta & \cos\theta \end{pmatrix}, \quad \begin{pmatrix} \frac{2}{3} & \frac{2}{3} & \frac{1}{3} \\ \frac{2}{3} & -\frac{1}{3} & -\frac{2}{3} \\ -\frac{1}{3} & \frac{2}{3} & -\frac{2}{3} \end{pmatrix}$$

均为正交矩阵.

习题 3.4

3.4.1 下列集合是否构成 $\mathbb{R}^3$ 的子空间? 若构成, 求出基和维数.

(1) $\left\{ \begin{pmatrix} x_1 \\ 0 \\ x_3 \end{pmatrix} \middle| x_1 + x_3 = 0 \right\}$;　　(2) $\left\{ \begin{pmatrix} x_1 \\ x_2 \\ 0 \end{pmatrix} \middle| x_1 + x_2 = 1 \right\}$;

(3) $\left\{\begin{pmatrix} x \\ x \\ 0 \end{pmatrix} \middle| x \in \mathbb{R}\right\}$;　　(4) $\left\{\begin{pmatrix} 1 & 1 & 0 \\ 2 & 2 & 0 \\ 0 & 0 & 3 \end{pmatrix}\begin{pmatrix} x_1 \\ x_2 \\ x_3 \end{pmatrix} \middle| \begin{pmatrix} x_1 \\ x_2 \\ x_3 \end{pmatrix} \in \mathbb{R}^3\right\}$.

(5) $\left\{\begin{pmatrix} x_1 \\ x_2 \\ 0 \end{pmatrix} \middle| x_1^2 + x_2 = 0\right\}$;　　(6) $\left\{\begin{pmatrix} 1 & 1 & 0 \\ 0 & 2 & 0 \\ 0 & 0 & 3 \end{pmatrix}\begin{pmatrix} x_1 \\ x_2 \\ x_3 \end{pmatrix} \middle| \begin{pmatrix} x_1 \\ x_2 \\ x_3 \end{pmatrix} \in \mathbb{R}^3\right\}$;

3.4.2 求 $L(\boldsymbol{\alpha}_1, \boldsymbol{\alpha}_2, \boldsymbol{\alpha}_3, \boldsymbol{\alpha}_4, \boldsymbol{\alpha}_5)$ 的基、维数及在此基下向量

$$\boldsymbol{\alpha} = 2\boldsymbol{\alpha}_1 - \boldsymbol{\alpha}_2 + \boldsymbol{\alpha}_3 + \boldsymbol{\alpha}_4 + 3\boldsymbol{\alpha}_5$$

的坐标，其中

$$\boldsymbol{\alpha}_1 = \begin{pmatrix} 1 \\ 0 \\ 0 \\ -1 \end{pmatrix},\ \boldsymbol{\alpha}_2 = \begin{pmatrix} 2 \\ 1 \\ 1 \\ 0 \end{pmatrix},\ \boldsymbol{\alpha}_3 = \begin{pmatrix} 1 \\ 1 \\ 1 \\ 1 \end{pmatrix},\ \boldsymbol{\alpha}_4 = \begin{pmatrix} 1 \\ 2 \\ 3 \\ 4 \end{pmatrix},\ \boldsymbol{\alpha}_5 = \begin{pmatrix} 0 \\ 1 \\ -4 \\ -3 \end{pmatrix}.$$

3.4.3 证明 $\boldsymbol{\alpha}_1, \boldsymbol{\alpha}_2, \boldsymbol{\alpha}_3, \boldsymbol{\alpha}_4$ 是 $\mathbb{R}^4$ 的一组基，并求 $\boldsymbol{\alpha}$ 在此基下的坐标，其中

$$\boldsymbol{\alpha}_1 = \begin{pmatrix} 2 \\ 1 \\ 3 \\ 1 \end{pmatrix},\ \boldsymbol{\alpha}_2 = \begin{pmatrix} 0 \\ 1 \\ 2 \\ 2 \end{pmatrix},\ \boldsymbol{\alpha}_3 = \begin{pmatrix} -2 \\ 1 \\ 2 \\ 1 \end{pmatrix},\ \boldsymbol{\alpha}_4 = \begin{pmatrix} 1 \\ 3 \\ 1 \\ 2 \end{pmatrix},\ \boldsymbol{\alpha} = \begin{pmatrix} -1 \\ -13 \\ 0 \\ -6 \end{pmatrix}.$$

3.4.4 求基 $\boldsymbol{\alpha}_1, \boldsymbol{\alpha}_2, \boldsymbol{\alpha}_3$ 到基 $\boldsymbol{\beta}_1, \boldsymbol{\beta}_2, \boldsymbol{\beta}_3$ 的过渡矩阵，并求向量 $\boldsymbol{\alpha}$ 在基 $\boldsymbol{\alpha}_1, \boldsymbol{\alpha}_2, \boldsymbol{\alpha}_3$ 下的坐标，其中

$$\boldsymbol{\alpha}_1 = \begin{pmatrix} 1 \\ -2 \\ 1 \end{pmatrix},\ \boldsymbol{\alpha}_2 = \begin{pmatrix} 2 \\ 3 \\ 3 \end{pmatrix},\ \boldsymbol{\alpha}_3 = \begin{pmatrix} -3 \\ 7 \\ 1 \end{pmatrix},$$

$$\boldsymbol{\beta}_1 = \begin{pmatrix} 4 \\ 1 \\ -3 \end{pmatrix},\ \boldsymbol{\beta}_2 = \begin{pmatrix} 5 \\ -2 \\ 1 \end{pmatrix},\ \boldsymbol{\beta}_3 = \begin{pmatrix} 1 \\ 1 \\ 0 \end{pmatrix},\ \boldsymbol{\alpha} = \begin{pmatrix} -1 \\ 18 \\ 9 \end{pmatrix}.$$

3.4.5 将向量组 $\boldsymbol{\alpha}_1, \boldsymbol{\alpha}_2, \boldsymbol{\alpha}_3$ 单位正交化，其中

$$\boldsymbol{\alpha}_1 = \begin{pmatrix} 2 \\ -1 \\ 0 \end{pmatrix},\ \boldsymbol{\alpha}_2 = \begin{pmatrix} 2 \\ 0 \\ 1 \end{pmatrix},\ \boldsymbol{\alpha}_3 = \begin{pmatrix} 1 \\ 2 \\ -2 \end{pmatrix}$$

3.4.6 判断下列结论是否正确：

(1) $\begin{pmatrix} 0 & 1 & 0 \\ \frac{1}{\sqrt{2}} & 0 & \frac{1}{\sqrt{2}} \\ -\frac{1}{\sqrt{2}} & 0 & \frac{1}{\sqrt{2}} \end{pmatrix}$ 是正交矩阵；　　(2) $\begin{pmatrix} 0 & 1 & 0 \\ 1 & 0 & 1 \\ -1 & 0 & 1 \end{pmatrix}$ 是正交矩阵.

3.5 线性方程组解的结构

本节将讨论线性方程组 $\boldsymbol{AX}=\boldsymbol{B}$, 即

$$\begin{pmatrix} a_{11} & a_{12} & \cdots & a_{1n} \\ a_{21} & a_{22} & \cdots & a_{2n} \\ \cdots & \cdots & \cdots & \cdots \\ a_{m1} & a_{m2} & \cdots & a_{mn} \end{pmatrix}\begin{pmatrix} x_1 \\ x_2 \\ \vdots \\ x_n \end{pmatrix}=\begin{pmatrix} b_1 \\ b_2 \\ \vdots \\ b_n \end{pmatrix}$$

解的结构. 在第 1 章中, 利用初等变换我们已经得到如下结论:

(1) 齐次线性方程组 $\boldsymbol{AX}=\boldsymbol{O}$ 有非零解的充分必要条件是 $R(\boldsymbol{A})<n$; 方程组 $\boldsymbol{AX}=\boldsymbol{O}$ 只有零解的充分必要条件是 $R(\boldsymbol{A})=n$.

(2) 非齐次线性方程组 $\boldsymbol{AX}=\boldsymbol{B}$ 有解的充分必要条件是 $R(\boldsymbol{A})=R((\boldsymbol{A}\mid\boldsymbol{B}))$; 如果 $R(\boldsymbol{A})=R((\boldsymbol{A}\mid\boldsymbol{B}))$, 则当 $R(\boldsymbol{A})=n$ 时, 方程组 $\boldsymbol{AX}=\boldsymbol{B}$ 有唯一解, 当 $R(\boldsymbol{A})<n$ 时, 方程组 $\boldsymbol{AX}=\boldsymbol{B}$ 有无穷多个解.

下面利用向量空间的相关知识来讨论线性方程组解的结构.

3.5.1 齐次线性方程组解的结构

我们已经知道, 齐次线性方程组 $\boldsymbol{AX}=\boldsymbol{O}$, 即

$$\begin{pmatrix} a_{11} & a_{12} & \cdots & a_{1n} \\ a_{21} & a_{22} & \cdots & a_{2n} \\ \cdots & \cdots & \cdots & \cdots \\ a_{m1} & a_{m2} & \cdots & a_{mn} \end{pmatrix}\begin{pmatrix} x_1 \\ x_2 \\ \vdots \\ x_n \end{pmatrix}=\begin{pmatrix} 0 \\ 0 \\ \vdots \\ 0 \end{pmatrix}$$

总存在解, 故其全体解构成的集合 S 为非空集, 且具有如下性质.

定理 3.5.1 如果向量 $\boldsymbol{\xi}_1$, $\boldsymbol{\xi}_2$ 都是方程组 $\boldsymbol{AX}=\boldsymbol{O}$ 的解, 则对 $\forall\, k_1$, $k_2\in\mathbb{R}$, 向量 $k_1\boldsymbol{\xi}_1+k_2\boldsymbol{\xi}_2$ 也是方程组 $\boldsymbol{AX}=\boldsymbol{O}$ 的解.

证明 设向量 $\boldsymbol{\xi}_1$, $\boldsymbol{\xi}_2$ 都是方程组 $\boldsymbol{AX}=\boldsymbol{O}$ 的解, 则对 $\forall\, k_1$, $k_2\in\mathbb{R}$, 有

$$\boldsymbol{A}(k_1\boldsymbol{\xi}_1+k_2\boldsymbol{\xi}_2)=\boldsymbol{A}(k_1\boldsymbol{\xi}_1)+\boldsymbol{A}(k_2\boldsymbol{\xi}_2)=k_1(\boldsymbol{A\xi}_1)+k_2(\boldsymbol{A\xi}_2)=\boldsymbol{O},$$

从而向量 $k_1\boldsymbol{\xi}_1+k_2\boldsymbol{\xi}_2$ 也是方程组 $\boldsymbol{AX}=\boldsymbol{O}$ 的解. ▌

由定理 3.5.1 可知, 方程组 $\boldsymbol{AX}=\boldsymbol{O}$ 的全体解构成的集合 S 是 $\mathbb{R}^n$ 空间的一个子空间, 称 S 为方程组 $\boldsymbol{AX}=\boldsymbol{O}$ 的解空间, S 的一个基称为基础解系.

综上可知, 求解 $\boldsymbol{AX}=\boldsymbol{O}$ 的关键是求出解空间的一个基, 即求一个基础解系. 如果 $R(\boldsymbol{A})=n$, 则 $\boldsymbol{AX}=\boldsymbol{O}$ 只有零解, 此时不存在基础解系. 如果 $R(\boldsymbol{A})<n$, 则 $\boldsymbol{AX}=\boldsymbol{O}$ 有非零解, 此时仿照第 1 章第 5 节的推导, 可得方程组 $\boldsymbol{AX}=\boldsymbol{O}$ 的

同解方程组为

$$\begin{cases} x_1 = d_{1\,r+1}x_{r+1} + d_{1\,r+2}x_{r+2} + \cdots + d_{1n}x_n, \\ x_2 = d_{2\,r+1}x_{r+1} + d_{2\,r+2}x_{r+2} + \cdots + d_{2n}x_n, \\ \cdots\cdots\cdots\cdots\cdots\cdots\cdots\cdots\cdots \\ x_r = d_{r\,r+1}x_{r+1} + d_{r\,r+2}x_{r+2} + \cdots + d_{rn}x_n, \\ x_{r+1} = x_{r+1}, \\ x_{r+2} = x_{r+2}, \\ \cdots\cdots\cdots \\ x_n = x_n, \end{cases}$$

从而方程组 $\boldsymbol{AX} = \boldsymbol{O}$ 的全部解为

$$\begin{cases} x_1 = d_{1\,r+1}c_1 + d_{1\,r+2}c_2 + \cdots + d_{1n}c_{n-r}, \\ x_2 = d_{2\,r+1}c_1 + d_{2\,r+2}c_2 + \cdots + d_{2n}c_{n-r}, \\ \cdots\cdots\cdots\cdots\cdots\cdots\cdots\cdots\cdots \\ x_r = d_{r\,r+1}c_1 + d_{r\,r+2}c_2 + \cdots + d_{rn}c_{n-r}, \\ x_{r+1} = c_1, \\ x_{r+2} = c_2, \\ \cdots\cdots\cdots \\ x_n = c_{n-r}, \end{cases}$$

其中 $c_1, c_2, \cdots, c_{n-r}$ 为任意常数.

如果记

$$\boldsymbol{\xi}_1 = \begin{pmatrix} d_{1\,r+1} \\ d_{2\,r+1} \\ \vdots \\ d_{r\,r+1} \\ 1 \\ 0 \\ \vdots \\ 0 \end{pmatrix}, \boldsymbol{\xi}_2 = \begin{pmatrix} d_{1\,r+2} \\ d_{2\,r+2} \\ \vdots \\ d_{r\,r+2} \\ 0 \\ 1 \\ \vdots \\ 0 \end{pmatrix}, \cdots, \boldsymbol{\xi}_{n-r} = \begin{pmatrix} d_{1n} \\ d_{2n} \\ \vdots \\ d_{rn} \\ 0 \\ 0 \\ \vdots \\ 1 \end{pmatrix},$$

则由定理 3.2.5 可知，向量组 $\boldsymbol{\xi}_1, \boldsymbol{\xi}_2, \cdots, \boldsymbol{\xi}_{n-r}$ 线性无关，且是方程组 $\boldsymbol{AX} = \boldsymbol{O}$ 的一组解.

另一方面，如果 $\boldsymbol{\eta} = (k_1, k_2, \cdots, k_n)^{\mathrm{T}}$ 也是方程组 $\boldsymbol{AX} = \boldsymbol{O}$ 的一个解，令

$$\boldsymbol{\xi} = k_{r+1}\boldsymbol{\xi}_1 + k_{r+2}\boldsymbol{\xi}_2 + \cdots + k_n\boldsymbol{\xi}_{n-r},$$

则由定理 3.5.1 可知，$\boldsymbol{\xi}$ 是方程组 $\boldsymbol{AX}=\boldsymbol{O}$ 的解，并且由 $\boldsymbol{\xi}_1$，$\boldsymbol{\xi}_2,\cdots,\boldsymbol{\xi}_{n-r}$ 的表达式可知，$\boldsymbol{\xi}$ 与 $\boldsymbol{\eta}$ 的后 $n-r$ 个分量对应相等，从而由 $\boldsymbol{\xi}$ 与 $\boldsymbol{\eta}$ 均满足同解方程组可知，$\boldsymbol{\xi}$ 与 $\boldsymbol{\eta}$ 的前 r 个分量对应相等，即

$$\boldsymbol{\eta}=k_{r+1}\boldsymbol{\xi}_1+k_{r+2}\boldsymbol{\xi}_2+\cdots+k_n\boldsymbol{\xi}_{n-r}.$$

综上可知，方程组 $\boldsymbol{AX}=\boldsymbol{O}$ 的解空间为

$$S=\{c_1\boldsymbol{\xi}_1,+c_2\boldsymbol{\xi}_2,+\cdots+c_{n-r}\boldsymbol{\xi}_{n-r}\mid c_1,\ c_2,\cdots,c_{n-r}\in\mathbb{R}\},$$

且 $\boldsymbol{\xi}_1$，$\boldsymbol{\xi}_2,\cdots,\boldsymbol{\xi}_{n-r}$ 为解空间的一组基，即方程组 $\boldsymbol{AX}=\boldsymbol{O}$ 的基础解系.

我们将上面讨论的结果总结为如下定理.

定理 3.5.2 设 n 元齐次线性方程组 $\boldsymbol{AX}=\boldsymbol{O}$ 的系数矩阵满足 $R(\boldsymbol{A})=r<n$，则方程组 $\boldsymbol{AX}=\boldsymbol{O}$ 的全体解构成 $n-r$ 维解空间 S，并且 S 中任意 $n-r$ 个线性无关的解向量均构成基础解系. 此时，如果 $\boldsymbol{\xi}_1$，$\boldsymbol{\xi}_2,\cdots,\boldsymbol{\xi}_{n-r}$ 是方程组 $\boldsymbol{AX}=\boldsymbol{O}$ 的基础解系，则方程组 $\boldsymbol{AX}=\boldsymbol{O}$ 的通解为

$$\boldsymbol{\xi}=c_1\boldsymbol{\xi}_1+c_2\boldsymbol{\xi}_2+\cdots+c_{n-r}\boldsymbol{\xi}_{n-r},$$

其中 c_1，$c_2,\cdots,c_{n-r}$ 为任意常数.

证明 由前面的讨论可知，只需证明：解空间 S 中任意 $n-r$ 个线性无关的解向量均构成方程组 $\boldsymbol{AX}=\boldsymbol{O}$ 的一个基础解系.

事实上，如果 $\boldsymbol{\eta}_1$，$\boldsymbol{\eta}_2,\cdots,\boldsymbol{\eta}_{n-1}$ 是方程组 $\boldsymbol{AX}=\boldsymbol{O}$ 的 $n-r$ 个线性无关的解，则对 $\boldsymbol{AX}=\boldsymbol{O}$ 的任何一个解 $\boldsymbol{\eta}$，由 $\boldsymbol{\xi}_1$，$\boldsymbol{\xi}_2,\cdots,\boldsymbol{\xi}_{n-r}$ 是方程组 $\boldsymbol{AX}=\boldsymbol{O}$ 的基础解系可知，向量组 $\boldsymbol{\eta}$，$\boldsymbol{\eta}_1$，$\boldsymbol{\eta}_2,\cdots,\boldsymbol{\eta}_{n-1}$ 可由向量组 $\boldsymbol{\xi}_1$，$\boldsymbol{\xi}_2,\cdots,\boldsymbol{\xi}_{n-r}$ 线性表示，故由定理 3.2.6 可知，$\boldsymbol{\eta}$，$\boldsymbol{\eta}_1$，$\boldsymbol{\eta}_2,\cdots,\boldsymbol{\eta}_{n-1}$ 线性相关，从而由定理 3.2.4 可知，解向量 $\boldsymbol{\eta}$ 可由向量组 $\boldsymbol{\eta}_1$，$\boldsymbol{\eta}_2,\cdots,\boldsymbol{\eta}_{n-1}$ 线性表示.

综上可知，$\boldsymbol{\eta}_1$，$\boldsymbol{\eta}_2,\cdots,\boldsymbol{\eta}_{n-1}$ 是方程组 $\boldsymbol{AX}=\boldsymbol{O}$ 的一个基础解系. ∎

例 3.5.1 求齐次线性方程组

$$\begin{cases}x_1+x_2-x_3+x_4+x_5=0,\\3x_1+6x_2+2x_3+x_4-3x_5=0,\\4x_1+7x_2+x_3+2x_4-2x_5=0\end{cases}$$

的基础解系及通解.

解 设方程组的系数矩阵为 $\boldsymbol{A}$，即

$$\boldsymbol{A}=\begin{pmatrix}1&1&-1&1&1\\3&6&2&1&-3\\4&7&1&2&-2\end{pmatrix}.$$

对 $\boldsymbol{A}$ 施以行初等变换，得

$$\boldsymbol{A}=\begin{pmatrix}1&1&-1&1&1\\3&6&2&1&-3\\4&7&1&2&-2\end{pmatrix}\to\begin{pmatrix}1&1&-1&1&1\\0&3&5&-2&-6\\0&3&5&-2&-6\end{pmatrix}$$

$$\to\begin{pmatrix}1&1&-1&1&1\\0&3&5&-2&-6\\0&0&0&0&0\end{pmatrix}\to\begin{pmatrix}1&0&-\frac{8}{3}&\frac{5}{3}&3\\0&1&\frac{5}{3}&-\frac{2}{3}&-2\\0&0&0&0&0\end{pmatrix},$$

故原方程组的一个同解方程组为

$$\begin{cases}x_1=\dfrac{8}{3}x_3-\dfrac{5}{3}x_4-3x_5,\\x_2=-\dfrac{5}{3}x_3+\dfrac{2}{3}x_4+2x_5,\end{cases}$$

从而

$$\boldsymbol{\xi}_1=\begin{pmatrix}\frac{8}{3}\\-\frac{5}{3}\\1\\0\\0\end{pmatrix},\quad\boldsymbol{\xi}_2=\begin{pmatrix}-\frac{5}{3}\\\frac{2}{3}\\0\\1\\0\end{pmatrix},\quad\boldsymbol{\xi}_3=\begin{pmatrix}-3\\2\\0\\0\\1\end{pmatrix}$$

为原方程组的一个基础解系，且原方程组的通解为

$$\boldsymbol{\xi}=c_1\begin{pmatrix}\frac{8}{3}\\-\frac{5}{3}\\1\\0\\0\end{pmatrix}+c_2\begin{pmatrix}-\frac{5}{3}\\\frac{2}{3}\\0\\1\\0\end{pmatrix}+c_3\begin{pmatrix}-3\\2\\0\\0\\1\end{pmatrix},$$

其中 c_1，c_2，c_3 为任意常数.

应当指出，自由未知量的选择不是唯一的，方程组的基础解系也不是唯一的. 例如，在例 3.5.1 中，方程组的基础解系也可取

$$\boldsymbol{\xi}_1=\begin{pmatrix}8\\-5\\3\\0\\0\end{pmatrix},\quad\boldsymbol{\xi}_2=\begin{pmatrix}-5\\2\\0\\3\\0\end{pmatrix},\quad\boldsymbol{\xi}_3=\begin{pmatrix}-3\\2\\0\\0\\1\end{pmatrix}.$$

例 3.5.2 求方程组

$$\begin{cases} 3x_1 - 2x_2 - x_3 + 2x_5 = 0, \\ 2x_1 - x_2 + x_3 - 2x_4 + x_5 = 0, \\ 3x_1 - x_2 + 4x_3 - 3x_4 + 4x_5 = 0 \end{cases}$$

的基础解系及通解.

解 设方程组的系数矩阵为 $\boldsymbol{A}$, 对矩阵 $\boldsymbol{A}$ 施以行初等变换, 得

$$\boldsymbol{A} = \begin{pmatrix} 3 & -2 & -1 & 0 & 2 \\ 2 & -1 & 1 & -2 & 1 \\ 3 & -1 & 4 & -3 & 4 \end{pmatrix} \longrightarrow \begin{pmatrix} 1 & -1 & -2 & 2 & 1 \\ 2 & -1 & 1 & -2 & 1 \\ 3 & -1 & 4 & -3 & 4 \end{pmatrix}$$

$$\longrightarrow \begin{pmatrix} 1 & -1 & -2 & 2 & 1 \\ 0 & 1 & 5 & -6 & -1 \\ 0 & 2 & 10 & -9 & 1 \end{pmatrix} \longrightarrow \begin{pmatrix} 1 & 0 & 3 & -4 & 0 \\ 0 & 1 & 5 & -6 & -1 \\ 0 & 0 & 0 & 3 & 3 \end{pmatrix}$$

$$\longrightarrow \begin{pmatrix} 1 & 0 & 3 & -4 & 0 \\ 0 & 1 & 5 & -6 & -1 \\ 0 & 0 & 0 & 1 & 1 \end{pmatrix} \longrightarrow \begin{pmatrix} 1 & 0 & 3 & 0 & 4 \\ 0 & 1 & 5 & 0 & 5 \\ 0 & 0 & 0 & 1 & 1 \end{pmatrix},$$

故原方程组的一个同解方程组为

$$\begin{cases} x_1 = -3x_3 - 4x_5, \\ x_2 = -5x_3 - 5x_5, \\ x_4 = -x_5, \end{cases}$$

从而原方程组的基础解系为

$$\boldsymbol{\xi}_1 = \begin{pmatrix} -3 \\ -5 \\ 1 \\ 0 \\ 0 \end{pmatrix}, \quad \boldsymbol{\xi}_2 = \begin{pmatrix} -4 \\ -5 \\ 0 \\ -1 \\ 1 \end{pmatrix},$$

方程组的通解为

$$\boldsymbol{\xi} = c_1 \begin{pmatrix} -3 \\ -5 \\ 1 \\ 0 \\ 0 \end{pmatrix} + c_2 \begin{pmatrix} -4 \\ -5 \\ 0 \\ -1 \\ 1 \end{pmatrix},$$

其中 c_1, c_2 为任意常数.

例 3.5.3 设 $\boldsymbol{A}$ 为 $m\times n$ 矩阵， $\boldsymbol{B}$ 为 $n\times s$ 矩阵. 如果 $\boldsymbol{AB}=\boldsymbol{O}$, 证明

$$R(\boldsymbol{A})+R(\boldsymbol{B})\leqslant n.$$

证明 设矩阵 B 的列向量组为 $\boldsymbol{\beta}_1, \boldsymbol{\beta}_2,\cdots,\boldsymbol{\beta}_s$, 则由 $\boldsymbol{AB}=\boldsymbol{O}$ 可得

$$\boldsymbol{A}(\boldsymbol{\beta}_1\ \boldsymbol{\beta}_2\ \cdots\ \boldsymbol{\beta}_l)=(\boldsymbol{A\beta}_1\ \boldsymbol{A\beta}_2\ \cdots\ \boldsymbol{A\beta}_l)=\boldsymbol{O},$$

故由

$$\boldsymbol{A\beta}_k=\boldsymbol{O}\quad (k=1,\ 2,\ \cdots,\ s)$$

可知， $\boldsymbol{\beta}_1, \boldsymbol{\beta}_2,\cdots,\boldsymbol{\beta}_s$ 为方程组 $\boldsymbol{AX}_{n\times 1}=O$ 的一组解，从而由定理 3.5.2 可得

$$R(\boldsymbol{B})=R(\boldsymbol{\beta}_1,\ \boldsymbol{\beta}_2,\cdots,\boldsymbol{\beta}_s)\leqslant n-R(\boldsymbol{A}),$$

即

$$R(\boldsymbol{A})+R(\boldsymbol{B})\leqslant n.$$

3.5.2　非齐次线性方程组解的结构

对于给定的 n 元非齐次线性方程组 $\boldsymbol{AX}=\boldsymbol{B}$, 即

$$\begin{pmatrix} a_{11} & a_{12} & \cdots & a_{1n} \\ a_{21} & a_{22} & \cdots & a_{2n} \\ \cdots & \cdots & \cdots & \cdots \\ a_{m1} & a_{m2} & \cdots & a_{mn} \end{pmatrix}\begin{pmatrix} x_1 \\ x_2 \\ \vdots \\ x_n \end{pmatrix}=\begin{pmatrix} b_1 \\ b_2 \\ \vdots \\ b_n \end{pmatrix},$$

将 $\boldsymbol{B}$ 用零矩阵 $\boldsymbol{O}$ 替换，所得方程组 $\boldsymbol{AX}=\boldsymbol{O}$ 称为方程组 $\boldsymbol{AX}=\boldsymbol{B}$ 的导出组.

关于非齐次线性方程组的解与其导出组的解之间的关系，有如下定理.

定理 3.5.3 设 $\boldsymbol{\eta}_1, \boldsymbol{\eta}_2$ 是方程组 $\boldsymbol{AX}=\boldsymbol{B}$ 的解， $\boldsymbol{\xi}$ 是其导出组 $\boldsymbol{AX}=\boldsymbol{O}$ 的解，则 $\boldsymbol{\eta}_1-\boldsymbol{\eta}_2$ 是导出组 $\boldsymbol{AX}=\boldsymbol{O}$ 的解，且 $\boldsymbol{\xi}+\boldsymbol{\eta}_1$ 是方程组 $\boldsymbol{AX}=\boldsymbol{B}$ 的解.

证明 设 $\boldsymbol{\eta}_1, \boldsymbol{\eta}_2$ 是方程组 $\boldsymbol{AX}=\boldsymbol{B}$ 的解， $\boldsymbol{\xi}$ 是其导出组 $\boldsymbol{AX}=\boldsymbol{O}$ 的解，则

$$\boldsymbol{A}(\boldsymbol{\eta}_1-\boldsymbol{\eta}_2)=\boldsymbol{A}(\boldsymbol{\eta}_1)-\boldsymbol{A}(\boldsymbol{\eta}_2)=\boldsymbol{B}-\boldsymbol{B}=\boldsymbol{O},$$

且对 $\forall\, k\in\mathbb{R}$, 有

$$\boldsymbol{A}(\boldsymbol{\xi}+\boldsymbol{\eta}_1)=\boldsymbol{A}(\boldsymbol{\xi})+\boldsymbol{A}(\boldsymbol{\eta}_1)=\boldsymbol{O}+\boldsymbol{B}=\boldsymbol{B},$$

从而 $\boldsymbol{\eta}_1-\boldsymbol{\eta}_2$ 是导出组 $\boldsymbol{AX}=\boldsymbol{O}$ 的解，且 $\boldsymbol{\xi}+\boldsymbol{\eta}_1$ 是方程组 $\boldsymbol{AX}=\boldsymbol{B}$ 的解. ∎

由定理 3.5.3 可知，非齐次线性方程组 $\boldsymbol{AX}=\boldsymbol{B}$ 的全体解构成的集合不是 $\mathbb{R}^n$ 的一个子空间.

定理 3.5.4 设 $\boldsymbol{\eta}^*$ 是非齐次线性方程组 $\boldsymbol{AX}=\boldsymbol{B}$ 的一个解，$\boldsymbol{\xi}_1, \boldsymbol{\xi}_2, \cdots, \boldsymbol{\xi}_{n-r}$ 是其导出组 $\boldsymbol{AX}=\boldsymbol{O}$ 的一个基础解系，则方程组 $\boldsymbol{AX}=\boldsymbol{B}$ 的通解为

$$\boldsymbol{\eta}=c_1\boldsymbol{\xi}_1+c_2\boldsymbol{\xi}_2+\cdots+c_{n-r}\boldsymbol{\xi}_{n-r}+\boldsymbol{\eta}^*,$$

其中 $c_1, c_2, \cdots, c_{n-r}$ 为任意常数.

证明 对任意一组常数 $c_1, c_2, \cdots, c_{n-r}$, 由已知条件可得

$$\boldsymbol{A\eta}^*=\boldsymbol{B},\quad \boldsymbol{A\xi}_k=\boldsymbol{O},\ k=1,2,\cdots,n-r,$$

从而由

$$\boldsymbol{A}(c_1\boldsymbol{\xi}_1+c_2\boldsymbol{\xi}_2+\cdots+c_{n-r}\boldsymbol{\xi}_{n-r}+\boldsymbol{\eta}^*)=\sum_{k=1}^{n-r}c_k\boldsymbol{A\xi}_k+\boldsymbol{A\eta}^*=\boldsymbol{B}$$

可知,

$$\boldsymbol{\eta}=c_1\boldsymbol{\xi}_1+c_2\boldsymbol{\xi}_2+\cdots+c_{n-r}\boldsymbol{\xi}_{n-r}+\boldsymbol{\eta}^*$$

是方程组 $\boldsymbol{AX}=\boldsymbol{B}$ 的解.

另一方面，如果 $\boldsymbol{\eta}$ 是方程组 $\boldsymbol{AX}=\boldsymbol{B}$ 的任意一个解，则由已知条件可得

$$\boldsymbol{A}(\boldsymbol{\eta}-\boldsymbol{\eta}^*)=\boldsymbol{A\eta}-\boldsymbol{A\eta}^*=\boldsymbol{O},$$

故 $\boldsymbol{\eta}-\boldsymbol{\eta}^*$ 是其导出组 $\boldsymbol{AX}=\boldsymbol{O}$ 的解，从而存在常数 $c_1, c_2, \cdots, c_{n-r}$, 使得

$$\boldsymbol{\eta}-\boldsymbol{\eta}^*=c_1\boldsymbol{\xi}_1+c_2\boldsymbol{\xi}_2+\cdots+c_{n-r}\boldsymbol{\xi}_{n-r}.$$

由 $\boldsymbol{\eta}$ 的任意性可知，方程组 $\boldsymbol{AX}=\boldsymbol{B}$ 的通解为

$$\boldsymbol{\eta}=c_1\boldsymbol{\xi}_1+c_2\boldsymbol{\xi}_2+\cdots+c_{n-r}\boldsymbol{\xi}_{n-r}+\boldsymbol{\eta}^*,$$

其中 $c_1, c_2, \cdots, c_{n-r}$ 为任意常数. ∎

例 3.5.4 求方程组

$$\begin{cases} x_1-2x_2+x_3-x_4+x_5=1, \\ 2x_1+x_2-x_3+2x_4-10x_5=11, \\ 3x_1-2x_2-x_3+x_4-9x_5=11, \\ 2x_1-5x_2+x_3-2x_4+2x_5=1 \end{cases}$$

的通解.

解 对方程组的增广矩阵

$$\begin{pmatrix} 1 & -2 & 1 & -1 & 1 & 1 \\ 2 & 1 & -1 & 2 & -10 & 11 \\ 3 & -2 & -1 & 1 & -9 & 11 \\ 2 & -5 & 1 & -2 & 2 & 1 \end{pmatrix}$$

施以行初等变换，得

$$\begin{pmatrix}1&-2&1&-1&1&1\\2&1&-1&2&-10&11\\3&-2&-1&1&-9&11\\2&-5&1&-2&2&1\end{pmatrix}\longrightarrow\begin{pmatrix}1&-2&1&-1&1&1\\0&5&-3&4&-12&9\\0&4&-4&4&-12&8\\0&-1&-1&0&0&-1\end{pmatrix}$$

$$\longrightarrow\begin{pmatrix}1&-2&1&-1&1&1\\0&1&1&0&0&1\\0&5&-3&4&-12&9\\0&4&-4&4&-12&8\end{pmatrix}\longrightarrow\begin{pmatrix}1&0&3&-1&1&3\\0&1&1&0&0&1\\0&0&-8&4&-12&4\\0&0&-8&4&-12&4\end{pmatrix}$$

$$\longrightarrow\begin{pmatrix}1&0&3&-1&1&3\\0&1&1&0&0&1\\0&0&-2&1&-3&1\\0&0&0&0&0&0\end{pmatrix}\longrightarrow\begin{pmatrix}1&0&1&0&-2&4\\0&1&1&0&0&1\\0&0&-2&1&-3&1\\0&0&0&0&0&0\end{pmatrix},$$

故原方程组的一个同解方程组为

$$\begin{cases}x_1=4-x_3+2x_5,\\x_2=1-x_3,\\x_4=1+2x_3+3x_5,\end{cases}$$

取 $x_3=0$, $x_5=0$, 得原方程组的一个解

$$\boldsymbol{\eta}^*=\begin{pmatrix}4\\1\\0\\1\\0\end{pmatrix}.$$

在对应的齐次线性方程组

$$\begin{cases}x_1=-x_3+2x_5,\\x_2=-x_3,\\x_4=2x_3+3x_5\end{cases}$$

中，取 $x_3=1$, $x_5=0$ 及 $x_3=0$, $x_5=1$, 得齐次线性方程组的基础解系

$$\boldsymbol{\xi}_1=\begin{pmatrix}-1\\-1\\1\\2\\0\end{pmatrix},\quad\boldsymbol{\xi}_2=\begin{pmatrix}2\\0\\0\\3\\1\end{pmatrix}.$$

综上可知，原方程组的通解为

$$\begin{pmatrix} x_1 \\ x_2 \\ x_3 \\ x_4 \\ x_5 \end{pmatrix} = c_1 \begin{pmatrix} -1 \\ -1 \\ 1 \\ 2 \\ 0 \end{pmatrix} + c_2 \begin{pmatrix} 2 \\ 0 \\ 0 \\ 3 \\ 1 \end{pmatrix} + \begin{pmatrix} 4 \\ 1 \\ 0 \\ 1 \\ 0 \end{pmatrix},$$

其中 c_1, c_2 为任意常数.

由例 3.5.4 可知，如按定理 3.5.4 则需先求其一个特解，但这并不比使用消元法简单. 除非在一些特殊情况下，一般直接使用消元法.

例 3.5.5 求方程组

$$\begin{cases} 2x_1 + 6x_2 + x_3 - 3x_4 = 1, \\ x_1 + 3x_2 + 3x_3 - 2x_4 = 4, \\ 5x_1 + 15x_2 - 7x_4 = -1 \end{cases}$$

的通解.

解 对方程组的增广矩阵施以行初等变换，得

$$\begin{pmatrix} 2 & 6 & 1 & -3 & 1 \\ 1 & 3 & 3 & -2 & 4 \\ 5 & 15 & 0 & -7 & -1 \end{pmatrix} \to \begin{pmatrix} 1 & 3 & 3 & -2 & 4 \\ 2 & 6 & 1 & -3 & 1 \\ 5 & 15 & 0 & -7 & -1 \end{pmatrix}$$
$$\to \begin{pmatrix} 1 & 3 & 3 & -2 & 4 \\ 0 & 0 & -5 & 1 & -7 \\ 0 & 0 & -15 & 3 & -21 \end{pmatrix} \to \begin{pmatrix} 1 & 3 & -7 & 0 & -10 \\ 0 & 0 & -5 & 1 & -7 \\ 0 & 0 & 0 & 0 & 0 \end{pmatrix},$$

故原方程组的一个同解方程组为

$$\begin{cases} x_1 = -3x_2 + 7x_3 - 10, \\ x_2 = x_2, \\ x_3 = x_3, \\ x_4 = 5x_3 - 7, \end{cases}$$

从而方程组的通解为

$$\begin{pmatrix} x_1 \\ x_2 \\ x_3 \\ x_4 \end{pmatrix} = \begin{pmatrix} -10 \\ 0 \\ 0 \\ -7 \end{pmatrix} + c_1 \begin{pmatrix} 3 \\ 1 \\ 0 \\ 0 \end{pmatrix} + c_2 \begin{pmatrix} 7 \\ 0 \\ 1 \\ 5 \end{pmatrix},$$

其中 c_1, c_2 为任意常数.

例 3.5.6 已知 4 元非齐次线性方程组 $\boldsymbol{AX}=\boldsymbol{B}$ 的 3 个解向量 $\boldsymbol{\eta}_1$, $\boldsymbol{\eta}_2$, $\boldsymbol{\eta}_3$ 满足条件

$$\boldsymbol{\eta}_1=\begin{pmatrix}1\\2\\3\\4\end{pmatrix},\quad \boldsymbol{\eta}_2+\boldsymbol{\eta}_3=\begin{pmatrix}2\\3\\0\\1\end{pmatrix},$$

且 $R(\boldsymbol{A})=3$, 求方程组 $\boldsymbol{AX}=\boldsymbol{B}$ 的通解.

解 令 $\boldsymbol{\xi}=(\boldsymbol{\eta}_2-\boldsymbol{\eta}_1)+(\boldsymbol{\eta}_3-\boldsymbol{\eta}_1)$, 则由已知条件可得

$$\begin{aligned}\boldsymbol{\xi}&=(\boldsymbol{\eta}_2-\boldsymbol{\eta}_1)+(\boldsymbol{\eta}_3-\boldsymbol{\eta}_1)=\boldsymbol{\eta}_2+\boldsymbol{\eta}_3-2\boldsymbol{\eta}_1\\&=\begin{pmatrix}2\\3\\0\\1\end{pmatrix}-2\begin{pmatrix}1\\2\\3\\4\end{pmatrix}=\begin{pmatrix}0\\-1\\-6\\-7\end{pmatrix},\end{aligned}$$

并且

$$\boldsymbol{A\xi}=(\boldsymbol{A\eta}_2-\boldsymbol{A\eta}_1)+(\boldsymbol{A\eta}_3-\boldsymbol{A\eta}_1)=(\boldsymbol{B}-\boldsymbol{B})+(\boldsymbol{B}-\boldsymbol{B})=\boldsymbol{O},$$

故 $\boldsymbol{\xi}$ 为 $\boldsymbol{AX}=\boldsymbol{O}$ 的一个非零解, 并由 $R(\boldsymbol{A})=3$ 可知, $\boldsymbol{\xi}$ 为其导出组 $\boldsymbol{AX}=\boldsymbol{O}$ 的一个基础解系, 从而由 $\boldsymbol{\eta}_1$ 为方程组 $\boldsymbol{AX}=\boldsymbol{B}$ 的一个解可知, 方程组 $\boldsymbol{AX}=\boldsymbol{B}$ 的通解为

$$\boldsymbol{\eta}=c_1\boldsymbol{\xi}+\boldsymbol{\eta}_1=c_1\begin{pmatrix}0\\-1\\-6\\-7\end{pmatrix}+\begin{pmatrix}1\\2\\3\\4\end{pmatrix},$$

其中 c_1 为任意常数.

习题　3.5

3.5.1 求下列齐次线性方程组的基础解系:

(1) $\begin{cases}3x_1-6x_2-8x_3+x_4-4x_5=0,\\2x_1-4x_2-7x_3-x_4-x_5=0,\\3x_1-6x_2-9x_3-3x_5=0;\end{cases}$

(2) $\begin{cases}x_1+x_2+x_3+x_4+x_5=0,\\3x_1+2x_2+x_3+x_4-3x_5=0,\\x_2+2x_3+2x_4+6x_5=0,\\5x_1+4x_2+3x_3+3x_4-x_5=0;\end{cases}$

(3) $\begin{cases}x_1+x_2-x_4=0,\\x_2-x_3+x_4=0;\end{cases}$

(4) $x_1+x_2+\cdots+x_n=0$;

(5) $x_1=x_2=\cdots=x_n$.

3.5.2 求下列非齐次线性方程组的结构式通解:

(1) $\begin{cases} x_1+x_2+x_3+x_4=0, \\ x_2+2x_3+2x_4=0, \\ 3x_1+2x_2-3x_3-2x_4=-1; \end{cases}$ (2) $\begin{cases} x_1-3x_2+5x_3-2x_4+x_5=4, \\ -2x_1+x_2-3x_3+x_4-4x_5=-3, \\ -x_1-7x_2+9x_3-4x_4-5x_5=6, \\ 3x_1-14x_2+22x_3-9x_4+x_5=17. \end{cases}$

3.5.3 讨论 λ 并解方程组

$$\begin{cases} \lambda x_1+x_2+x_3=\lambda-3, \\ x_1+\lambda x_2+x_3=-2, \\ x_1+x_2+\lambda x_3=-2, \end{cases}$$

在有无穷多解时给出其结构式通解.

3.5.4 设 $\boldsymbol{\alpha}_1, \boldsymbol{\alpha}_2, \cdots, \boldsymbol{\alpha}_t$ 是非齐次方程 $\boldsymbol{AX}=\boldsymbol{B}$ 的解, 证明: $k_1\boldsymbol{\alpha}_1+k_2\boldsymbol{\alpha}_2+\cdots+k_t\boldsymbol{\alpha}_t$ 为非齐次方程 $\boldsymbol{AX}=\boldsymbol{B}$ 的解的充要条件是

$$k_1+k_2+\cdots+k_t=1.$$

3.5.5 设 $\boldsymbol{\alpha}_1, \boldsymbol{\alpha}_2, \boldsymbol{\alpha}_3$ 为线性方程组 $\boldsymbol{AX}=\boldsymbol{O}$ 的基础解系, 证明 $\boldsymbol{\alpha}_1, \boldsymbol{\alpha}_1+\boldsymbol{\alpha}_2, \boldsymbol{\alpha}_1+\boldsymbol{\alpha}_2+\boldsymbol{\alpha}_3$ 仍为 $\boldsymbol{AX}=\boldsymbol{O}$ 的基础解系.

3.5.6 设 n 元一次方程组 $\boldsymbol{AX}=\boldsymbol{B}$ 的系数矩阵 A 的秩为 $n-1$, 又知 $\boldsymbol{\beta}_1$ 及 $\boldsymbol{\beta}_2$ 为 $\boldsymbol{AX}=\boldsymbol{B}$ 的两个不相同的解, 证明 $\boldsymbol{AX}=\boldsymbol{B}$ 的结构式通解为

$$\boldsymbol{\xi}=k(\boldsymbol{\beta}_1-\boldsymbol{\beta}_2)+\frac{1}{2}(\boldsymbol{\beta}_1+\boldsymbol{\beta}_2),$$

其中 k 为任意常数.

3.5.7 求数 λ 及 2 维列向量 $\boldsymbol{\xi}\neq O$, 使得

$$\begin{pmatrix} 1 & -6 \\ -2 & 5 \end{pmatrix}\boldsymbol{\xi}=\lambda\boldsymbol{\xi}.$$

3.5.8 求秩为 1 的 2×3 矩阵 $\boldsymbol{B}$, 使得

$$\begin{pmatrix} 1 & -2 \\ -3 & 6 \end{pmatrix}\boldsymbol{B}=\boldsymbol{O}.$$

3.5.9 设 n 阶矩阵 $\boldsymbol{A}$ 的各行元素之和都是 0, 且 $R(\boldsymbol{A})=n-1$, 求 $\boldsymbol{AX}=\boldsymbol{O}$ 的通解.

总习题 3

3.1 多项选择题.

(1) 向量 $\boldsymbol{\alpha}$ 可由 $\boldsymbol{\beta}, \boldsymbol{\gamma}$ 线性表示, 则 __________.

A. $\boldsymbol{\gamma}$ 可由 $\boldsymbol{\alpha}, \boldsymbol{\beta}$ 线性表示 B. $\boldsymbol{\alpha}, \boldsymbol{\beta}$ 线性相关

C. $\boldsymbol{\alpha}, \boldsymbol{\beta}, \boldsymbol{\gamma}$ 线性相关 D. $\boldsymbol{\alpha}, 2\boldsymbol{\beta}, 3\boldsymbol{\gamma}$ 线性相关

(2) 向量 $\boldsymbol{\alpha}+\boldsymbol{\beta}, \boldsymbol{\alpha}+2\boldsymbol{\beta}, \boldsymbol{\alpha}+3\boldsymbol{\beta}$ ________.

A. 线性相关　　B. 线性无关

C. 可线性表示 $\boldsymbol{\alpha}, 2\boldsymbol{\beta}$　　D. 可由 $\boldsymbol{\alpha}+\boldsymbol{\beta}, \boldsymbol{\alpha}-\boldsymbol{\beta}$ 线性表示

(3) 向量 $\boldsymbol{\alpha}$ 不能由 $\boldsymbol{\beta}$ 线性表示，$\boldsymbol{\beta}$ 不能由 $\boldsymbol{\gamma}$ 线性表示，则 ________.

A. $\boldsymbol{\alpha}$ 不能由 $\boldsymbol{\gamma}$ 线性表示　　B. $\boldsymbol{\alpha}, \boldsymbol{\beta}$ 线性无关

C. $\boldsymbol{\beta}, \boldsymbol{\gamma}$ 线性无关　　D. $\boldsymbol{\alpha}, \boldsymbol{\beta}, \boldsymbol{\gamma}$ 线性无关

(4) 设向量 $\boldsymbol{\alpha}_1, \boldsymbol{\alpha}_2, \boldsymbol{\alpha}_3, \boldsymbol{\alpha}_4$ 线性无关，则 ________.

A. $\boldsymbol{\alpha}_1+\boldsymbol{\alpha}_2, \boldsymbol{\alpha}_2+\boldsymbol{\alpha}_3, \boldsymbol{\alpha}_3+\boldsymbol{\alpha}_4, \boldsymbol{\alpha}_4+\boldsymbol{\alpha}_1$ 线性相关

B. $\boldsymbol{\alpha}_1-\boldsymbol{\alpha}_2, \boldsymbol{\alpha}_2-\boldsymbol{\alpha}_3, \boldsymbol{\alpha}_3-\boldsymbol{\alpha}_4, \boldsymbol{\alpha}_4-\boldsymbol{\alpha}_1$ 线性无关

C. $\boldsymbol{\alpha}_1+\boldsymbol{\alpha}_2, \boldsymbol{\alpha}_2+\boldsymbol{\alpha}_3, \boldsymbol{\alpha}_3+\boldsymbol{\alpha}_4, \boldsymbol{\alpha}_4-\boldsymbol{\alpha}_1$ 线性无关

D. $\boldsymbol{\alpha}_1+\boldsymbol{\alpha}_2, \boldsymbol{\alpha}_2+\boldsymbol{\alpha}_3, \boldsymbol{\alpha}_3-\boldsymbol{\alpha}_4, \boldsymbol{\alpha}_4-\boldsymbol{\alpha}_1$ 线性无关

(5) 设 $\boldsymbol{A}$ 为 $m\times n$ 矩阵，线性方程组 $\boldsymbol{AX}=\boldsymbol{B}$ 有唯一解，则 ________.

A. $m=n$ 且 $|\boldsymbol{A}|\neq 0$　　B. $R(\boldsymbol{A})=R((\boldsymbol{A}\ \boldsymbol{B}))$

C. $R(\boldsymbol{A})=n$　　D. $R(\boldsymbol{A})=m$

(6) 设 $\boldsymbol{\beta}_1$ 与 $\boldsymbol{\beta}_2$ 是线性方程组 $\boldsymbol{AX}=\boldsymbol{B}$ 的线性无关解，$\boldsymbol{\alpha}_1$ 与 $\boldsymbol{\alpha}_2$ 是 $\boldsymbol{AX}=\boldsymbol{O}$ 的基础解系，k_1 及 k_2 为任意常数，则 $\boldsymbol{AX}=\boldsymbol{B}$ 的通解是 ________.

A. $k_1\boldsymbol{\alpha}_1+k_2\boldsymbol{\alpha}_2+\boldsymbol{\beta}_1+\boldsymbol{\beta}_2$　　B. $k_1\boldsymbol{\alpha}_1+k_2\boldsymbol{\alpha}_2+\dfrac{1}{2}(\boldsymbol{\beta}_1+\boldsymbol{\beta}_2)$

C. $k_1\boldsymbol{\beta}_1+k_2\boldsymbol{\beta}_2+\boldsymbol{\alpha}_1+\boldsymbol{\alpha}_2$　　D. $k_1(\boldsymbol{\alpha}_1+\boldsymbol{\alpha}_2)+k_2(\boldsymbol{\alpha}_1-\boldsymbol{\alpha}_2)+\boldsymbol{\beta}_1$

3.2 问当 λ 取何有理数时，方程组

$$\begin{cases}\lambda x_1+x_2=0,\\ \lambda x_2+x_3=0,\\ x_1+\lambda x_3=0\end{cases}$$

有非零解？

3.3 讨论 λ, a, b 并解方程组，在有无穷多解时写出结构式通解：

(1) $\begin{cases}x_1+x_2+x_3+x_4=1,\\ 3x_1+2x_2+2x_3+3x_4=a,\\ x_2+x_3+\lambda x_4=1,\\ 5x_1+3x_2+3x_3+5x_4=b;\end{cases}$　　(2) $\begin{cases}x_1+x_2-x_3=1,\\ 2x_1+(a+2)x_2-(b+2)x_3=3,\\ -3ax_2+(a+2b)x_3=-3;\end{cases}$

(3) $\begin{cases}(\lambda+3)x_1+x_2+2x_3=\lambda,\\ \lambda x_1+(\lambda-1)x_2+x_3=\lambda,\\ 3(\lambda+1)x_1+x_2+(\lambda+3)x_3=3;\end{cases}$　　(4) $\begin{cases}ax_1+x_2+x_3=1,\\ x_1+ax_2+x_3=a,\\ x_1+x_2+ax_3=a^3;\end{cases}$

(5) $\begin{cases} ax_1+x_2+x_3=4, \\ x_1+bx_2+x_3=3, \\ x_1+2bx_2+x_3=4. \end{cases}$

3.4 设非齐次方程组 $\boldsymbol{AX}=\boldsymbol{B}$ 的系数矩阵 $\boldsymbol{A}$ 和常数项矩阵 $\boldsymbol{B}$ 满足

$$R(\boldsymbol{A})=R\left[\begin{pmatrix} \boldsymbol{A} & \boldsymbol{B} \\ \boldsymbol{B}^{\mathrm{T}} & k \end{pmatrix}\right],$$

证明方程组 $\boldsymbol{AX}=\boldsymbol{B}$ 有解.

3.5 设 $\boldsymbol{A}$ 为 $n\times n$ 矩阵，并且对任意列向量 β, 方程组 $\boldsymbol{AX}=\beta$ 都有解，证明 $|\boldsymbol{A}|\neq 0$.

3.6 设 $\boldsymbol{A}$ 为 n 阶方阵，证明：当线性方程组 $\boldsymbol{AX}=\boldsymbol{B}$ 及 $(\boldsymbol{A}^*)^{\mathrm{T}}\boldsymbol{X}=\boldsymbol{C}$ 中一个有唯一解时，另一个必有唯一解.

3.7 求证平面上三条不同直线

$$\begin{cases} ax+by+c=0, \\ bx+cy+a=0, \\ cx+ay+b=0 \end{cases}$$

相交于一点的充分必要条件是 $a+b+c=0$.

3.8 求证平面上 n 个点 (x_1,y_1), $(x_2,y_2),\cdots,(x_n,y_n)$ 位于一条直线上的充分必要条件是

$$R\left[\begin{pmatrix} x_1 & x_2 & \cdots & x_n \\ y_1 & y_2 & \cdots & y_n \\ 1 & 1 & \cdots & 1 \end{pmatrix}\right]<3.$$

3.9 设

$$\boldsymbol{A}=\begin{pmatrix} 1 & 1 & 2 \\ 2 & 2 & a \\ 3 & 3 & 6 \end{pmatrix},$$

(1) 证明：对任意的 a, 存在秩为 1 的方阵 $\boldsymbol{B}$, 使得 $\boldsymbol{AB}=\boldsymbol{O}$;

(2) 当 a 取何值时，由 $\boldsymbol{AB}=\boldsymbol{O}$ 及 $\boldsymbol{B}\neq\boldsymbol{O}$ 能推出方阵 $\boldsymbol{B}$ 的秩必为 1;

(3) 求适当的 a 及秩为 2 的方阵 $\boldsymbol{B}$ 使 $\boldsymbol{AB}=\boldsymbol{O}$.

3.10 如果矩阵 $\boldsymbol{A}$ 与 $\boldsymbol{B}$ 等价，那么其列向量组是否等价？反之如何？行初等变换是否改变行向量组的线性关系？

3.11 如果两个向量组有相同秩，且其中一个可由另一个线性表示，证明这两向量组等价.

3.12 如果秩为 r 的向量组 $\boldsymbol{\alpha}_1$, $\boldsymbol{\alpha}_2,\cdots,\boldsymbol{\alpha}_m$ 可由它的一个部分组 $\boldsymbol{\alpha}_{i_1}$, $\boldsymbol{\alpha}_{i_2},\cdots,\boldsymbol{\alpha}_{i_r}$ 线性表示，证明 $\boldsymbol{\alpha}_{i_1}$, $\boldsymbol{\alpha}_{i_2},\cdots,\boldsymbol{\alpha}_{i_r}$ 是 $\boldsymbol{\alpha}_1$, $\boldsymbol{\alpha}_2,\cdots,\boldsymbol{\alpha}_m$ 的一个极大无关组.

3.13 设 $\boldsymbol{\alpha}=(a_1\ \ a_2\ \cdots\ a_n)$ 且 $a_1\neq 0$, $\boldsymbol{\beta}_1=(b_1\ \ b_2+1\ \cdots\ b_n)$, $\boldsymbol{\beta}_2=(b_1\ \ b_2-1\ \cdots\ b_n)$, 证明向量组 $\boldsymbol{\alpha}$, $\boldsymbol{\beta}_1$ 与向量组 $\boldsymbol{\alpha}$, $\boldsymbol{\beta}_2$ 至少有一个是线性无关组.

3.14 设 $\boldsymbol{\alpha} \neq 0$, 且 $\boldsymbol{\alpha}$ 可由向量组 $\boldsymbol{\beta}_1, \boldsymbol{\alpha}_2, \cdots, \boldsymbol{\beta}_s$ 线性表示, 证明: 存在向量 $\boldsymbol{\beta}_i$, 使得向量组 $\boldsymbol{\alpha}, \boldsymbol{\beta}_1, \boldsymbol{\beta}_2, \cdots, \boldsymbol{\beta}_{i-1}, \boldsymbol{\beta}_{i+1}, \cdots, \boldsymbol{\beta}_s$ 与向量组 $\boldsymbol{\beta}_1, \boldsymbol{\beta}_2, \cdots, \boldsymbol{\beta}_s$ 等价.

3.15 证明: $\boldsymbol{\alpha}_1, \boldsymbol{\alpha}_2, \boldsymbol{\alpha}_3$ 线性无关的充分必要条件是向量组 $\boldsymbol{\alpha}_1+\boldsymbol{\alpha}_2, \boldsymbol{\alpha}_2+\boldsymbol{\alpha}_3, \boldsymbol{\alpha}_3+\boldsymbol{\alpha}_1$ 线性无关.

3.16 设 $\boldsymbol{\alpha}_1, \boldsymbol{\alpha}_2, \cdots, \boldsymbol{\alpha}_n$ 为 n 维向量, $\boldsymbol{A}$ 为 n 阶矩阵, 证明: $\boldsymbol{A}\boldsymbol{\alpha}_1, \boldsymbol{A}\boldsymbol{\alpha}_2, \cdots, \boldsymbol{A}\boldsymbol{\alpha}_n$ 线性无关的充分必要条件是 $\boldsymbol{\alpha}_1, \boldsymbol{\alpha}_2, \cdots, \boldsymbol{\alpha}_n$ 线性无关且 $\boldsymbol{A}$ 为可逆矩阵.

3.17 求 $\boldsymbol{\alpha}$ 在基 $\boldsymbol{\alpha}_1, \boldsymbol{\alpha}_2, \boldsymbol{\alpha}_3, \boldsymbol{\alpha}_4$ 下的坐标, 其中

$$\boldsymbol{\alpha}=\begin{pmatrix}2\\4\\3\\-3\end{pmatrix},\ \boldsymbol{\alpha}_1=\begin{pmatrix}1\\1\\2\\0\end{pmatrix},\ \boldsymbol{\alpha}_2=\begin{pmatrix}2\\3\\4\\0\end{pmatrix},\ \boldsymbol{\alpha}_3=\begin{pmatrix}1\\1\\1\\0\end{pmatrix},\ \boldsymbol{\alpha}_4=\begin{pmatrix}2\\1\\4\\3\end{pmatrix}.$$

再求从 $\boldsymbol{\alpha}_1, \boldsymbol{\alpha}_2, \boldsymbol{\alpha}_3, \boldsymbol{\alpha}_4$ 到 $\boldsymbol{\beta}_1, \boldsymbol{\beta}_2, \boldsymbol{\beta}_3, \boldsymbol{\beta}_4$ 的基底过渡矩阵, 其中

$$\boldsymbol{\beta}_1=\begin{pmatrix}-1\\0\\0\\0\end{pmatrix},\quad \boldsymbol{\beta}_2=\begin{pmatrix}1\\2\\0\\0\end{pmatrix},\quad \boldsymbol{\beta}_3=\begin{pmatrix}1\\-2\\-3\\0\end{pmatrix},\quad \boldsymbol{\beta}_4=\begin{pmatrix}2\\-3\\1\\6\end{pmatrix}.$$

3.18 设 $\boldsymbol{\alpha}_1, \boldsymbol{\alpha}_2, \cdots, \boldsymbol{\alpha}_t$ 是方程组 $\boldsymbol{AX}=\boldsymbol{O}$ 的一个基础解系, 且 $\boldsymbol{A\beta}\neq\boldsymbol{O}$, 证明 $t+1$ 个向量 $\boldsymbol{\beta}, \boldsymbol{\beta}+\boldsymbol{\alpha}_1, \boldsymbol{\beta}+\boldsymbol{\alpha}_2, \cdots, \boldsymbol{\beta}+\boldsymbol{\alpha}_t$ 线性无关.

3.19 设线性方程组 $\boldsymbol{AX}=\boldsymbol{\xi}$ 及 $\boldsymbol{BX}=\boldsymbol{\eta}$ 有解并同解, 证明对应的导出组 $\boldsymbol{AX}=\boldsymbol{O}$ 及 $\boldsymbol{BX}=\boldsymbol{O}$ 也同解.

3.20 设 4 元齐次线性方程组 (Ⅰ) 为

$$\begin{cases}x_1+x_2=0,\\x_2-x_4=0,\end{cases}$$

又设另一 4 元齐次线性方程组 (Ⅱ) 的通解为 $k_1(0,1,1,0)^{\mathrm{T}}+k_2(-1,0,0,1)^{\mathrm{T}}$, 其中 k_1, k_2 为任意常数.

(1) 求 (Ⅰ) 的一个基础解系.

(2) (Ⅰ) 与 (Ⅱ) 有无非零公共解? 若有, 求出全部非零公共解. 若无, 说明理由.

(3) 做出一个齐次线性方程组, 使它与 (Ⅱ) 同解.

3.21 设 4 元非齐次线性方程组的系数矩阵的秩为 3, 已知 $\boldsymbol{\alpha}_1, \boldsymbol{\alpha}_2, \boldsymbol{\alpha}_3$ 是它的 3 个解向量, 其中 $\boldsymbol{\alpha}_1=(2,0,5,-1)^{\mathrm{T}}$, $\boldsymbol{\alpha}_2+\boldsymbol{\alpha}_3=(1,9,8,8)^{\mathrm{T}}$, 求这个非齐次线性方程组的全部解.

3.22 讨论方程组

$$\begin{cases}x_1+a_1x_2+a_1^2x_3=a_1^3,\\x_1+a_2x_2+a_2^2x_3=a_2^3,\\x_1+a_3x_2+a_3^2x_3=a_3^3,\\x_1+a_4x_2+a_4^2x_3=a_4^3\end{cases}$$

无解的充分必要条件. 如果 $\boldsymbol{\beta}_1=(-1,1,1)^{\mathrm{T}}$, $\boldsymbol{\beta}_2=(1,1,-1)^{\mathrm{T}}$ 为该方程组的解, 求其全部解.

3.23 设 $\boldsymbol{\xi}, \boldsymbol{\eta}$ 都是 n 维列向量，且 $\boldsymbol{\xi} \neq 0$, 证明：存在 n 阶矩阵 $\boldsymbol{A}$, 使得 $\boldsymbol{A\xi} = \boldsymbol{\eta}$.

3.24 设 $\boldsymbol{A}$ 为 $n\ (n \geqslant 2)$ 阶可逆矩阵，问是否存在非零的 $\boldsymbol{\alpha}, \boldsymbol{\beta} \in \mathbb{R}^n$, 使得 $\boldsymbol{\alpha}^{\mathrm{T}}\boldsymbol{A\beta} = 0$?

3.25 设

$$\boldsymbol{A} = \begin{pmatrix} a_{11} & a_{12} & \cdots & a_{1n} \\ a_{21} & a_{22} & \cdots & a_{2n} \\ \cdots & \cdots & \cdots & \cdots \\ a_{m1} & a_{m2} & \cdots & a_{mn} \end{pmatrix}, \quad \boldsymbol{B} = \begin{pmatrix} b_1 \\ b_2 \\ \vdots \\ b_m \end{pmatrix},$$

证明：方程组 $\boldsymbol{AX}_{n\times 1} = \boldsymbol{B}$ 有解的充分必要条件是方程组 $\boldsymbol{A}^{\mathrm{T}}\boldsymbol{X}_{m\times 1} = \boldsymbol{O}$ 的每一个解都是方程 $\boldsymbol{B}^{\mathrm{T}}\boldsymbol{X}_{m\times 1} = 0$ 的解.

3.26 向量组由 t 个向量构成，其秩为 r, 证明从这个组中取出 m 个向量构成的新向量组的秩不小于 $r - t + m$.

3.27 设 $R(\boldsymbol{\alpha}_1, \boldsymbol{\alpha}_2, \cdots, \boldsymbol{\alpha}_s) = r_1$, $R(\boldsymbol{\beta}_1, \boldsymbol{\beta}_2, \cdots, \boldsymbol{\beta}_t) = r_2$, 证明

$$\max\{r_1, r_2\} \leqslant R(\boldsymbol{\alpha}_1, \boldsymbol{\alpha}_2, \cdots, \boldsymbol{\alpha}_s, \boldsymbol{\beta}_1, \boldsymbol{\beta}_2, \cdots, \boldsymbol{\beta}_t) \leqslant r_1 + r_2.$$

3.28 设 $R(\boldsymbol{\alpha}_1, \boldsymbol{\alpha}_2, \cdots, \boldsymbol{\alpha}_s) = r_1$, $R(\boldsymbol{\beta}_1, \boldsymbol{\beta}_2, \cdots, \boldsymbol{\beta}_s) = r_2$, 证明

$$R(\boldsymbol{\alpha}_1 + \boldsymbol{\beta}_1, \boldsymbol{\alpha}_2 + \boldsymbol{\beta}_2, \cdots, \boldsymbol{\alpha}_s + \boldsymbol{\beta}_s) \leqslant r_1 + r_2.$$

3.29 设 $\boldsymbol{\alpha}_1, \boldsymbol{\alpha}_2, \cdots, \boldsymbol{\alpha}_t$ 线性无关，且

$$\boldsymbol{\beta}_j = a_{1j}\boldsymbol{\alpha}_1 + a_{2j}\boldsymbol{\alpha}_2 + \cdots + a_{tj}\boldsymbol{\alpha}_t, \quad j = 1, 2, \cdots, s,$$

问 $\boldsymbol{\beta}_1, \boldsymbol{\beta}_2, \cdots, \boldsymbol{\beta}_s$ 线性相关的充分必要条件是什么？

3.30 设矩阵 $\boldsymbol{A}$ 各列线性无关，矩阵 $\boldsymbol{B}$ 各列线性无关，且 $\boldsymbol{A}$ 与 $\boldsymbol{B}$ 的列向量组等价，证明：存在可逆矩阵 $\boldsymbol{C}$, 使得 $\boldsymbol{A} = \boldsymbol{BC}$.

3.31 设矩阵 $\boldsymbol{A}_{m\times n}$ 各行线性无关， $\boldsymbol{A}_1$ 为 $\boldsymbol{A}$ 的某 p 行 $(p < m)$, 证明 $\boldsymbol{A}_1\boldsymbol{X} = \boldsymbol{O}$ 的解中至少有一个不是 $\boldsymbol{AX} = \boldsymbol{O}$ 的解.

3.32 设 $m \times n$ 矩阵 $\boldsymbol{A}$ 的秩为 r, 非齐次线性方程组 $\boldsymbol{AX} = \boldsymbol{B}$ 有解，证明其解集合的秩为 $n - r + 1$.

3.33 设方程组 $\boldsymbol{AX} = \boldsymbol{O}$ 的解都是 $\boldsymbol{BX} = \boldsymbol{O}$ 的解，证明：存在矩阵 $\boldsymbol{C}$, 使得 $\boldsymbol{B} = \boldsymbol{CA}$.

3.34 证明：方程组 $\boldsymbol{AX} = \boldsymbol{O}$ 与 $\boldsymbol{BX} = \boldsymbol{O}$ 同解的充分必要条件是存在矩阵 $\boldsymbol{C}$ 及 $\boldsymbol{D}$, 使得 $\boldsymbol{A} = \boldsymbol{CB}$ 且 $\boldsymbol{B} = \boldsymbol{DA}$.

3.35 设 $\boldsymbol{A}$ 与 $\boldsymbol{B}$ 为同型矩阵，方程组 $\boldsymbol{AX} = \boldsymbol{O}$ 与 $\boldsymbol{BX} = \boldsymbol{O}$ 同解，证明：当 $\boldsymbol{AX} = \boldsymbol{\xi}$ 有解时，存在 $\boldsymbol{\eta}$, 使得方程组 $\boldsymbol{AX} = \boldsymbol{\xi}$ 与 $\boldsymbol{BX} = \boldsymbol{\eta}$ 同解.

3.36 问 x, y 取何值时， $\boldsymbol{\alpha}_1$ 可由 $\boldsymbol{\alpha}_2, \boldsymbol{\alpha}_3, \boldsymbol{\alpha}_4, \boldsymbol{\alpha}_5$ 唯一线性表示，其中

$$\boldsymbol{\alpha}_1 = \begin{pmatrix} 1 \\ 3 \\ 3 \\ x \end{pmatrix}, \quad \boldsymbol{\alpha}_2 = \begin{pmatrix} 1 \\ 1 \\ 3 \\ 1 \end{pmatrix}, \quad \boldsymbol{\alpha}_3 = \begin{pmatrix} 1 \\ 3 \\ -1 \\ 5 \end{pmatrix}, \quad \boldsymbol{\alpha}_4 = \begin{pmatrix} 2 \\ 6 \\ -y \\ -10 \end{pmatrix}, \quad \boldsymbol{\alpha}_5 = \begin{pmatrix} 3 \\ 1 \\ 15 \\ 12 \end{pmatrix}.$$

3.37 设 $\boldsymbol{\alpha}_1,\cdots,\boldsymbol{\alpha}_{k-1}$ 线性无关，$\boldsymbol{\alpha}_1,\cdots,\boldsymbol{\alpha}_{k-1}$, $\boldsymbol{\alpha}_k$ 线性相关，$\boldsymbol{\alpha}_1,\cdots,\boldsymbol{\alpha}_{k-1}$, $\boldsymbol{\alpha}_k+\boldsymbol{\beta}$ 也线性相关，证明：对任意 λ, 向量组 $\boldsymbol{\alpha}_1,\cdots,\boldsymbol{\alpha}_{k-1}$, $\boldsymbol{\alpha}_k+\lambda\boldsymbol{\beta}$ 线性相关.

3.38 设 $\boldsymbol{\alpha}_1$, $\boldsymbol{\alpha}_2$, $\boldsymbol{\alpha}_3$ 线性无关，且

$$\boldsymbol{\alpha}_1=\boldsymbol{\beta}_1+\boldsymbol{\beta}_2-\boldsymbol{\beta}_3,\ \boldsymbol{\alpha}_2=\boldsymbol{\beta}_1+\boldsymbol{\beta}_2+\boldsymbol{\beta}_3,\ \boldsymbol{\alpha}_3=\boldsymbol{\beta}_1-\boldsymbol{\beta}_2-\boldsymbol{\beta}_3,$$

证明 $\boldsymbol{\beta}_1$, $\boldsymbol{\beta}_2$, $\boldsymbol{\beta}_3$ 仍线性无关.

3.39 证明 $L(\boldsymbol{\alpha}_1,\ \boldsymbol{\alpha}_2,\ \boldsymbol{\alpha}_3)=L(\boldsymbol{\beta}_1,\ \boldsymbol{\beta}_2)$, 其中

$$\boldsymbol{\alpha}_1=\begin{pmatrix}1\\1\\1\end{pmatrix},\ \boldsymbol{\alpha}_2=\begin{pmatrix}2\\3\\4\end{pmatrix},\ \boldsymbol{\alpha}_3=\begin{pmatrix}5\\7\\9\end{pmatrix},\ \boldsymbol{\beta}_1=\begin{pmatrix}-3\\-2\\-1\end{pmatrix},\ \boldsymbol{\beta}_2=\begin{pmatrix}-3\\-1\\1\end{pmatrix}.$$

3.40 设 n 维向量组 $\boldsymbol{\alpha}_1,\ \boldsymbol{\alpha}_2,\cdots,\boldsymbol{\alpha}_t$ 与 $\boldsymbol{\beta}_1,\ \boldsymbol{\beta}_2,\cdots,\boldsymbol{\beta}_s$ 均线性无关, 且 $\boldsymbol{\alpha}_1,\ \boldsymbol{\alpha}_2,\cdots,\boldsymbol{\alpha}_t$ 中的每个向量都不能用 $\boldsymbol{\beta}_1,\ \boldsymbol{\beta}_2,\cdots,\boldsymbol{\beta}_s$ 线性表示，问 $\boldsymbol{\alpha}_1,\ \cdots,\ \boldsymbol{\alpha}_t,\ \boldsymbol{\beta}_1,\cdots,\boldsymbol{\beta}_s$ 是否线性无关？

3.41 证明：$\boldsymbol{\alpha}_1,\ \boldsymbol{\alpha}_2,\cdots,\boldsymbol{\alpha}_r$ 线性无关的充分必要条件是存在向量 $\boldsymbol{\beta}$ 可由 $\boldsymbol{\alpha}_1,\ \boldsymbol{\alpha}_2,\cdots,\boldsymbol{\alpha}_r$ 线性表示，但不能由 $\boldsymbol{\alpha}_1,\ \boldsymbol{\alpha}_2,\cdots,\boldsymbol{\alpha}_r$ 中少于 r 个的子向量组线性表示.

3.42 证明：(替换定理) 设线性无关的向量组 $\boldsymbol{\alpha}_1,\ \boldsymbol{\alpha}_2,\cdots,\boldsymbol{\alpha}_r$ 可由向量组 $\boldsymbol{\beta}_1,\ \boldsymbol{\beta}_2,\cdots,\boldsymbol{\beta}_s$ 线性表示，则向量组 $\boldsymbol{\beta}_1,\ \boldsymbol{\beta}_2,\cdots,\boldsymbol{\beta}_s$ 中存在 r 个向量用 $\boldsymbol{\alpha}_1,\ \boldsymbol{\alpha}_2,\cdots,\boldsymbol{\alpha}_r$ 替换后，所得向量组与 $\boldsymbol{\beta}_1,\ \boldsymbol{\beta}_2,\cdots,\boldsymbol{\beta}_s$ 等价.

3.43 设 V_1 及 V_2 为 $\mathbb{R}^n$ 的两个子空间，且 $V_1\subset V_2$, $\dim V_1=\dim V_2$, 证明 $V_1=V_2$.

3.44 证明：$R(\boldsymbol{AB})=R(\boldsymbol{B})$ 的充分必要条件是方程组 $\boldsymbol{ABX}=\boldsymbol{O}$ 与 $\boldsymbol{BX}=\boldsymbol{O}$ 同解.

3.45 设 $\boldsymbol{A}$ 为 $m\times n$ 实矩阵，证明

$$R(\boldsymbol{A})=R(\boldsymbol{A}^{\mathrm{T}}\boldsymbol{A})=R(\boldsymbol{A}\boldsymbol{A}^{\mathrm{T}}).$$

3.46 设 $\boldsymbol{A}$ 为实反对称矩阵，证明 $\boldsymbol{E}-\boldsymbol{A}$ 为可逆矩阵.

3.47 设 $\boldsymbol{\alpha}_1,\ \boldsymbol{\alpha}_2,\cdots,\boldsymbol{\alpha}_n$ 为 $\mathbb{R}^n$ 的一组基，$m\times n$ 矩阵 $\boldsymbol{A}$ 的秩为 r, 齐次方程组 $\boldsymbol{AX}=\boldsymbol{O}$ 的解空间为 V_0, 证明

$$V_1=\left\{\sum_{i=1}^{n}x_i\boldsymbol{\alpha}_i\ \middle|\ x=\begin{pmatrix}x_1\\\vdots\\x_n\end{pmatrix}\in V_0\right\}$$

是 $\mathbb{R}^n$ 的子空间，并求其维数.

3.48 求 $L(\boldsymbol{\alpha}_1,\ \boldsymbol{\alpha}_2)\cap L(\boldsymbol{\beta}_1,\ \boldsymbol{\beta}_2)$ 的一组基，其中

$$\boldsymbol{\alpha}_1=\begin{pmatrix}1\\2\\1\\0\end{pmatrix},\ \boldsymbol{\alpha}_2=\begin{pmatrix}-1\\1\\1\\1\end{pmatrix},\ \boldsymbol{\beta}_1=\begin{pmatrix}2\\-1\\0\\1\end{pmatrix},\ \boldsymbol{\beta}_2=\begin{pmatrix}1\\-1\\3\\7\end{pmatrix}.$$

第 4 章　相似矩阵与二次型

在前面几章，我们用矩阵理论解决了一次方程组的求解问题，现在研究一般的 n 元二次多项式

$$f(x_1,x_2,\cdots,x_n)=\sum_{i=1}^{n}\sum_{j=1}^{n}a_{ij}x_ix_j+\sum_{j=1}^{n}b_jx_j+c.$$

如果记二次项的系数矩阵为 $\boldsymbol{A}$, 一次项的系数矩阵为 $\boldsymbol{B}$, 未知量矩阵为 $\boldsymbol{X}$, 即

$$\boldsymbol{A}=\begin{pmatrix}a_{11}&a_{12}&\cdots&a_{1n}\\a_{21}&a_{22}&\cdots&a_{2n}\\\cdots&\cdots&\cdots&\cdots\\a_{n1}&a_{n2}&\cdots&a_{nn}\end{pmatrix},\quad \boldsymbol{B}=\begin{pmatrix}b_1\\b_2\\\vdots\\b_n\end{pmatrix},\quad \boldsymbol{X}=\begin{pmatrix}x_1\\x_2\\\vdots\\x_n\end{pmatrix},$$

则 n 元二次多项式可写为矩阵形式

$$f(x_1,x_2,\cdots,x_n)=\boldsymbol{X}^{\mathrm{T}}\boldsymbol{A}\boldsymbol{X}+\boldsymbol{B}^{\mathrm{T}}\boldsymbol{X}+c.$$

如果能按照某种规则，将 n 元二次多项式的所有二次项化成平方和形式，即

$$a_{11}^*y_1^2+a_{22}^*y_2^2+\cdots+a_{nn}^*y_n^2+b_1^*y_1+b_2^*y_2+\cdots+b_n^*y_n+c^*,$$

然后利用配方法可将上式化为

$$d_1z_1^2+d_2z_2^2+\cdots+d_nz_n^2+d.$$

这样我们在研究 n 元二次多项式的化简问题时，可以先不考虑一次项和常数项，只考虑其中的二次项，就将问题转化为如何将一个 n 阶矩阵 $\boldsymbol{A}$ 化成尽可能简单的一类矩阵 —— 对角矩阵，即寻找一个可逆矩阵 $\boldsymbol{P}$, 使得

$$\boldsymbol{P}^{\mathrm{T}}\boldsymbol{A}\boldsymbol{P}=\mathrm{diag}(d_1,\ d_2,\cdots,d_n),$$

从而利用线性变换

$$\boldsymbol{X}=\boldsymbol{P}\boldsymbol{Y}=\boldsymbol{P}\begin{pmatrix}y_1\\y_2\\\vdots\\y_n\end{pmatrix},$$

得

$$\boldsymbol{X}^{\mathrm{T}}\boldsymbol{A}\boldsymbol{X}=\boldsymbol{Y}^{\mathrm{T}}(\boldsymbol{P}^{\mathrm{T}}\boldsymbol{A}\boldsymbol{P})\boldsymbol{Y}=d_1y_1^2+d_2y_2^2+\cdots+d_ny_n^2.$$

本章将重点讨论矩阵与对角矩阵之间的关系，通过对角矩阵的性质间接地研究 n 阶矩阵的性质，进而讨论一般的 n 元二次多项式的二次项化为平方和形式的各种方法及其相关知识.

4.1 相似矩阵与二次型的概念

定义 4.1.1 设 $\boldsymbol{A}$ 与 $\boldsymbol{B}$ 均为 n 阶矩阵，如果存在可逆矩阵 $\boldsymbol{P}$, 使得

$$\boldsymbol{P}^{-1}\boldsymbol{A}\boldsymbol{P}=\boldsymbol{B},$$

则称 $\boldsymbol{B}$ 为 $\boldsymbol{A}$ 的相似矩阵或 $\boldsymbol{A}$ 与 $\boldsymbol{B}$ 相似，记为 $\boldsymbol{A}\sim\boldsymbol{B}$.

在定义 4.1.1 中，对 $\boldsymbol{A}$ 施以初等变换 $\boldsymbol{P}^{-1}\boldsymbol{A}\boldsymbol{P}$ 称为对 $\boldsymbol{A}$ 施以相似变换，此时可逆矩阵 $\boldsymbol{P}$ 称为相似变换矩阵. 方阵之间的“相似”是一种等价关系，满足：

(1) 反身性，即 $\boldsymbol{A}\sim\boldsymbol{A}$;

(2) 对称性，即如果 $\boldsymbol{A}\sim\boldsymbol{B}$, 则 $\boldsymbol{B}\sim\boldsymbol{A}$;

(3) 传递性，即如果 $\boldsymbol{A}\sim\boldsymbol{B}$, 且 $\boldsymbol{B}\sim\boldsymbol{C}$, 则 $\boldsymbol{A}\sim\boldsymbol{C}$.

利用矩阵的运算性质可得如下定理.

定理 4.1.1 设 $\boldsymbol{A}$ 与 $\boldsymbol{B}$ 均为 n 阶矩阵，且 $\boldsymbol{A}\sim\boldsymbol{B}$, 则

$$R(\boldsymbol{A})=R(\boldsymbol{B}),\quad |\boldsymbol{A}|=|\boldsymbol{B}|,\quad \boldsymbol{A}^{\mathrm{T}}\sim\boldsymbol{B}^{\mathrm{T}}.$$

特别地，如果 $\boldsymbol{A}$ 为可逆矩阵，则 $\boldsymbol{B}$ 为可逆矩阵，且 $\boldsymbol{A}^{-1}\sim\boldsymbol{B}^{-1}$.

证明 由 $\boldsymbol{A}\sim\boldsymbol{B}$ 可知，存在可逆矩阵 $\boldsymbol{P}$, 使得

$$\boldsymbol{B}=\boldsymbol{P}^{-1}\boldsymbol{A}\boldsymbol{P},$$

故由推论 1.4.4 及 $|\boldsymbol{P}^{-1}\boldsymbol{P}|=|\boldsymbol{P}^{-1}||\boldsymbol{P}|=1$ 可得

$$R(\boldsymbol{A})=R(\boldsymbol{B}),\quad |\boldsymbol{B}|=|\boldsymbol{P}^{-1}||\boldsymbol{A}||\boldsymbol{P}|=|\boldsymbol{A}|,$$

由

$$\boldsymbol{B}^{\mathrm{T}}=(\boldsymbol{P}^{-1}A\boldsymbol{P})^{\mathrm{T}}=\boldsymbol{P}^{\mathrm{T}}\boldsymbol{A}^{\mathrm{T}}(\boldsymbol{P}^{-1})^{\mathrm{T}}=(\boldsymbol{P}^{\mathrm{T}})\boldsymbol{A}^{\mathrm{T}}(\boldsymbol{P}^{\mathrm{T}})^{-1}$$

可知，$\boldsymbol{A}^{\mathrm{T}}\sim\boldsymbol{B}^{\mathrm{T}}$.

另一方面，当 $\boldsymbol{A}$ 为可逆矩阵时，由 $\boldsymbol{B}=\boldsymbol{P}^{-1}\boldsymbol{A}\boldsymbol{P}$ 可知，$\boldsymbol{B}$ 为可逆矩阵，并由

$$\boldsymbol{B}^{-1}=(\boldsymbol{P}^{-1}\boldsymbol{A}\boldsymbol{P})^{-1}=\boldsymbol{P}^{-1}\boldsymbol{A}^{-1}(\boldsymbol{P}^{-1})^{-1}=\boldsymbol{P}^{-1}\boldsymbol{A}^{-1}\boldsymbol{P}$$

可知，$\boldsymbol{A}^{-1}\sim\boldsymbol{B}^{-1}$. ∎

例 4.1.1 设 $\boldsymbol{A}$、$\boldsymbol{B}$ 为 n 阶矩阵，且 $\boldsymbol{A}\sim\boldsymbol{B}$, 证明：对任意正整数 k, 有 $\boldsymbol{A}^k\sim\boldsymbol{B}^k$.

证明 由 $\boldsymbol{A}\sim\boldsymbol{B}$ 可知，存在可逆矩阵 $\boldsymbol{P}$, 使得

$$\boldsymbol{B}=\boldsymbol{P}^{-1}\boldsymbol{A}\boldsymbol{P}.$$

另一方面，对任意正整数 k, 当 $k=2$ 时，有

$$\boldsymbol{B}^2=(\boldsymbol{P}^{-1}\boldsymbol{A}\boldsymbol{P})^2=(\boldsymbol{P}^{-1}\boldsymbol{A}\boldsymbol{P})(\boldsymbol{P}^{-1}\boldsymbol{A}\boldsymbol{P})=\boldsymbol{P}^{-1}\boldsymbol{A}^2\boldsymbol{P}.$$

假设对于正整数 $k-1$ 成立

$$\boldsymbol{B}^{k-1}=\boldsymbol{P}^{-1}\boldsymbol{A}^{k-1}\boldsymbol{P},$$

则对于正整数 k, 有

$$\boldsymbol{B}^k=(\boldsymbol{P}^{-1}\boldsymbol{A}\boldsymbol{P})\boldsymbol{B}^{k-1}=(\boldsymbol{P}^{-1}\boldsymbol{A}\boldsymbol{P})(\boldsymbol{P}^{-1}\boldsymbol{A}^{k-1}\boldsymbol{P})=\boldsymbol{P}^{-1}\boldsymbol{A}^k\boldsymbol{P}.$$

由数学归纳法原理可知，对任意正整数 k, 有 $\boldsymbol{A}^k\sim\boldsymbol{B}^k$.

特别地，对于 m 次多项式 $f(x)=a_mx^m+a_{m-1}x^{m-1}+\cdots+a_1x+a_0$, 有

$$f(\boldsymbol{A})\sim f(\boldsymbol{B}).$$

定义 4.1.2 称二次齐次多项式

$$f(x_1,x_2,\cdots,x_n)=\sum_{i=1}^{n}\sum_{j=1}^{n}a_{ij}x_ix_j$$

为关于 $x_1,x_2,\cdots,x_n$ 的一个 n 元二次型，简称二次型.

为了讨论方便，除特别说明外，假设 $a_{ji}=a_{ij}\ (i,\ j=1,2,\cdots,n)$, 二次型的系数矩阵为 $\boldsymbol{A}$, 未知量矩阵为 $\boldsymbol{X}$, 即

$$\boldsymbol{A}=\begin{pmatrix}a_{11}&a_{12}&\cdots&a_{1n}\\a_{21}&a_{22}&\cdots&a_{2n}\\\cdots&\cdots&\cdots&\cdots\\a_{n1}&a_{n2}&\cdots&a_{nn}\end{pmatrix},\quad \boldsymbol{X}=\begin{pmatrix}x_1\\x_2\\\vdots\\x_n\end{pmatrix},$$

则 $\boldsymbol{A}$ 为实对称矩阵，且二次型可用矩阵表示为

$$f(x_1,x_2,\cdots,x_n)=\boldsymbol{X}^{\mathrm{T}}\boldsymbol{A}\boldsymbol{X}.$$

此时， $\boldsymbol{A}$ 称为二次型 $f(x_1,x_2,\cdots,x_n)$ 的矩阵，并称 $\boldsymbol{A}$ 的秩为该二次型的秩.

对于给定的对称矩阵 $\boldsymbol{A}$, 如果存在可逆矩阵 $\boldsymbol{P}$, 使得

$$\boldsymbol{P}^{\mathrm{T}}\boldsymbol{A}\boldsymbol{P}=\mathrm{diag}(d_1,\ d_2,\cdots,d_n),$$

从而利用线性变换

$$\boldsymbol{X}=\boldsymbol{P}\boldsymbol{Y}=\boldsymbol{P}\begin{pmatrix}y_1\\y_2\\\vdots\\y_n\end{pmatrix}$$

可将二次型 $\boldsymbol{X}^{\mathrm{T}}\boldsymbol{A}\boldsymbol{X}$ 化为

$$d_1y_1^2+d_2y_2^2+\cdots+d_ny_n^2.$$

称上式为二次型 $\boldsymbol{X}^{\mathrm{T}}\boldsymbol{A}\boldsymbol{X}$ 的标准形.

定义 4.1.3 设 $\boldsymbol{A}$、$\boldsymbol{B}$ 为 n 阶对称矩阵, 如果存在可逆矩阵 $\boldsymbol{C}$, 使得

$$\boldsymbol{C}^{\mathrm{T}}\boldsymbol{A}\boldsymbol{C}=\boldsymbol{B},$$

则称 $\boldsymbol{A}$ 与 $\boldsymbol{B}$ 合同.

容易验证, “合同”也是方阵之间的一种等价关系, 即它具有反身性、对称性和传递性. 二次型的基本问题也可以表述为: 对于 n 阶对称矩阵 $\boldsymbol{A}$, 寻求可逆矩阵 $\boldsymbol{C}$, 使得 $\boldsymbol{C}^{\mathrm{T}}\boldsymbol{A}\boldsymbol{C}$ 为对角矩阵.

习题 4.1

4.1.1 试判别矩阵 $\boldsymbol{A}$ 与矩阵 $\boldsymbol{B}$ 是否相似, 其中

$$\boldsymbol{A}=\begin{pmatrix}2&0&0\\0&0&1\\0&1&0\end{pmatrix},\quad \boldsymbol{B}=\begin{pmatrix}1&0&0\\0&-1&0\\0&-6&2\end{pmatrix}.$$

4.1.2 问当 y 取何值时, 矩阵 $\boldsymbol{A}$ 与矩阵 $\boldsymbol{B}$ 相似, 其中

$$\boldsymbol{A}=\begin{pmatrix}-2&0&0\\2&0&2\\3&1&1\end{pmatrix},\quad \boldsymbol{B}=\begin{pmatrix}-1&0&0\\0&2&0\\0&0&y\end{pmatrix}.$$

4.1.3 写出二次型 $f(x_1,x_2,x_3)=x_1^2+2x_2^2+3x_3^2+4x_1x_2+2x_2x_3$ 的系数矩阵.

4.1.4 写出二次型 $f(x_1,x_2,x_3)$ 的表达式, 其中二次型 $f(x_1,x_2,x_3)$ 的系数矩阵为

$$\boldsymbol{A}=\begin{pmatrix}1&2&4\\2&2&-1\\4&-1&3\end{pmatrix}.$$

4.1.5 利用矩阵运算表示下列二次型:

(1) $f(x,y,z)=x^2+4y^2+z^2+4xy+2xz+4yz$;

(2) $f(x,y,z)=x^2+y^2-7z^2-2xy-4xz-4yz$;

4.1.6 写出下列二次型的矩阵

(1) $f(x_1,x_2)=(x_1,\ x_2)\begin{pmatrix}2&1\\3&1\end{pmatrix}\begin{pmatrix}x_1\\x_2\end{pmatrix}$;

(2) $f(x_1,x_2,x_3)=(x_1,\ x_2,\ x_3)\begin{pmatrix}1&2&3\\4&5&6\\7&8&9\end{pmatrix}\begin{pmatrix}x_1\\x_2\\x_x\end{pmatrix}$.

4.2 特征值与特征向量

对于给定的 n 阶对称矩阵 $\boldsymbol{A}$, 如果存在可逆矩阵 $\boldsymbol{C}$, 使得 $\boldsymbol{C}^{\mathrm{T}}\boldsymbol{A}\boldsymbol{C}$ 为对角矩阵, 则对角矩阵不是唯一的, 故二次型 $\boldsymbol{X}^{\mathrm{T}}\boldsymbol{A}\boldsymbol{X}$ 的标准形也不是唯一的, 这与所选的可逆矩阵 $\boldsymbol{C}$ 有关. 这说明, 如果二次型

$$f(x_1, x_2, \cdots, x_n) = \boldsymbol{X}^{\mathrm{T}}\boldsymbol{A}\boldsymbol{X}$$

经可逆线性变换 $\boldsymbol{X} = \boldsymbol{C}\boldsymbol{Y}$ 化成了新二次型

$$g(y_1, y_2, \cdots, y_n) = \boldsymbol{Y}^{\mathrm{T}}(\boldsymbol{C}^{\mathrm{T}}\boldsymbol{A}\boldsymbol{C})\boldsymbol{Y},$$

尽管我们可以通过 $\boldsymbol{Y}^{\mathrm{T}}(\boldsymbol{C}^{\mathrm{T}}\boldsymbol{A}\boldsymbol{C})\boldsymbol{Y}$ 的性质来讨论 $\boldsymbol{X}^{\mathrm{T}}\boldsymbol{A}\boldsymbol{X}$ 的一些对应性质, 但有一些性质可能已经改变, 当然我们希望这种改变越少越好.

我们曾介绍过一种特殊的可逆矩阵 —— 正交矩阵, 对于 n 阶正交矩阵 $\boldsymbol{Q}$, 如果做线性变换 $\boldsymbol{X} = \boldsymbol{Q}\boldsymbol{Y}$, 则由 $\boldsymbol{Q}^{\mathrm{T}}\boldsymbol{Q} = \boldsymbol{E}$ 可得

$$\langle \boldsymbol{X}, \boldsymbol{X} \rangle = \langle \boldsymbol{Q}\boldsymbol{Y}, \boldsymbol{Q}\boldsymbol{Y} \rangle = (\boldsymbol{Q}\boldsymbol{Y})^{\mathrm{T}}(\boldsymbol{Q}\boldsymbol{Y}) = \boldsymbol{Y}^{\mathrm{T}}\boldsymbol{Y} = \langle \boldsymbol{Y}, \boldsymbol{Y} \rangle,$$

从而正交变换不改变向量的内积, 也不改变向量的长度及向量间的夹角. 这说明, 正交变换不改变几何图形的形状.

综上所述, 我们的问题是: 对 n 阶对称矩阵 $\boldsymbol{A}$, 能否找到正交矩阵 $\boldsymbol{Q}$, 使得

$$\boldsymbol{Q}^{\mathrm{T}}\boldsymbol{A}\boldsymbol{Q} = \boldsymbol{Q}^{-1}\boldsymbol{A}\boldsymbol{Q} = \mathrm{diag}(d_1, d_2, \cdots, d_n).$$

如果 $\boldsymbol{Q}$ 的列向量为 $\boldsymbol{\xi}_1, \boldsymbol{\xi}_2, \cdots, \boldsymbol{\xi}_n$, 则 $\boldsymbol{\xi}_1, \boldsymbol{\xi}_2, \cdots, \boldsymbol{\xi}_n$ 为一个标准正交向量组, 且由

$$\boldsymbol{A}(\boldsymbol{\xi}_1\ \boldsymbol{\xi}_2\ \cdots\ \boldsymbol{\xi}_n) = (\boldsymbol{\xi}_1\ \boldsymbol{\xi}_2\ \cdots\ \boldsymbol{\xi}_n)\mathrm{diag}(d_1, d_2, \cdots, d_n)$$

可得

$$\boldsymbol{A}\boldsymbol{\xi}_j = d_j\boldsymbol{\xi}_j, \quad j = 1, 2, \cdots, n.$$

由此, 我们引入特征值与特征向量.

定义 4.2.1 设 $\boldsymbol{A}$ 为 n 阶矩阵, 如果存在数 λ 和非零向量 $\boldsymbol{\xi}$, 使得

$$\boldsymbol{A}\boldsymbol{\xi} = \lambda\boldsymbol{\xi},$$

则称 λ 是矩阵 $\boldsymbol{A}$ 的一个特征值或特征根, $\boldsymbol{\xi}$ 称为 $\boldsymbol{A}$ 的属于 (或对应于) 特征值 λ 的一个特征向量, 简称 $\boldsymbol{\xi}$ 为属于特征值 λ 的特征向量.

对于给定的 n 阶矩阵 $\boldsymbol{A}$, 如何来求它的特征值和特征向量呢?

事实上, 如果 λ 为矩阵 $\boldsymbol{A}$ 的一个特征值, 则存在非零向量 $\boldsymbol{\xi}$, 使得 $\boldsymbol{A}\boldsymbol{\xi} = \lambda\boldsymbol{\xi}$, 即方程组

$$(\lambda\boldsymbol{E} - \boldsymbol{A})\boldsymbol{\xi} = \boldsymbol{O}$$

有一个非零解 $\boldsymbol{\xi}$, 从而 λ 为 $\boldsymbol{A}$ 的一个特征值的充分必要条件是

$$|\lambda \boldsymbol{E}-\boldsymbol{A}|=0.$$

称此方程为矩阵 $\boldsymbol{A}$ 的特征方程，称

$$|\lambda \boldsymbol{E}-\boldsymbol{A}|=\begin{vmatrix}\lambda-a_{11} & -a_{12} & \cdots & -a_{1n}\\ -a_{21} & \lambda-a_{22} & \cdots & -a_{2n}\\ \vdots & \vdots & & \vdots\\ -a_{n1} & -a_{n2} & \cdots & \lambda-a_{nn}\end{vmatrix}$$

为矩阵 $\boldsymbol{A}$(关于 λ) 的特征多项式. 此时 $\boldsymbol{A}$ 的特征值也称为特征多项式的根.

综上可知，我们可以按如下步骤求 n 阶矩阵 $\boldsymbol{A}$ 的特征值和特征向量:

(1) 计算 $\boldsymbol{A}$ 的特征多项式 $|\lambda \boldsymbol{E}-\boldsymbol{A}|$;

(2) 求出 $\boldsymbol{A}$ 的特征方程 $|\lambda \boldsymbol{E}-\boldsymbol{A}|=0$ 的全部根，它们是 $\boldsymbol{A}$ 的全部特征值;

(3) 对于 $\boldsymbol{A}$ 的每一个特征值 λ, 求出齐次线性方程组

$$(\lambda \boldsymbol{E}-\boldsymbol{A})\boldsymbol{X}=\boldsymbol{O}$$

的基础解系 $\boldsymbol{\xi}_1, \boldsymbol{\xi}_2, \cdots, \boldsymbol{\xi}_k$, 从而得到 $\boldsymbol{A}$ 的属于特征值 λ 的全部特征向量

$$\boldsymbol{\xi}=c_1\boldsymbol{\xi}_1+c_2\boldsymbol{\xi}_2+\cdots+c_k\boldsymbol{\xi}_k,$$

其中 $c_1, c_2, \cdots, c_k$ 为任意非零常数.

例 4.2.1 求矩阵 $\boldsymbol{A}$ 的特征值与特征向量，其中

$$\boldsymbol{A}=\begin{pmatrix}2 & 2 & -1\\ 0 & -3 & 0\\ 5 & 2 & -4\end{pmatrix}.$$

解 因为 $\boldsymbol{A}$ 的特征多项式为

$$|\lambda \boldsymbol{E}-\boldsymbol{A}|=\begin{vmatrix}\lambda-2 & -2 & 1\\ 0 & \lambda+3 & 0\\ -5 & -2 & \lambda+4\end{vmatrix}=(\lambda+3)^2(\lambda-1),$$

所以 $\boldsymbol{A}$ 的特征值为 $\lambda_1=-3$, $\lambda_2=1$, 从而当 $\lambda_1=-3$ 时，由方程组

$$(-3\boldsymbol{E}-\boldsymbol{A})\boldsymbol{X}=\begin{pmatrix}-5 & -2 & 1\\ 0 & 0 & 0\\ -5 & -2 & 1\end{pmatrix}\begin{pmatrix}x_1\\ x_2\\ x_3\end{pmatrix}=\begin{pmatrix}0\\ 0\\ 0\end{pmatrix}$$

解得一个基础解系为 $\boldsymbol{\xi}_1=(1,0,5)^{\mathrm{T}}$, $\boldsymbol{\xi}_2=(0,1,2)^{\mathrm{T}}$; 当 $\lambda_2=1$ 时，由方程组

$$(\boldsymbol{E}-\boldsymbol{A})\boldsymbol{X}=\begin{pmatrix}-1 & -2 & 1\\ 0 & 4 & 0\\ -5 & -2 & 5\end{pmatrix}\begin{pmatrix}x_1\\x_2\\x_3\end{pmatrix}=\begin{pmatrix}0\\0\\0\end{pmatrix}$$

解得一个基础解系为 $\boldsymbol{\xi}_3=(1,0,1)^{\mathrm{T}}$.

综上可知， $\boldsymbol{A}$ 的特征值为 $\lambda_1=-3$, $\lambda_2=1$. 属于 $\lambda_1=-3$ 的全部特征向量为

$$c_1\boldsymbol{\xi}_1+c_2\boldsymbol{\xi}_2=c_1\begin{pmatrix}1\\0\\5\end{pmatrix}+c_2\begin{pmatrix}0\\1\\2\end{pmatrix}\quad (c_1,\ c_2\ \text{为不同时为零的常数}),$$

属于 $\lambda_2=1$ 的全部特征向量为

$$c_3\boldsymbol{\xi}_3=c_3\begin{pmatrix}1\\0\\1\end{pmatrix}\quad (c_3\in\mathbb{R},\ c_3\neq 0).$$

例 4.2.2 求矩阵 $\boldsymbol{A}$ 的特征值与特征向量，其中

$$\boldsymbol{A}=\begin{pmatrix}1 & -3 & 3\\ 3 & -5 & 3\\ 6 & -6 & 4\end{pmatrix}.$$

解 因为 $\boldsymbol{A}$ 的特征方程为

$$|\lambda\boldsymbol{E}-\boldsymbol{A}|=\begin{vmatrix}\lambda-1 & 3 & -3\\ -3 & \lambda+5 & -3\\ -6 & 6 & \lambda-4\end{vmatrix}=(\lambda-4)(\lambda+2)^2=0,$$

所以 $\boldsymbol{A}$ 的特征值为 $\lambda_1=4$, $\lambda_2=-2$, 从而当 $\lambda_1=4$ 时，由方程组

$$(4\boldsymbol{E}-\boldsymbol{A})\boldsymbol{X}=\begin{pmatrix}3 & 3 & -3\\ -3 & 9 & -3\\ -6 & 6 & 0\end{pmatrix}\begin{pmatrix}x_1\\x_2\\x_3\end{pmatrix}=\begin{pmatrix}0\\0\\0\end{pmatrix}$$

解得属于特征值 $\lambda_1=4$ 的全部特征向量为

$$\boldsymbol{\xi}_1=c_1\begin{pmatrix}1\\1\\2\end{pmatrix}\quad (c_1\in\mathbb{R},\ c_1\neq 0);$$

当 $\lambda_2=-2$ 时，由方程组

$$(-2\boldsymbol{E}-\boldsymbol{A})\boldsymbol{X}=\begin{pmatrix}-3 & 3 & -3\\ -3 & 3 & -3\\ -6 & 6 & -6\end{pmatrix}\begin{pmatrix}x_1\\x_2\\x_3\end{pmatrix}=\begin{pmatrix}0\\0\\0\end{pmatrix}$$

解得属于特征值 $\lambda_2=-2$ 的全部特征向量为

$$\boldsymbol{\xi}_2=c_2\begin{pmatrix}1\\1\\0\end{pmatrix}+c_3\begin{pmatrix}-1\\0\\1\end{pmatrix}\quad(c_2,\ c_3\ \text{为不同时为零的常数}).$$

例 4.2.3 求矩阵 $\boldsymbol{A}$ 的特征值与特征向量，其中

$$\boldsymbol{A}=\begin{pmatrix}-3&1&-1\\-7&5&-1\\-6&6&-2\end{pmatrix}.$$

解 因为矩阵 $\boldsymbol{A}$ 的特征方程为

$$|\lambda\boldsymbol{E}-\boldsymbol{A}|=\begin{vmatrix}\lambda+3&-1&1\\7&\lambda-5&1\\6&-6&\lambda+2\end{vmatrix}=(\lambda-4)(\lambda+2)^2=0,$$

所以 $\boldsymbol{A}$ 的特征值为 $\lambda_1=4$, $\lambda_2=-2$, 从而当 $\lambda_1=4$ 时，由方程组

$$(4\boldsymbol{E}-\boldsymbol{A})\boldsymbol{X}=\begin{pmatrix}7&-1&1\\7&-1&1\\6&-6&6\end{pmatrix}\begin{pmatrix}x_1\\x_2\\x_3\end{pmatrix}=\begin{pmatrix}0\\0\\0\end{pmatrix}$$

解得属于特征值 $\lambda_1=4$ 的全部特征向量为

$$\boldsymbol{\xi}_1=c_1\begin{pmatrix}0\\1\\1\end{pmatrix}\quad(c_1\in\mathbb{R},\ c_1\neq0);$$

当 $\lambda_2=-2$ 时，由方程组

$$(-2\boldsymbol{E}-\boldsymbol{A})\boldsymbol{X}=\begin{pmatrix}1&-1&1\\7&-7&1\\6&-6&0\end{pmatrix}\begin{pmatrix}x_1\\x_2\\x_3\end{pmatrix}=\begin{pmatrix}0\\0\\0\end{pmatrix}$$

解得属于特征值 $\lambda_2=-2$ 的全部特征向量为

$$\boldsymbol{\xi}_2=c_2\begin{pmatrix}1\\1\\0\end{pmatrix}\quad(c_2\in\mathbb{R},\ c_2\neq0).$$

由例 4.2.2 和例 4.2.3 可知，不同的矩阵可以有相同的特征值，相同的特征值所对应的特征向量的个数可以不同．下面的例子给出了特征值的一些性质．

例 4.2.4 设 λ 为 n 阶矩阵 $\boldsymbol{A}$ 的一个特征值，证明：

(1) λ 为 n 阶矩阵 $\boldsymbol{A}^{\mathrm{T}}$ 的一个特征值；

(2) 对任意非零常数 k, $k\lambda$ 为 $k\boldsymbol{A}$ 的一个特征值；

(3) 对任意正整数 k, λ^k 为 $\boldsymbol{A}^k$ 的一个特征值.

证明 (1) 由 λ 为 n 阶矩阵 $\boldsymbol{A}$ 的一个特征值，得

$$|(\lambda\boldsymbol{E}-\boldsymbol{A}^{\mathrm{T}})|=|(\lambda\boldsymbol{E}-\boldsymbol{A})^{\mathrm{T}}|=|(\lambda\boldsymbol{E}-\boldsymbol{A})|=0,$$

从而 λ 为 n 阶矩阵 $\boldsymbol{A}^{\mathrm{T}}$ 的一个特征值.

(2) 对任意非零常数 k, 由 λ 为 $\boldsymbol{A}$ 的特征值可知，存在非零向量 $\boldsymbol{\xi}$, 使得

$$\boldsymbol{A}\boldsymbol{\xi}=\lambda\boldsymbol{\xi},$$

从而由

$$(k\boldsymbol{A})\boldsymbol{\xi}=k(\boldsymbol{A}\boldsymbol{\xi})=k(\lambda\boldsymbol{\xi})=(k\lambda)\boldsymbol{\xi}$$

可知， $k\lambda$ 为 $k\boldsymbol{A}$ 的一个特征值.

(3) 对任意正整数 k, 由

$$\boldsymbol{A}^k\boldsymbol{\xi}=\boldsymbol{A}^{k-1}(\boldsymbol{A}\boldsymbol{\xi})=\boldsymbol{A}^{k-1}(\lambda\boldsymbol{\xi})=\lambda\boldsymbol{A}^{k-1}\boldsymbol{\xi}$$

可推得

$$\boldsymbol{A}^k\boldsymbol{\xi}=\lambda^k\boldsymbol{\xi},$$

从而 λ^k 为 $\boldsymbol{A}^k$ 的一个特征值.

由例 4.2.4 的 (2) 和 (3) 可知，对于任意给定的 m 次多项式

$$f(x)=a_mx^m+a_{m-1}x^{m-1}+\cdots+a_1x+a_0,$$

$f(\lambda)$ 为 $f(\boldsymbol{A})$ 的特征值.

例 4.2.5 设 λ 为 n 阶可逆矩阵 $\boldsymbol{A}$ 的一个特征值，证明 $\dfrac{1}{\lambda}$ 为 $\boldsymbol{A}^{-1}$ 的特征值.

证明 由 $\boldsymbol{A}$ 为可逆矩阵可知， $\lambda\neq 0$, 且存在非零向量 $\boldsymbol{\xi}$, 使得

$$\boldsymbol{A}\boldsymbol{\xi}=\lambda\boldsymbol{\xi},$$

从而由 $\boldsymbol{\xi}=\dfrac{1}{\lambda}\boldsymbol{A}\boldsymbol{\xi}$ 可得

$$\boldsymbol{A}^{-1}\boldsymbol{\xi}=\boldsymbol{A}^{-1}\Big(\frac{1}{\lambda}\boldsymbol{A}\boldsymbol{\xi}\Big)=\frac{1}{\lambda}(\boldsymbol{A}^{-1}\boldsymbol{A}\boldsymbol{\xi})=\frac{1}{\lambda}\boldsymbol{\xi},$$

即 $\dfrac{1}{\lambda}$ 为 $\boldsymbol{A}^{-1}$ 的一个特征值.

定理 4.2.1 设 $\lambda_1,\lambda_2,\cdots,\lambda_n$ 为矩阵 $\boldsymbol{A}=(a_{ij})_{n\times n}$ 的全部特征值，则

$$|\boldsymbol{A}|=\lambda_1\lambda_2\cdots\lambda_n,\quad \sum_{i=1}^{n}a_{ii}=\lambda_1+\lambda_2+\cdots+\lambda_n.$$

证明 设 $\lambda_1,\lambda_2,\cdots,\lambda_n$ 为矩阵 $\boldsymbol{A}=(a_{ij})_{n\times n}$ 的全部特征值，则

$$|\lambda_i\boldsymbol{E}-\boldsymbol{A}|=0,\quad i=1,2,\cdots,n,$$

故由多项式理论可得

$$
\begin{aligned}
|\lambda \boldsymbol{E}-\boldsymbol{A}| &= (\lambda-\lambda_1)(\lambda-\lambda_2)\cdots(\lambda-\lambda_n) \\
&= \lambda^n-(\lambda_1+\lambda_2+\cdots+\lambda_n)\lambda^{n-1}+\cdots+(-1)^n\lambda_1\lambda_2\cdots\lambda_n,
\end{aligned}
$$

从而由

$$
\begin{aligned}
|\lambda \boldsymbol{E}-\boldsymbol{A}| &= \begin{vmatrix} \lambda-a_{11} & -a_{12} & \cdots & -a_{1n} \\ -a_{21} & \lambda-a_{22} & \cdots & -a_{2n} \\ \cdots & \cdots & \cdots & \cdots \\ -a_{n1} & -a_{n2} & \cdots & \lambda-a_{nn} \end{vmatrix} \\
&= \lambda^n-(a_{11}+a_{22}+\cdots+a_{nn})\lambda^{n-1}+\cdots+(-1)^n|\boldsymbol{A}|
\end{aligned}
$$

可得

$$
|\boldsymbol{A}| = \lambda_1\lambda_2\cdots\lambda_n, \quad \sum_{i=1}^{n} a_{ii} = \lambda_1+\lambda_2+\cdots+\lambda_n.
$$

▍

推论 4.2.1 n 阶矩阵 $\boldsymbol{A}$ 为可逆矩阵的充分必要条件是 $\boldsymbol{A}$ 的特征值都不为零.

例 4.2.6 设 3 阶矩阵 $\boldsymbol{A}$ 的全部特征值为 1, 2, 3, 求 $|\boldsymbol{A}|$ 和 $|\boldsymbol{A}^2-4\boldsymbol{E}|$.

解 设 $\lambda_1=1,\ \lambda_2=2,\ \lambda_3=3$ 为 $\boldsymbol{A}$ 的全部特征值, $f(\boldsymbol{A})=\boldsymbol{A}^2-4\boldsymbol{E}$, 则

$$
f(\lambda_1)=1-4=-3, \quad f(\lambda_2)=4-4=0, \quad f(\lambda_3)=9-4=5,
$$

从而

$$
|\boldsymbol{A}|=\lambda_1\lambda_2\lambda_3=6, \quad |\boldsymbol{A}^2-4\boldsymbol{E}|=f(\lambda_1)f(\lambda_2)f(\lambda_3)=0.
$$

定理 4.2.2 设 $\lambda_1, \lambda_2, \cdots, \lambda_m$ 为矩阵 $\boldsymbol{A}$ 的 m 个互异特征值, $\boldsymbol{\xi}_1, \boldsymbol{\xi}_2, \cdots, \boldsymbol{\xi}_m$ 分别为 $\boldsymbol{A}$ 的属于 $\lambda_1, \lambda_2, \cdots, \lambda_m$ 的特征向量, 则 $\boldsymbol{\xi}_1, \boldsymbol{\xi}_2, \cdots, \boldsymbol{\xi}_m$ 线性无关.

证明 对任意一组数 $k_1, k_2, \cdots, k_m$, 如果

$$
k_1\boldsymbol{\xi}_1+k_2\boldsymbol{\xi}_2+\cdots+k_m\boldsymbol{\xi}_m=0,
$$

则用 $\boldsymbol{A}^j\ (j=1,2,\cdots,m-1)$ 左乘上式两边, 得方程组

$$
\begin{cases}
k_1\boldsymbol{\xi}_1+k_2\boldsymbol{\xi}_2+\cdots+k_m\boldsymbol{\xi}_m=0, \\
k_1\lambda_1\boldsymbol{\xi}_1+k_2\lambda_2\boldsymbol{\xi}_2+\cdots+k_m\lambda_m\boldsymbol{\xi}_m=0, \\
\cdots\cdots\cdots\cdots\cdots\cdots\cdots\cdots\cdots\cdots \\
k_1\lambda_1^{m-1}\boldsymbol{\xi}_1+k_2\lambda_2^{m-1}\boldsymbol{\xi}_2+\cdots+k_m\lambda_m^{m-1}\boldsymbol{\xi}_m=0.
\end{cases}
$$

将上式改写成矩阵形式

$$
(k_1\boldsymbol{\xi}_1\ \ k_2\boldsymbol{\xi}_2\ \ \cdots\ \ k_m\boldsymbol{\xi}_m)\boldsymbol{C}=\boldsymbol{O},
$$

其中

$$C=\begin{pmatrix}1 & \lambda_1 & \cdots & {\lambda_1}^{m-1}\\ 1 & \lambda_2 & \cdots & {\lambda_2}^{m-1}\\ \cdots & \cdots & \cdots & \cdots\\ 1 & \lambda_m & \cdots & {\lambda_m}^{m-1}\end{pmatrix},\quad O=\begin{pmatrix}0\\0\\ \vdots\\0\end{pmatrix}_{m\times 1}.$$

另一方面，由 λ_1, $\lambda_2,\cdots,\lambda_m$ 互不相同可知，$\boldsymbol{C}$ 为可逆矩阵，故由

$$(k_1\boldsymbol{\xi}_1\ k_2\boldsymbol{\xi}_2\ \cdots\ k_m\boldsymbol{\xi}_m)=(k_1\boldsymbol{\xi}_1\ k_2\boldsymbol{\xi}_2\ \cdots\ k_m\boldsymbol{\xi}_m)\boldsymbol{C}\boldsymbol{C}^{-1}=\boldsymbol{O}$$

可得

$$k_i\boldsymbol{\xi}_i=0,\quad i=1,2,\cdots,m,$$

从而由 $\boldsymbol{\xi}_i\neq 0$ 可得

$$k_i=0,\quad i=1,2,\cdots,m.$$

由 k_1, $k_2,\cdots,k_m$ 的任意性可知，$\boldsymbol{\xi}_1$, $\boldsymbol{\xi}_2,\cdots,\boldsymbol{\xi}_m$ 线性无关. ∎

定理 4.2.2 可简述为：矩阵的属于不同特征值的特征向量是线性无关的. 类似地可得到更一般的结果.

定理 4.2.3 设 λ_1, $\lambda_2,\cdots,\lambda_m$ 为矩阵 $\boldsymbol{A}$ 的 m 个互异特征值，属于 λ_i 的线性无关的特征向量为 $\boldsymbol{\xi}_{i1}$, $\boldsymbol{\xi}_{i2}$, $\cdots$, $\boldsymbol{\xi}_{it_i}$, 则属于 λ_1, $\lambda_2,\cdots,\lambda_m$ 的所有向量构成的向量组 $\boldsymbol{\xi}_{11},\cdots,\boldsymbol{\xi}_{1t_1}$, $\boldsymbol{\xi}_{21},\cdots$, $\boldsymbol{\xi}_{2t_2},\cdots,\boldsymbol{\xi}_{m1},\cdots,\boldsymbol{\xi}_{mt_m}$ 线性无关.

证明 当 $m=1$ 时，结论成立.

假设对 $m-1$ 的情形，$\boldsymbol{\xi}_{11},\cdots,\boldsymbol{\xi}_{1t_1}$, $\boldsymbol{\xi}_{21},\cdots,\boldsymbol{\xi}_{2t_2},\cdots,\boldsymbol{\xi}_{m-1\,1},\cdots,\boldsymbol{\xi}_{m-1\,t_{m-1}}$ 线性无关. 对 m 的情形，如果存在一组数 k_{i1}, $k_{i2},\cdots,k_{it_i}$ $(i=1,2,\cdots,m)$, 使得

$$\sum_{j=1}^{t_1}k_{1j}\boldsymbol{\xi}_{1j}+\sum_{j=1}^{t_2}k_{2j}\boldsymbol{\xi}_{2j}+\cdots+\sum_{j=1}^{t_m}k_{mj}\boldsymbol{\xi}_{mj}=0,$$

故用矩阵 $\boldsymbol{A}$ 和数 λ_m 分别左乘上式两端，得

$$\lambda_1\sum_{j=1}^{t_1}k_{1j}\boldsymbol{\xi}_{1j}+\lambda_2\sum_{j=1}^{t_2}k_{2j}\boldsymbol{\xi}_{2j}+\cdots+\lambda_m\sum_{j=1}^{t_m}k_{mj}\boldsymbol{\xi}_{mj}=0,\tag{4.2.1}$$

$$\lambda_m\sum_{j=1}^{t_1}k_{1j}\boldsymbol{\xi}_{1j}+\lambda_m\sum_{j=1}^{t_2}k_{2j}\boldsymbol{\xi}_{2j}+\cdots+\lambda_m\sum_{j=1}^{t_m}k_{mj}\boldsymbol{\xi}_{mj}=0,$$

从而将上面两个等式相减，得

$$\sum_{s=1}^{m-1}\left[(\lambda_m-\lambda_s)\sum_{j=1}^{t_s}k_{sj}\boldsymbol{\xi}_{sj}\right]=\sum_{s=1}^{m-1}\sum_{j=1}^{t_s}(\lambda_m-\lambda_s)k_{sj}\boldsymbol{\xi}_{sj}=0.$$

由归纳假设以及 λ_1, $\lambda_2,\cdots,\lambda_m$ 互不相同可得

$$k_{11}=\cdots=k_{1t_1}=k_{21}=\cdots=k_{2t_2}=\cdots=k_{m-1\,1}=\cdots=k_{m-1\,t_{m-1}}=0,$$

故由式 (4.2.1) 可得

$$k_{m1}\boldsymbol{\xi}_{m1}+k_{m2}\boldsymbol{\xi}_{m2}+\cdots+k_{mt_m}\boldsymbol{\xi}_{mt_m}=0,$$

从而由 $\boldsymbol{\xi}_{m1},\boldsymbol{\xi}_{m2},\cdots,\boldsymbol{\xi}_{mt_m}$ 线性无关可得

$$k_{m1}=k_{m2}=\cdots=k_{mt_m}=0.$$

根据数学归纳法原理可知，结论成立. ∎

例 4.2.7 设 λ_1, λ_2 为矩阵 $\boldsymbol{A}$ 的两个不同的特征值，属于特征值 λ_1, λ_2 的特征向量分别为 $\boldsymbol{\xi}_1$, $\boldsymbol{\xi}_2$, 证明 $\boldsymbol{\xi}_1+\boldsymbol{\xi}_2$ 不是 $\boldsymbol{A}$ 的特征向量.

证明 如果结论不成立，即 $\boldsymbol{\xi}_1+\boldsymbol{\xi}_2$ 为 $\boldsymbol{A}$ 的特征向量，则存在常数 λ, 使得

$$\boldsymbol{A}(\boldsymbol{\xi}_1+\boldsymbol{\xi}_2)=\lambda(\boldsymbol{\xi}_1+\boldsymbol{\xi}_2)=\lambda\boldsymbol{\xi}_1+\lambda\boldsymbol{\xi}_2,$$

并由 $\boldsymbol{\xi}_1$, $\boldsymbol{\xi}_2$ 分别为属于特征值 λ_1, λ_2 的特征向量可得

$$\boldsymbol{A}(\boldsymbol{\xi}_1+\boldsymbol{\xi}_2)=\boldsymbol{A}\boldsymbol{\xi}_1+\boldsymbol{A}\boldsymbol{\xi}_2=\lambda_1\boldsymbol{\xi}_1+\lambda_2\boldsymbol{\xi}_2,$$

从而

$$\lambda\boldsymbol{\xi}_1+\lambda\boldsymbol{\xi}_2=\lambda_1\boldsymbol{\xi}_1+\lambda_2\boldsymbol{\xi}_2,$$

即

$$(\lambda-\lambda_1)\boldsymbol{\xi}_1+(\lambda-\lambda_2)\boldsymbol{\xi}_2=0.$$

另一方面，由 $\lambda_1\neq\lambda_2$ 可知，$\boldsymbol{\xi}_1$, $\boldsymbol{\xi}_2$ 线性无关，从而

$$\lambda-\lambda_1=0,\quad \lambda-\lambda_2=0.$$

这与 $\lambda_1\neq\lambda_2$ 矛盾，此矛盾说明 $\boldsymbol{\xi}_1+\boldsymbol{\xi}_2$ 不是 $\boldsymbol{A}$ 的特征向量.

例 4.2.8 设 $\boldsymbol{A}$ 为 n 阶实对称矩阵，证明 $\boldsymbol{A}$ 的特征值都是实数.

证明 设 λ 是 $\boldsymbol{A}$ 的任意一个特征值，属于 λ 的特征向量为 $\boldsymbol{\xi}$, 则

$$\boldsymbol{A}\boldsymbol{\xi}=\lambda\boldsymbol{\xi}.$$

将 $\boldsymbol{\xi}^{\mathrm{T}}$的共轭向量 $\overline{\boldsymbol{\xi}^{\mathrm{T}}}$[①] 左乘上式两端，得

$$\overline{\boldsymbol{\xi}^{\mathrm{T}}}\boldsymbol{A}\boldsymbol{\xi}=\overline{\boldsymbol{\xi}^{\mathrm{T}}}(\lambda\boldsymbol{\xi})=\lambda\overline{\boldsymbol{\xi}^{\mathrm{T}}}\boldsymbol{\xi}=\lambda\langle\overline{\boldsymbol{\xi}},\boldsymbol{\xi}\rangle,$$

从而由 $\boldsymbol{A}$ 为 n 阶实对称矩阵可得

$$\overline{\boldsymbol{\xi}^{\mathrm{T}}}\boldsymbol{A}\boldsymbol{\xi}=(\overline{\boldsymbol{\xi}^{\mathrm{T}}}\boldsymbol{A}^{\mathrm{T}})\boldsymbol{\xi}=(\overline{\boldsymbol{A}\boldsymbol{\xi}})^{\mathrm{T}}\boldsymbol{\xi}=\overline{\lambda}\overline{\boldsymbol{\xi}^{\mathrm{T}}}\boldsymbol{\xi}=\overline{\lambda}\langle\overline{\boldsymbol{\xi}},\boldsymbol{\xi}\rangle.$$

---

① $\overline{\boldsymbol{\xi}^{\mathrm{T}}}$ 表示对 $\boldsymbol{\xi}^{\mathrm{T}}$ 的每一个分量取共轭复数，当 $\boldsymbol{\xi}^{\mathrm{T}}$ 换成其他向量或矩阵时意义相同.

综上可知，对 $\boldsymbol{A}$ 的特征值 λ 及属于 λ 的特征向量 $\boldsymbol{\xi}$, 有

$$\lambda\langle\overline{\boldsymbol{\xi}},\boldsymbol{\xi}\rangle=\overline{\lambda}\langle\overline{\boldsymbol{\xi}},\boldsymbol{\xi}\rangle,$$

并由 $\boldsymbol{\xi}\neq 0$ 可得

$$\langle\overline{\boldsymbol{\xi}},\boldsymbol{\xi}\rangle=|\boldsymbol{\xi}|^2>0,$$

从而 $\lambda=\overline{\lambda}$, 即 λ 为实数.

习题 4.2

4.2.1 求下列矩阵的特征值和特征向量：

(1) $\begin{pmatrix}-1&0&0\\4&-3&0\\-5&-2&2\end{pmatrix}$; (2) $\begin{pmatrix}0&-1&1\\-1&0&1\\1&1&0\end{pmatrix}$;

(3) $\begin{pmatrix}3&2&-1\\-2&-2&2\\3&6&-1\end{pmatrix}$; (4) $\begin{pmatrix}2&3&2\\1&4&2\\1&-3&1\end{pmatrix}$;

(5) $\begin{pmatrix}0&1&2\\0&0&3\\0&0&0\end{pmatrix}$; (6) $\begin{pmatrix}1&1&1&1\\1&1&-1&-1\\1&-1&1&-1\\1&-1&-1&1\end{pmatrix}$.

4.2.2 分别求对角矩阵、上三角矩阵、下三角矩阵的特征值.

4.2.3 证明：矩阵 $\boldsymbol{A}$ 的行列式 $|\boldsymbol{A}|=0$ 的充分必要条件是 0 为 $\boldsymbol{A}$ 的一个特征值.

4.2.4 设矩阵

$$\boldsymbol{A}=\begin{pmatrix}1&-2&-4\\-2&x&-2\\-4&-2&1\end{pmatrix}$$

与对角矩阵

$$\begin{pmatrix}5&0&0\\0&y&0\\0&0&-4\end{pmatrix}$$

相似，求 x, y 的值.

4.2.5 已知 3 阶矩阵

$$\boldsymbol{A}=\begin{pmatrix}-1&1&0\\-4&3&0\\1&0&2\end{pmatrix},$$

以及 $f(x)=x^2-2x+6$, 求 $\boldsymbol{A}$ 和 $f(\boldsymbol{A})$ 的特征值和特征向量.

4.2.6 设 $\boldsymbol{A}=\begin{pmatrix}-3&2\\-2&2\end{pmatrix}$, 求 $\boldsymbol{A}^k$ 的表达式，其中 k 为正整数.

4.3　矩阵的对角化

本节主要讨论 n 阶矩阵的对角化问题，即对于一个 n 阶矩阵 $\boldsymbol{A}$, 如何判断是否存在可逆矩阵 $\boldsymbol{P}$, 使得 $\boldsymbol{P}^{-1}\boldsymbol{A}\boldsymbol{P}$ 为对角矩阵，以及如何求出矩阵 $\boldsymbol{P}$.

4.3.1　矩阵相似于对角矩阵的条件

矩阵"相似"与特征值和特征向量有如下关系.

定理 4.3.1 设 $\boldsymbol{A}$ 与 $\boldsymbol{B}$ 均为 n 阶矩阵，且 $\boldsymbol{A}\sim\boldsymbol{B}$, 则 $\boldsymbol{A}$ 与 $\boldsymbol{B}$ 的特征多项式相同，从而 $\boldsymbol{A}$ 与 $\boldsymbol{B}$ 的特征值也相同.

证明 由 $\boldsymbol{A}\sim\boldsymbol{B}$ 可知，存在可逆矩阵 $\boldsymbol{P}$, 使得

$$\boldsymbol{P}^{-1}\boldsymbol{A}\boldsymbol{P}=\boldsymbol{B},$$

从而由

$$|\lambda\boldsymbol{E}-\boldsymbol{B}|=|\lambda\boldsymbol{E}-\boldsymbol{P}^{-1}\boldsymbol{A}\boldsymbol{P}|=|\boldsymbol{P}^{-1}(\lambda\boldsymbol{E}-\boldsymbol{A})\boldsymbol{P}|=|\lambda\boldsymbol{E}-\boldsymbol{A}|$$

可知，$\boldsymbol{A}$ 与 $\boldsymbol{B}$ 的特征多项式相同，从而 $\boldsymbol{A}$ 与 $\boldsymbol{B}$ 的特征值也相同. ▌

推论 4.3.1 如果 n 阶矩阵 $\boldsymbol{A}$ 与对角矩阵 $\boldsymbol{\Lambda}=\operatorname{diag}(\lambda_1,\ \lambda_2,\cdots,\lambda_n)$ 相似，则 $\lambda_1,\ \lambda_2,\cdots,\lambda_n$ 为 $\boldsymbol{A}$ 的特征值.

为了叙述方便，我们把 n 阶矩阵 $\boldsymbol{A}$ 与对角矩阵相似简称为矩阵 $\boldsymbol{A}$ 可对角化. 利用矩阵的特征向量可得到矩阵可对角化的一个充分必要条件.

定理 4.3.2 n 阶矩阵 $\boldsymbol{A}$ 可对角化的充分必要条件是 $\boldsymbol{A}$ 有 n 个线性无关的特征向量.

证明 设矩阵 $\boldsymbol{A}$ 相似于对角矩阵 $\boldsymbol{\Lambda}=\operatorname{diag}(\lambda_1,\ \lambda_2,\cdots,\lambda_n)$, 即存在可逆矩阵 $\boldsymbol{P}$, 使得

$$\boldsymbol{P}^{-1}\boldsymbol{A}\boldsymbol{P}=\boldsymbol{\Lambda},$$

则由 $\boldsymbol{P}$ 为可逆矩阵可知，$\boldsymbol{P}$ 的列向量组 $\boldsymbol{\eta}_1,\ \boldsymbol{\eta}_2,\cdots,\boldsymbol{\eta}_n$ 线性无关，且

$$\boldsymbol{A}(\boldsymbol{\eta}_1\ \boldsymbol{\eta}_2\ \cdots\ \boldsymbol{\eta}_n)=(\boldsymbol{\eta}_1\ \boldsymbol{\eta}_2\ \cdots\ \boldsymbol{\eta}_n)\boldsymbol{\Lambda}=(\lambda_1\boldsymbol{\eta}_1\ \lambda_2\boldsymbol{\eta}_2\ \cdots\ \lambda_n\boldsymbol{\eta}_n),$$

从而

$$\boldsymbol{A}\boldsymbol{\eta}_i=\lambda_i\boldsymbol{\eta}_i,\quad i=1,2,\cdots,n.$$

由此可知，$\boldsymbol{\eta}_1,\ \boldsymbol{\eta}_2,\cdots,\boldsymbol{\eta}_n$ 为 $\boldsymbol{A}$ 的 n 个线性无关的特征向量.

另一方面，如果 $\boldsymbol{\eta}_1,\ \boldsymbol{\eta}_2,\cdots,\boldsymbol{\eta}_n$ 分别为 $\boldsymbol{A}$ 的属于特征值 $\lambda_1,\ \lambda_2,\cdots,\lambda_n$ 的特征向量，且它们线性无关，则以 $\boldsymbol{\eta}_1,\ \boldsymbol{\eta}_2,\cdots,\boldsymbol{\eta}_n$ 为列向量构成的矩阵 $\boldsymbol{P}$ 可逆，且

$$\boldsymbol{A}\boldsymbol{P}=\boldsymbol{A}(\boldsymbol{\eta}_1\ \boldsymbol{\eta}_2\ \cdots\ \boldsymbol{\eta}_n)=(\lambda_1\boldsymbol{\eta}_1\ \lambda_2\boldsymbol{\eta}_2\ \cdots\ \lambda_n\boldsymbol{\eta}_n)=\boldsymbol{P}\operatorname{diag}(\lambda_1,\ \lambda_2,\cdots,\lambda_n),$$

从而由 $\boldsymbol{P}$ 为可逆矩阵，得

$$\boldsymbol{P}^{-1}\boldsymbol{A}\boldsymbol{P}=\mathrm{diag}(\lambda_1,\ \lambda_2,\cdots,\lambda_n),$$

即矩阵 $\boldsymbol{A}$ 与对角矩阵相似. ∎

推论 4.3.2 如果 n 阶矩阵 $\boldsymbol{A}$ 有 n 个互异特征值，则 $\boldsymbol{A}$ 与对角矩阵相似.

推论 4.3.3 设 $\boldsymbol{A}$ 为 n 阶矩阵，$\lambda_1,\lambda_2,\cdots,\lambda_k$ 是 $\boldsymbol{A}$ 的全部互异特征值，其重数依次为 $j_1,\ j_2,\cdots,j_k$，且 $j_1+j_2+\cdots+j_k=n$，则 $\boldsymbol{A}$ 与对角矩阵相似的充分必要条件是 $\boldsymbol{A}$ 的每一个 $j_i\ (i=1,2,\cdots,k)$ 重特征值 λ_i 有 j_i 个线性无关的特征向量.

综上可知，我们可以按以下步骤将矩阵 $\boldsymbol{A}$ 对角化：

(1) 求出 $\boldsymbol{A}$ 的全部互异特征值 $\lambda_1,\ \lambda_2,\cdots,\lambda_m$，相应的重数为 $j_1,\ j_2,\cdots,j_m$；

(2) 对每一个 j_k 重特征值 $\lambda_k\ (k=1,2,\cdots,m)$，求出齐次线性方程组

$$(\lambda_k\boldsymbol{E}-\boldsymbol{A})\boldsymbol{X}=\boldsymbol{O}$$

的基础解系 $\boldsymbol{\xi}_{k1},\ \boldsymbol{\xi}_{k2},\cdots,\boldsymbol{\xi}_{kj_k}\ (k=1,2,\cdots,m)$；

(3) 令 $\boldsymbol{P}=(\boldsymbol{\xi}_{11},\cdots,\boldsymbol{\xi}_{1j_1},\cdots,\boldsymbol{\xi}_{m1},\cdots,\boldsymbol{\xi}_{mj_m})$，则 $\boldsymbol{P}$ 为可逆矩阵，且

$$\boldsymbol{P}^{-1}\boldsymbol{A}\boldsymbol{P}=\begin{pmatrix}\lambda_1 & & & & & \\ & \ddots & & & & \\ & & \lambda_1 & & & \\ & & & \ddots & & \\ & & & & \lambda_m & & \\ & & & & & \ddots & \\ & & & & & & \lambda_m\end{pmatrix}.$$

例 4.3.1 判断矩阵

$$\boldsymbol{A}=\begin{pmatrix}2&4&0&0\\0&2&0&0\\0&0&3&4\\0&0&7&6\end{pmatrix}$$

是否可以对角化. 如果可以对角化，求出可逆矩阵 $\boldsymbol{P}$，使得 $\boldsymbol{P}^{-1}\boldsymbol{A}\boldsymbol{P}$ 为对角矩阵.

解 因为 $\boldsymbol{A}$ 的特征方程为

$$|\lambda\boldsymbol{E}-\boldsymbol{A}|=\begin{vmatrix}\lambda-2&-4&0&0\\0&\lambda-2&0&0\\0&0&\lambda-3&-4\\0&0&-7&\lambda-6\end{vmatrix}=(\lambda-2)^2(\lambda+1)(\lambda-10)=0,$$

所以 $\boldsymbol{A}$ 的特征值为 $\lambda_1=2,\ \lambda_2=-1,\ \lambda_3=10$，从而当 $\lambda_1=2$ 时，由方程组

$$(2\boldsymbol{E}-\boldsymbol{A})\boldsymbol{X}=\begin{pmatrix}0&-4&0&0\\0&0&0&0\\0&0&-1&-4\\0&0&-7&-4\end{pmatrix}\begin{pmatrix}x_1\\x_2\\x_3\\x_4\end{pmatrix}=\begin{pmatrix}0\\0\\0\\0\end{pmatrix}$$

解得基础解系为

$$\boldsymbol{\xi}_1=\begin{pmatrix}1\\0\\0\\0\end{pmatrix}.$$

由 $\boldsymbol{A}$ 的属于 2 重特征值 $\lambda_1=2$ 的特征向量只有一个可知，$\boldsymbol{A}$ 不能对角化.

例 4.3.2 求可逆矩阵 $\boldsymbol{P}$, 使得 $\boldsymbol{P}^{-1}\boldsymbol{AP}$ 为对角矩阵，其中

$$\boldsymbol{A}=\begin{pmatrix}-2&1&1\\0&2&0\\-4&1&3\end{pmatrix}.$$

解 因为 $\boldsymbol{A}$ 的特征方程为

$$|\lambda\boldsymbol{E}-\boldsymbol{A}|=\begin{vmatrix}\lambda+2&-1&-1\\0&\lambda-2&0\\4&-1&\lambda-3\end{vmatrix}=(\lambda-2)^2(\lambda+1)=0,$$

所以 $\boldsymbol{A}$ 的特征值为 $\lambda_1=2,\ \lambda_2=-1$, 从而当 $\lambda_1=2$ 时，由方程组

$$(2\boldsymbol{E}-\boldsymbol{A})\boldsymbol{X}=\begin{pmatrix}4&-1&-1\\0&0&0\\4&-1&-1\end{pmatrix}\begin{pmatrix}x_1\\x_2\\x_3\end{pmatrix}=\begin{pmatrix}0\\0\\0\end{pmatrix}$$

解得基础解系为

$$\boldsymbol{\xi}_1=\begin{pmatrix}1\\4\\0\end{pmatrix},\quad \boldsymbol{\xi}_2=\begin{pmatrix}1\\0\\4\end{pmatrix};$$

当 $\lambda_2=-1$ 时，由方程组

$$(-\boldsymbol{E}-\boldsymbol{A})\boldsymbol{X}=\begin{pmatrix}1&-1&-1\\0&-3&0\\4&-1&-4\end{pmatrix}\begin{pmatrix}x_1\\x_2\\x_3\end{pmatrix}=\begin{pmatrix}0\\0\\0\end{pmatrix}$$

解得基础解系为

$$\boldsymbol{\xi}_3=\begin{pmatrix}1\\0\\1\end{pmatrix}.$$

令 $\boldsymbol{P}=(\boldsymbol{\xi}_1\ \boldsymbol{\xi}_2\ \boldsymbol{\xi}_3)$, 对 $(\boldsymbol{P}\ \boldsymbol{E})$ 施以行初等变换，得

$$(\boldsymbol{P}\ \boldsymbol{E})=\begin{pmatrix}1&1&1&1&0&0\\4&0&0&0&1&0\\0&4&1&0&0&1\end{pmatrix}\to\begin{pmatrix}1&1&1&1&0&0\\0&-4&-4&-4&1&0\\0&4&1&0&0&1\end{pmatrix}$$

$$\to\begin{pmatrix}1&0&0&0&\frac{1}{4}&0\\0&-4&-4&-4&1&0\\0&0&-3&-4&1&1\end{pmatrix}\to\begin{pmatrix}1&0&0&0&\frac{1}{4}&0\\0&1&0&-\frac{1}{3}&\frac{1}{12}&\frac{1}{3}\\0&0&1&\frac{4}{3}&-\frac{1}{3}&-\frac{1}{3}\end{pmatrix},$$

故 $\boldsymbol{P}$ 为可逆矩阵，且

$$\boldsymbol{P}^{-1}=\begin{pmatrix}0&\frac{1}{4}&0\\-\frac{1}{3}&\frac{1}{12}&\frac{1}{3}\\\frac{4}{3}&-\frac{1}{3}&-\frac{1}{3}\end{pmatrix}=\frac{1}{12}\begin{pmatrix}0&3&0\\-4&1&4\\16&-4&-4\end{pmatrix},$$

从而 $\boldsymbol{A}$ 可对角化，且

$$\boldsymbol{P}^{-1}\boldsymbol{A}\boldsymbol{P}=\frac{1}{12}\begin{pmatrix}0&3&0\\-4&1&4\\16&-4&-4\end{pmatrix}\begin{pmatrix}-2&1&1\\0&2&0\\-4&1&3\end{pmatrix}\begin{pmatrix}1&1&1\\4&0&0\\0&4&1\end{pmatrix}$$

$$=\frac{1}{12}\begin{pmatrix}0&6&0\\-8&2&8\\-16&4&4\end{pmatrix}\begin{pmatrix}1&1&1\\4&0&0\\0&4&1\end{pmatrix}=\begin{pmatrix}2&0&0\\0&2&0\\0&0&-1\end{pmatrix}.$$

例 4.3.3 已知 3 阶矩阵 $\boldsymbol{A}$ 的 3 个特征值为 $\lambda_1=\lambda_2=-1$, $\lambda_3=2$, 且属于特征值 $\lambda_1=\lambda_2=-1$ 的 2 个特征向量为 $\boldsymbol{\xi}_1=(1,-2,1)^{\mathrm{T}}$, $\boldsymbol{\xi}_2=(-1,3,-1)^{\mathrm{T}}$, 属于特征值 $\lambda_3=2$ 的特征向量为 $\boldsymbol{\xi}_3=(2,-4,1)^{\mathrm{T}}$, 求矩阵 $\boldsymbol{A}$.

解 设 $\boldsymbol{P}=(\boldsymbol{\xi}_1\ \boldsymbol{\xi}_2\ \boldsymbol{\xi}_3)$, 对 $(\boldsymbol{P}\ \boldsymbol{E})$ 施以行初等变换，得

$$(\boldsymbol{P}\ \boldsymbol{E})=\begin{pmatrix}1&-1&2&1&0&0\\-2&3&-4&0&1&0\\1&-1&1&0&0&1\end{pmatrix}\to\begin{pmatrix}1&-1&2&1&0&0\\0&1&0&2&1&0\\0&0&-1&-1&0&1\end{pmatrix}$$

$$\to\begin{pmatrix}1&0&2&3&1&0\\0&1&0&2&1&0\\0&0&1&1&0&-1\end{pmatrix}\to\begin{pmatrix}1&0&0&1&1&2\\0&1&0&2&1&0\\0&0&1&1&0&-1\end{pmatrix},$$

从而 $\boldsymbol{P}$ 为可逆矩阵，且

$$\boldsymbol{P}^{-1}=\begin{pmatrix}1&1&2\\2&1&0\\1&0&-1\end{pmatrix}.$$

另一方面，由

$$\boldsymbol{A\xi}_1=-\boldsymbol{\xi}_1=\begin{pmatrix}-1\\2\\-1\end{pmatrix},\quad \boldsymbol{A\xi}_2=-\boldsymbol{\xi}_2=\begin{pmatrix}1\\-3\\1\end{pmatrix},\quad \boldsymbol{A\xi}_3=2\boldsymbol{\xi}_3=\begin{pmatrix}4\\-8\\2\end{pmatrix}$$

可得

$$\boldsymbol{AP}=(\boldsymbol{A\xi}_1\ \boldsymbol{A\xi}_2\ \boldsymbol{A\xi}_3)=\begin{pmatrix}-1&1&4\\2&-3&-8\\-1&1&2\end{pmatrix},$$

从而由 $\boldsymbol{A}=(\boldsymbol{A\xi}_1\ \boldsymbol{A\xi}_2\ \boldsymbol{A\xi}_3)\boldsymbol{P}^{-1}$ 可得

$$\boldsymbol{A}=\begin{pmatrix}-1&1&4\\2&-3&-8\\-1&1&2\end{pmatrix}\begin{pmatrix}1&1&2\\2&1&0\\1&0&-1\end{pmatrix}=\begin{pmatrix}5&0&-6\\-12&-1&12\\3&0&-4\end{pmatrix}.$$

4.3.2 实对称矩阵的正交对角化

由上一节讨论可知，如果存在正交矩阵 $\boldsymbol{Q}$, 使得 $\boldsymbol{Q}^{\mathrm{T}}\boldsymbol{AQ}$ 为对角矩阵，则由线性变换 $\boldsymbol{X}=\boldsymbol{QY}$ 可知，二次型 $\boldsymbol{X}^{\mathrm{T}}\boldsymbol{AX}$ 化为标准形 $\boldsymbol{Y}^{\mathrm{T}}(\boldsymbol{Q}^{\mathrm{T}}\boldsymbol{AQ})\boldsymbol{Y}$.

我们把利用正交矩阵 $\boldsymbol{Q}$ 化 $\boldsymbol{A}$ 为对角矩阵 $\boldsymbol{Q}^{\mathrm{T}}\boldsymbol{AQ}$ 称为实对称矩阵的正交对角化，下面的定理给出了寻找正交矩阵 $\boldsymbol{Q}$ 的方法.

定理 4.3.3 实对称矩阵 $\boldsymbol{A}$ 的属于不同特征值的特征向量相互正交.

证明 设 $\boldsymbol{\xi}_1$, $\boldsymbol{\xi}_2$ 分别为 $\boldsymbol{A}$ 的属于特征值 λ_1, λ_2 的特征向量，且 $\lambda_1\neq\lambda_2$, 则

$$\boldsymbol{A\xi}_1=\lambda_1\boldsymbol{\xi}_1,\quad \boldsymbol{A\xi}_2=\lambda_2\boldsymbol{\xi}_2,$$

故由 $\boldsymbol{A}$ 为实对称矩阵可得

$$\lambda_1\boldsymbol{\alpha}_2^{\mathrm{T}}\boldsymbol{\alpha}_1=\boldsymbol{\alpha}_2^{\mathrm{T}}\boldsymbol{A\alpha}_1=\boldsymbol{\alpha}_2^{\mathrm{T}}\boldsymbol{A}^{\mathrm{T}}\boldsymbol{\alpha}_1=(\boldsymbol{A\alpha}_2)^{\mathrm{T}}\boldsymbol{\alpha}_1=\lambda_2\boldsymbol{\alpha}_2^{\mathrm{T}}\boldsymbol{\alpha}_1,$$

从而

$$(\lambda_1-\lambda_2)\langle\boldsymbol{\alpha}_1,\boldsymbol{\alpha}_2\rangle=(\lambda_1-\lambda_2)\boldsymbol{\alpha}_2^{\mathrm{T}}\boldsymbol{\alpha}_1=0.$$

由 $\lambda_1\neq\lambda_2$ 可得 $\langle\boldsymbol{\alpha}_1,\boldsymbol{\alpha}_2\rangle=0$, 即 $\boldsymbol{\alpha}_1$ 与 $\boldsymbol{\alpha}_2$ 正交. ∎

我们不加证明地给出下面的定理.

定理 4.3.4 设 $\boldsymbol{A}$ 为 n 阶实对称矩阵，则存在正交矩阵 $\boldsymbol{Q}$, 使得

$$\boldsymbol{Q}^{-1}\boldsymbol{AQ}=\mathrm{diag}(\lambda_1,\lambda_2,\cdots,\lambda_n),$$

其中 λ_1, $\lambda_2,\cdots,\lambda_n$ 为 n 阶实对称矩阵 $\boldsymbol{A}$ 的全部特征根 (重根按重数计算).

综上可知，我们可以按下述步骤将 n 阶实对称矩阵 $\boldsymbol{A}$ 正交对角化：

(1) 求出 $\boldsymbol{A}$ 的全部互异特征值 $\lambda_1, \lambda_2, \cdots, \lambda_m$, 相应的重数为 $j_1, j_2, \cdots, j_m$;

(2) 对每一个 j_k 重特征值 λ_k $(k=1,2,\cdots,m)$, 求出齐次线性方程组

$$(\lambda_k \boldsymbol{E} - \boldsymbol{A})\boldsymbol{X} = \boldsymbol{O}$$

的基础解系 $\boldsymbol{\xi}_{k1}, \boldsymbol{\xi}_{k2}, \cdots, \boldsymbol{\xi}_{kj_k}$ $(k=1,2,\cdots,m)$, 将 $\boldsymbol{\xi}_{k1}, \boldsymbol{\xi}_{k2}, \cdots, \boldsymbol{\xi}_{kj_k}$ 施密特正交化，再单位化，得 $\boldsymbol{\eta}_{k1}, \boldsymbol{\eta}_{k2}, \cdots, \boldsymbol{\eta}_{kj_k}$ $(k=1,2,\cdots,m)$;

(3) 令 $\boldsymbol{Q} = (\boldsymbol{\eta}_{11} \ \cdots \boldsymbol{\eta}_{1j_1} \ \cdots \ \boldsymbol{\eta}_{m1} \ \cdots \ \boldsymbol{\eta}_{mj_m})$, 则 $\boldsymbol{Q}$ 为正交矩阵，且

$$\boldsymbol{Q}^{-1}\boldsymbol{A}\boldsymbol{Q} = \begin{pmatrix} \lambda_1 & & & & & & \\ & \ddots & & & & & \\ & & \lambda_1 & & & & \\ & & & \ddots & & & \\ & & & & \lambda_m & & \\ & & & & & \ddots & \\ & & & & & & \lambda_m \end{pmatrix}.$$

例 4.3.4 设

$$\boldsymbol{A} = \begin{pmatrix} 1 & 2 & -2 \\ 2 & 1 & -2 \\ -2 & -2 & 1 \end{pmatrix},$$

求一个正交矩阵 $\boldsymbol{Q}$, 使得 $\boldsymbol{Q}^{-1}\boldsymbol{A}\boldsymbol{Q}$ 为对角矩阵.

解 因为 $\boldsymbol{A}$ 的特征方程为

$$|\lambda\boldsymbol{E} - \boldsymbol{A}| = \begin{vmatrix} \lambda-1 & -2 & 2 \\ -2 & \lambda-1 & 2 \\ 2 & 2 & \lambda-1 \end{vmatrix} = (\lambda+1)^2(\lambda-5) = 0,$$

所以 $\boldsymbol{A}$ 的特征值 $\lambda_1 = -1$, $\lambda_2 = 5$, 从而当 $\lambda_1 = -1$ 时，由方程组

$$(-\boldsymbol{E} - \boldsymbol{A})\boldsymbol{X} = \begin{pmatrix} -2 & -2 & 2 \\ -2 & -2 & 2 \\ 2 & 2 & -2 \end{pmatrix} \begin{pmatrix} x_1 \\ x_2 \\ x_3 \end{pmatrix} = \begin{pmatrix} 0 \\ 0 \\ 0 \end{pmatrix}$$

解得基础解系为 $\boldsymbol{\xi}_1 = (-1,1,0)^{\mathrm{T}}$, $\boldsymbol{\xi}_2 = (1,0,1)^{\mathrm{T}}$; 当 $\lambda_2 = 5$ 时，由方程组

$$(5\boldsymbol{E} - \boldsymbol{A})\boldsymbol{X} = \begin{pmatrix} 4 & -2 & 2 \\ -2 & 4 & 2 \\ 2 & 2 & 4 \end{pmatrix} \begin{pmatrix} x_1 \\ x_2 \\ x_3 \end{pmatrix} = \begin{pmatrix} 0 \\ 0 \\ 0 \end{pmatrix}$$

解得基础解系为 $\boldsymbol{\xi}_3 = (-1,-1,1)^{\mathrm{T}}$.

将 $\boldsymbol{\xi}_1, \boldsymbol{\xi}_2, \boldsymbol{\xi}_3$ 正交化，得正交向量组

$$\boldsymbol{\eta}_1=\boldsymbol{\xi}_1=\begin{pmatrix}-1\\1\\0\end{pmatrix},\ \boldsymbol{\eta}_2=\boldsymbol{\xi}_2-\frac{\langle\boldsymbol{\xi}_2,\boldsymbol{\eta}_1\rangle}{\langle\boldsymbol{\eta}_1,\boldsymbol{\eta}_1\rangle}\boldsymbol{\eta}_1=\begin{pmatrix}\frac{1}{2}\\\frac{1}{2}\\1\end{pmatrix},\ \boldsymbol{\eta}_3=\boldsymbol{\xi}_3=\begin{pmatrix}-1\\-1\\1\end{pmatrix},$$

将 $\boldsymbol{\eta}_1, \boldsymbol{\eta}_2, \boldsymbol{\eta}_3$ 单位化，得单位正交向量组

$$\boldsymbol{\zeta}_1=\begin{pmatrix}-\frac{1}{\sqrt{2}}\\\frac{1}{\sqrt{2}}\\0\end{pmatrix},\quad \boldsymbol{\zeta}_2=\begin{pmatrix}\frac{1}{\sqrt{6}}\\\frac{1}{\sqrt{6}}\\\frac{2}{\sqrt{6}}\end{pmatrix},\quad \boldsymbol{\zeta}_3=\begin{pmatrix}-\frac{1}{\sqrt{3}}\\-\frac{1}{\sqrt{3}}\\\frac{1}{\sqrt{3}}\end{pmatrix}.$$

令 $\boldsymbol{Q}=(\boldsymbol{\zeta}_1\ \boldsymbol{\zeta}_2\ \boldsymbol{\zeta}_3)$, 则 $\boldsymbol{Q}$ 为正交矩阵，且

$$\boldsymbol{Q}^{-1}\boldsymbol{A}\boldsymbol{Q}=\begin{pmatrix}-1&0&0\\0&-1&0\\0&0&5\end{pmatrix}.$$

例 4.3.5 设

$$\boldsymbol{A}=\begin{pmatrix}2&2&-2\\2&5&-4\\-2&-4&5\end{pmatrix},$$

求一个正交矩阵 $\boldsymbol{Q}$, 使得 $\boldsymbol{Q}^{\mathrm{T}}\boldsymbol{A}\boldsymbol{Q}$ 为对角矩阵.

解 因为 $\boldsymbol{A}$ 的特征方程为

$$|\lambda\boldsymbol{E}-\boldsymbol{A}|=\begin{vmatrix}\lambda-2&-2&2\\-2&\lambda-5&4\\2&4&\lambda-5\end{vmatrix}=(\lambda-1)^2(\lambda-10)=0,$$

所以 $\boldsymbol{A}$ 的特征值 $\lambda_1=10$, $\lambda_2=1$, 从而当 $\lambda_1=10$ 时，由方程组

$$(10\boldsymbol{E}-\boldsymbol{A})\boldsymbol{X}=\begin{pmatrix}8&-2&2\\-2&5&4\\2&4&5\end{pmatrix}\begin{pmatrix}x_1\\x_2\\x_3\end{pmatrix}=\begin{pmatrix}0\\0\\0\end{pmatrix}$$

解得基础解系为 $\boldsymbol{\xi}_1=(1,2,-2)^{\mathrm{T}}$; 当 $\lambda_2=1$ 时，由方程组

$$(\boldsymbol{E}-\boldsymbol{A})\boldsymbol{X}=\begin{pmatrix}-1&-2&2\\-2&-4&4\\2&4&-4\end{pmatrix}\begin{pmatrix}x_1\\x_2\\x_3\end{pmatrix}=\begin{pmatrix}0\\0\\0\end{pmatrix}$$

解得基础解系为 $\boldsymbol{\xi}_2=(2,-1,0)^{\mathrm{T}}$, $\boldsymbol{\xi}_3=(2,0,1)^{\mathrm{T}}$.

将 $\boldsymbol{\xi}_1$, $\boldsymbol{\xi}_2$, $\boldsymbol{\xi}_3$ 正交化，得正交向量组

$$\boldsymbol{\eta}_1=\boldsymbol{\xi}_1=\begin{pmatrix}1\\2\\-2\end{pmatrix},\ \boldsymbol{\eta}_2=\boldsymbol{\xi}_2=\begin{pmatrix}2\\-1\\0\end{pmatrix},\ \boldsymbol{\eta}_3=\boldsymbol{\xi}_3-\frac{\langle\boldsymbol{\xi}_3,\boldsymbol{\eta}_2\rangle}{\langle\boldsymbol{\eta}_2,\boldsymbol{\eta}_2\rangle}\boldsymbol{\eta}_2=\frac{1}{5}\begin{pmatrix}2\\4\\5\end{pmatrix}$$

将 $\boldsymbol{\eta}_1$, $\boldsymbol{\eta}_2$, $\boldsymbol{\eta}_3$ 单位化，得单位正交向量组

$$\boldsymbol{\alpha}=\frac{1}{3}\begin{pmatrix}1\\2\\-2\end{pmatrix},\ \boldsymbol{\beta}=\frac{1}{\sqrt{5}}\begin{pmatrix}2\\-1\\0\end{pmatrix},\ \boldsymbol{\gamma}=\frac{\sqrt{5}}{15}\begin{pmatrix}2\\4\\5\end{pmatrix}.$$

令 $\boldsymbol{Q}=(\boldsymbol{\alpha}\ \boldsymbol{\beta}\ \boldsymbol{\gamma})$, 则 $\boldsymbol{Q}$ 为正交矩阵，且

$$\boldsymbol{Q}^{\mathrm{T}}\boldsymbol{A}\boldsymbol{Q}=\begin{pmatrix}10&0&0\\0&1&0\\0&0&1\end{pmatrix}.$$

例 4.3.6 问当 a 为何值时，矩阵

$$\boldsymbol{A}=\begin{pmatrix}1&1&1\\1&3&a\\1&a&a\end{pmatrix}$$

的秩为 2, 当 $\boldsymbol{A}$ 的特征值之和最小时，求正交矩阵 $\boldsymbol{Q}$, 使得 $\boldsymbol{Q}^{-1}\boldsymbol{A}\boldsymbol{Q}$ 为对角矩阵.

解 对 $\boldsymbol{A}$ 施以行初等变换，得

$$\boldsymbol{A}=\begin{pmatrix}1&1&1\\1&3&a\\1&a&a\end{pmatrix}\longrightarrow\begin{pmatrix}1&1&1\\0&2&a-1\\0&a-1&a-1\end{pmatrix}\longrightarrow\begin{pmatrix}1&1&1\\0&2&a-1\\0&a-3&0\end{pmatrix},$$

故当 $a=1$ 或 $a=3$ 时， $R(\boldsymbol{A})=2$.

由定理 4.2.1 可知，当 $a=1$ 时， $\boldsymbol{A}$ 的特征值之和最小，此时 $\boldsymbol{A}$ 的特征方程为

$$|\lambda\boldsymbol{E}-\boldsymbol{A}|=\begin{vmatrix}\lambda-1&-1&-1\\-1&\lambda-3&-1\\-1&-1&\lambda-1\end{vmatrix}=\lambda(\lambda-1)(\lambda-4),$$

故 $\boldsymbol{A}$ 的特征值为 $\lambda_1=1$, $\lambda_2=4$, $\lambda_3=0$, 从而当 $\lambda_1=1$ 时，由方程组

$$(\boldsymbol{E}-\boldsymbol{A})\boldsymbol{X}=\begin{pmatrix}0&-1&-1\\-1&-2&-1\\-1&-1&0\end{pmatrix}\begin{pmatrix}x_1\\x_2\\x_3\end{pmatrix}=\begin{pmatrix}0\\0\\0\end{pmatrix}$$

解得基础解系为 $\boldsymbol{\xi}_1=(1,-1,1)^{\mathrm{T}}$; 当 $\lambda_2=4$ 时，由方程组

$$(4\boldsymbol{E}-\boldsymbol{A})\boldsymbol{X}=\begin{pmatrix}3&-1&-1\\-1&1&-1\\-1&-1&3\end{pmatrix}\begin{pmatrix}x_1\\x_2\\x_3\end{pmatrix}=\begin{pmatrix}0\\0\\0\end{pmatrix}$$

解得基础解系为 $\boldsymbol{\xi}_2=(1,2,1)^{\mathrm{T}}$; 当 $\lambda_3=0$ 时，由方程组

$$(\lambda_3\boldsymbol{E}-\boldsymbol{A})\boldsymbol{X}=\begin{pmatrix}-1&-1&-1\\-1&-3&-1\\-1&-1&-1\end{pmatrix}\begin{pmatrix}x_1\\x_2\\x_3\end{pmatrix}=\begin{pmatrix}0\\0\\0\end{pmatrix}$$

解得基础解系为 $\boldsymbol{\xi}_3=(1,0,-1)^{\mathrm{T}}$.

将 $\boldsymbol{\xi}_1$, $\boldsymbol{\xi}_2$, $\boldsymbol{\xi}_3$ 单位化，得单位正交向量组

$$\frac{1}{|\boldsymbol{\xi}_1|}\boldsymbol{\xi}_1=\frac{1}{\sqrt{3}}\begin{pmatrix}1\\-1\\1\end{pmatrix},\ \frac{1}{|\boldsymbol{\xi}_2|}\boldsymbol{\xi}_2=\frac{1}{\sqrt{6}}\begin{pmatrix}1\\2\\1\end{pmatrix},\ \frac{1}{|\boldsymbol{\xi}_3|}\boldsymbol{\xi}_3=\frac{1}{\sqrt{2}}\begin{pmatrix}1\\0\\-1\end{pmatrix},$$

从而可得一个正交矩阵

$$\boldsymbol{Q}=\left(\frac{1}{|\boldsymbol{\xi}_1|}\boldsymbol{\xi}_1\quad\frac{1}{|\boldsymbol{\xi}_2|}\boldsymbol{\xi}_2\quad\frac{1}{|\boldsymbol{\xi}_3|}\boldsymbol{\xi}_3\right)=\frac{1}{\sqrt{6}}\begin{pmatrix}\sqrt{2}&1&\sqrt{3}\\-\sqrt{2}&2&0\\\sqrt{2}&1&-\sqrt{3}\end{pmatrix},$$

且

$$\boldsymbol{Q}^{-1}\boldsymbol{A}\boldsymbol{Q}=\begin{pmatrix}1&0&0\\0&4&0\\0&0&0\end{pmatrix}.$$

习题　4.3

4.3.1 设 $\boldsymbol{A}$ 为 3 阶矩阵，且 $|\boldsymbol{A}-\boldsymbol{E}|=|\boldsymbol{A}+2\boldsymbol{E}|=|\boldsymbol{A}+5\boldsymbol{E}|=0$, 试问 $\boldsymbol{A}$ 能否相似于对角矩阵？并求 $|\boldsymbol{A}|$, $|\boldsymbol{A}+3\boldsymbol{E}|$ 的值.

4.3.2 设矩阵

$$\boldsymbol{A}=\begin{pmatrix}2&0&1\\3&1&x\\4&0&5\end{pmatrix}$$

与对角矩阵相似，求 x 的值.

4.3.3 求一个正交矩阵 $\boldsymbol{Q}$, 使得 $\boldsymbol{Q}^{-1}\boldsymbol{A}\boldsymbol{Q}$ 为对角矩阵，其中 $\boldsymbol{A}$ 为下列矩阵:

(1) $\boldsymbol{A}=\begin{pmatrix}2&-2&0\\-2&1&-2\\0&-2&0\end{pmatrix}$;　　(2) $\boldsymbol{A}=\begin{pmatrix}2&2&-2\\2&5&-4\\-2&-4&5\end{pmatrix}$.

4.3.4 设

$$A=\begin{pmatrix}-2&0&0\\2&x&2\\3&1&1\end{pmatrix},\quad B=\begin{pmatrix}-1&0&0\\0&2&0\\0&0&y\end{pmatrix},$$

求 x 与 y 的值, 使得 $A\sim B$, 并求可逆矩阵 P, 使得 $P^{-1}AP=B$.

4.3.5 求 A^{100}, 其中

$$A=\begin{pmatrix}1&4&2\\0&-3&4\\0&4&3\end{pmatrix}.$$

4.3.6 证明: 矩阵 $A=\begin{pmatrix}1&1\\0&1\end{pmatrix}$ 不能相似对角化.

4.4 化二次型为标准形

4.4.1 用配方法化二次型为标准形

Lagrange① 配方法 (简称配方法) 是将二次型化成标准形的一种最直接的方法. 配方法的一般理论我们不做介绍, 只通过如下的例题来说明这种方法.

例 4.4.1 用配方法化二次型

$$f(x_1,x_2,x_3)=x_1^2-x_2^2-2x_3^2+2x_1x_2-2x_1x_3+6x_2x_3$$

为标准形, 并写出所用的可逆变换.

解 由

$$x_1^2+2x_1x_2-2x_1x_3=(x_1+x_2-x_3)^2-(x_2-x_3)^2$$

可得

$$\begin{aligned}f(x_1,x_2,x_3)&=(x_1+x_2-x_3)^2-(x_2-x_3)^2-x_2^2-2x_3^2+6x_2x_3\\&=(x_1+x_2-x_3)^2-2x_2^2-3x_3^2+8x_2x_3,\end{aligned}$$

由 $-2x_2^2+8x_2x_3=-2(x_2-2x_3)^2+8x_3$ 可得

$$f(x_1,x_2,x_3)=(x_1+x_2-x_3)^2-2(x_2-2x_3)^2+5x_3^2.$$

令

$$\begin{cases}y_1=x_1+x_2-x_3,\\y_2=x_2-2x_3,\\y_3=x_3,\end{cases}$$

① Lagrange, 拉格朗日, 1736—1813.

则

$$\begin{cases} x_1 = y_1 - y_2 - y_3, \\ x_2 = y_2 + 2y_3, \\ x_3 = y_3, \end{cases}$$

从而由可逆变换

$$\begin{pmatrix} x_1 \\ x_2 \\ x_3 \end{pmatrix} = \begin{pmatrix} 1 & -1 & -1 \\ 0 & 1 & 2 \\ 0 & 0 & 1 \end{pmatrix} \begin{pmatrix} y_1 \\ y_2 \\ y_3 \end{pmatrix}$$

将二次型 $f(x_1, x_2, x_3)$ 化为标准形

$$y_1^2 - 2y_2^2 + 5y_3^2.$$

一般情况下，如果二次型中含有项 x_1^2, 先集中所有含 x_1 的项，按 x_1 配成完全平方，然后按此法对其他变量配方，直至都配成平方项. 如果二次型中不含平方项，含乘积项 x_1x_2, 可利用

$$\begin{cases} x_1 = y_1 + y_2, \\ x_2 = y_1 - y_2 \end{cases}$$

消去乘积项 x_1x_2.

例 4.4.2 用配方法化二次型

$$f(x_1, x_2, x_3, x_4) = 4x_1x_2 - 2x_1x_3 - 2x_1x_4 - 2x_2x_3 - 2x_2x_4 + 4x_3x_4$$

为标准形，并求所用的可逆线性变换.

解 由于 $f(x_1, x_2, x_3, x_4)$ 中不含平方项，含 x_1x_2 乘积项，故做变换

$$\begin{cases} x_1 = y_1 + y_2, \\ x_2 = y_1 - y_2, \\ x_3 = y_3, \\ x_4 = y_4, \end{cases} \tag{4.4.1}$$

则二次型 $f(x_1, x_2, x_3, x_4)$ 化为

$$4y_1^2 - 4y_1y_3 - 4y_1y_4 - 4y_2^2 + 4y_3y_4 = (2y_1 - y_3 - y_4)^2 - 4y_2^2 - (y_3 - y_4)^2.$$

做变换

$$\begin{cases} z_1 = 2y_1 - y_3 - y_4, \\ z_2 = 2y_2, \\ z_3 = y_3 - y_4, \\ z_4 = y_4, \end{cases}$$

则由变换 (4.4.1) 可得

$$\begin{cases} x_1 = \dfrac{1}{2}z_1 + \dfrac{1}{2}z_2 + \dfrac{1}{2}z_3 + z_4, \\ x_2 = \dfrac{1}{2}z_1 - \dfrac{1}{2}z_2 + \dfrac{1}{2}z_3 + z_4, \\ x_3 = z_3 + z_4, \\ x_4 = z_4, \end{cases}$$

从而由可逆变换

$$\begin{pmatrix} x_1 \\ x_2 \\ x_3 \\ x_4 \end{pmatrix} = \begin{pmatrix} \dfrac{1}{2} & \dfrac{1}{2} & \dfrac{1}{2} & 1 \\ \dfrac{1}{2} & -\dfrac{1}{2} & \dfrac{1}{2} & 1 \\ 0 & 0 & 1 & 1 \\ 0 & 0 & 0 & 1 \end{pmatrix} \begin{pmatrix} z_1 \\ z_2 \\ z_3 \\ z_4 \end{pmatrix}$$

将二次型 $f(x_1, x_2, x_3, x_4)$ 化为

$$z_1^2 - z_2^2 - z_3^2.$$

4.4.2 用初等变换方法化二次型为标准形

对任意给定的二次型 $f(x_1, x_2, \cdots, x_n) = \boldsymbol{X}^{\mathrm{T}}\boldsymbol{A}\boldsymbol{X}$, 由配方法可知，存在可逆变换 $\boldsymbol{X} = \boldsymbol{C}\boldsymbol{Y}$, 使得 $\boldsymbol{Y}(\boldsymbol{C}^{\mathrm{T}}\boldsymbol{A}\boldsymbol{C})\boldsymbol{Y}$ 为标准形，即 $\boldsymbol{C}^{\mathrm{T}}\boldsymbol{A}\boldsymbol{C}$ 为对角矩阵. 由此我们得到下面的定理.

定理 4.4.1 设 $\boldsymbol{A}$ 为 n 阶实对称矩阵，则存在可逆矩阵 $\boldsymbol{C}$, 使得

$$\boldsymbol{C}^{\mathrm{T}}\boldsymbol{A}\boldsymbol{C} = \mathrm{diag}\,(d_1,\ d_2,\ \cdots,\ d_n).$$

证明 设 $\boldsymbol{A} = (a_{ij})$ 为 n 阶实对称矩阵，对阶数 n 用数学归纳法.

事实上，当 $n = 1$ 时，定理显然成立. 假设定理对 $n-1$ 阶对称矩阵成立，现在来看 n 阶对称矩阵的情形.

(1) 如果 $a_{11} \neq 0$, 选取可逆矩阵

$$\boldsymbol{C}_1 = \begin{pmatrix} 1 & -\dfrac{a_{12}}{a_{11}} & \cdots & -\dfrac{a_{1n}}{a_{11}} \\ 0 & 1 & \cdots & 0 \\ \cdots & \cdots & \cdots & \cdots \\ 0 & 0 & \cdots & 1 \end{pmatrix},$$

则由 $\boldsymbol{A}$ 为实对称矩阵可得

$$\boldsymbol{C}_1^{\mathrm{T}} = \begin{pmatrix} 1 & 0 & \cdots & 0 \\ -\dfrac{a_{12}}{a_{11}} & 1 & \cdots & 0 \\ \cdots & \cdots & \cdots & \cdots \\ -\dfrac{a_{1n}}{a_{11}} & 0 & \cdots & 1 \end{pmatrix} = \begin{pmatrix} 1 & 0 & \cdots & 0 \\ -\dfrac{a_{21}}{a_{11}} & 1 & \cdots & 0 \\ \cdots & \cdots & \cdots & \cdots \\ -\dfrac{a_{n1}}{a_{11}} & 0 & \cdots & 1 \end{pmatrix},$$

从而

$$C_1^{\mathrm{T}}AC_1=\begin{pmatrix} a_{11} & 0 & \cdots & 0 \\ 0 & a_{22}^{(1)} & \cdots & a_{2n}^{(1)} \\ \cdots & \cdots & \cdots & \cdots \\ 0 & a_{n2}^{(1)} & \cdots & a_{nn}^{(1)} \end{pmatrix}=\mathrm{diag}(a_{11}\ \ A_1).$$

另一方面，由 A_1 是 $n-1$ 阶实对称矩阵，并根据归纳假设可知，存在可逆矩阵 C_2, 使得

$$C_2^{\mathrm{T}}A_1C_2=C_2^{\mathrm{T}}\begin{pmatrix} a_{22}^{(1)} & a_{23}^{(1)} & \cdots & a_{2n}^{(1)} \\ a_{32}^{(1)} & a_{33}^{(1)} & \cdots & a_{3n}^{(1)} \\ \cdots & \cdots & \cdots & \cdots \\ a_{n2}^{(1)} & a_{n3}^{(1)} & \cdots & a_{nn}^{(1)} \end{pmatrix}C_2=\mathrm{diag}(d_2,\ d_3,\cdots,d_n).$$

令 $C=C_1\mathrm{diag}(1\ C_2)$, 则

$$\begin{aligned} C^{\mathrm{T}}AC &= \begin{pmatrix} 1 & O \\ O & C_2 \end{pmatrix}^{\mathrm{T}}(C_1^{\mathrm{T}}AC_1)\begin{pmatrix} 1 & O \\ O & C_2 \end{pmatrix} \\ &= \begin{pmatrix} 1 & O \\ O & C_2^{\mathrm{T}} \end{pmatrix}\begin{pmatrix} a_{11} & O \\ O & A_1 \end{pmatrix}\begin{pmatrix} 1 & O \\ O & C_2 \end{pmatrix} \\ &= \begin{pmatrix} a_{11} & O \\ O & C_2^{\mathrm{T}}A_1C_2 \end{pmatrix}=\begin{pmatrix} a_{11} & & & \\ & d_2 & & \\ & & \ddots & \\ & & & d_n \end{pmatrix}, \end{aligned}$$

从而根据数学归纳法原理可知，当 $a_{11}\neq 0$ 时，结论成立.

(2) 如果 A 的第一列、第一行的元素全为零，仍可仿照 (1) 的证明，可知结论成立.

(3) 如果 $a_{11}=0$, 但存在 $a_{i1}\neq 0\ (i\neq 1)$, 则可将 A 的第 i 列及第 i 行同时加于第一列及第一行，化为情形 (1). ∎

推论 4.4.1 设 $f(x_1,x_2,\cdots,x_n)=X^{\mathrm{T}}AX$ 为 n 元二次型，则存在可逆变换 $X=CY$, 使得 $f(x_1,x_2,\cdots,x_n)$ 化为标准形

$$Y^{\mathrm{T}}(C^{\mathrm{T}}AC)Y=d_1y_1^2+d_2y_2^2+\cdots+d_ny_n^2.$$

定理 4.4.1 的证明过程给出了用初等变换化二次型为标准形的一种方法，这个方法的核心是不断施以成对的初等变换，称之为合同初等变换:

(1) 将第 i 行乘以非零常数 c, 再将第 i 列乘以 c;

(2) 对换 i, j 两行，再对换 i, j 两列;

(3) 将第 j 行乘以 λ 加于第 i 行，再将第 j 列乘以 λ 加于第 i 列.

事实上，对于 n 阶实对称矩阵 $\boldsymbol{A}$, 利用分块矩阵的乘法运算，由

$$\boldsymbol{C}^{\mathrm{T}}(\boldsymbol{A}\quad \boldsymbol{E})\begin{pmatrix}\boldsymbol{C} & \boldsymbol{O}\\ \boldsymbol{O} & \boldsymbol{E}\end{pmatrix}=(\boldsymbol{C}^{\mathrm{T}}\boldsymbol{A}\boldsymbol{C}\quad \boldsymbol{C}^{\mathrm{T}})$$

可知，只要对 $(\boldsymbol{A}\ \boldsymbol{E})$ 的行及前 n 列施以合同初等变换，当 $\boldsymbol{A}$ 化为对角矩阵时，$\boldsymbol{E}$ 就化为变换矩阵 $\boldsymbol{C}^{\mathrm{T}}$. 同理可得

$$\begin{pmatrix}\boldsymbol{C}^{\mathrm{T}} & \boldsymbol{O}\\ \boldsymbol{O} & \boldsymbol{E}\end{pmatrix}\begin{pmatrix}\boldsymbol{A}\\ \boldsymbol{E}\end{pmatrix}\boldsymbol{C}=\begin{pmatrix}\boldsymbol{C}^{\mathrm{T}}\boldsymbol{A}\boldsymbol{C}\\ \boldsymbol{C}\end{pmatrix}.$$

例 4.4.3 用初等变换方法化

$$f(x_1,x_2,x_3)=2x_1^2+x_2^2-4x_1x_2-4x_2x_3$$

为标准形.

解 设所给二次型 $f(x_1,x_2,x_3)$ 的矩阵为 $\boldsymbol{A}$, 即

$$\boldsymbol{A}=\begin{pmatrix}2 & -2 & 0\\ -2 & 1 & -2\\ 0 & -2 & 0\end{pmatrix},$$

则对 $(\boldsymbol{A}\ \boldsymbol{E})$ 施以合同初等变换，得

$$(\boldsymbol{A}\ \boldsymbol{E})=\begin{pmatrix}2 & -2 & 0 & 1 & 0 & 0\\ -2 & 1 & -2 & 0 & 1 & 0\\ 0 & -2 & 0 & 0 & 0 & 1\end{pmatrix}\longrightarrow\begin{pmatrix}2 & 0 & 0 & 1 & 0 & 0\\ 0 & -1 & -2 & 1 & 1 & 0\\ 0 & -2 & 0 & 0 & 0 & 1\end{pmatrix}$$

$$\longrightarrow\begin{pmatrix}2 & 0 & 0 & 1 & 0 & 0\\ 0 & -1 & 0 & 1 & 1 & 0\\ 0 & 0 & 4 & -2 & -2 & 1\end{pmatrix},$$

从而由可逆变换 $\boldsymbol{X}=\boldsymbol{C}\boldsymbol{Y}$, 即

$$\begin{pmatrix}x_1\\ x_2\\ x_3\end{pmatrix}=\begin{pmatrix}1 & 1 & -2\\ 0 & 1 & -2\\ 0 & 0 & 1\end{pmatrix}\begin{pmatrix}y_1\\ y_2\\ y_3\end{pmatrix}$$

将二次型 $f(x_1,x_2,x_3)$ 化为

$$\boldsymbol{Y}(\boldsymbol{C}^{\mathrm{T}}\boldsymbol{A}\boldsymbol{C})\boldsymbol{Y}=2y_1^2-y_2^2+4y_3^2.$$

例 4.4.4 用初等变换方法化

$$f(x_1,x_2,x_3,x_4)=x_1x_2-4x_1x_3+2x_1x_4+6x_2x_3+2x_3x_4$$

为标准形.

解 设所给二次型 $f(x_1,x_2,x_3,x_4)$ 的矩阵为 $\boldsymbol{A}$, 则对 $\begin{pmatrix}\boldsymbol{A}\\ \boldsymbol{E}\end{pmatrix}$ 施以合同初等变换, 得

$$\begin{pmatrix}\boldsymbol{A}\\ \boldsymbol{E}\end{pmatrix}=\begin{pmatrix}0&\frac{1}{2}&-2&1\\ \frac{1}{2}&0&3&0\\ -2&3&0&1\\ 1&0&1&0\\ 1&0&0&0\\ 0&1&0&0\\ 0&0&1&0\\ 0&0&0&1\end{pmatrix}\to\begin{pmatrix}1&\frac{1}{2}&1&1\\ \frac{1}{2}&0&3&0\\ 1&3&0&1\\ 1&0&1&0\\ 1&0&0&0\\ 1&1&0&0\\ 0&0&1&0\\ 0&0&0&1\end{pmatrix}\to\begin{pmatrix}1&1&1&1\\ 1&0&6&0\\ 1&6&0&1\\ 1&0&1&0\\ 1&0&0&0\\ 1&2&0&0\\ 0&0&1&0\\ 0&0&0&1\end{pmatrix}$$

$$\to\begin{pmatrix}1&0&0&0\\ 0&-1&5&-1\\ 0&5&-1&0\\ 0&-1&0&-1\\ 1&-1&-1&-1\\ 1&1&-1&-1\\ 0&0&1&0\\ 0&0&0&1\end{pmatrix}\to\begin{pmatrix}1&0&0&0\\ 0&-1&0&0\\ 0&0&24&-5\\ 0&0&-5&0\\ 1&-1&-6&0\\ 1&1&4&-2\\ 0&0&1&0\\ 0&0&0&1\end{pmatrix}$$

$$\to\begin{pmatrix}1&0&0&0\\ 0&-1&0&0\\ 0&0&24&-120\\ 0&0&-120&0\\ 1&-1&-6&0\\ 1&1&4&-48\\ 0&0&1&0\\ 0&0&0&24\end{pmatrix}\to\begin{pmatrix}1&0&0&0\\ 0&-1&0&0\\ 0&0&24&0\\ 0&0&0&-600\\ 1&-1&-6&-30\\ 1&1&4&-28\\ 0&0&1&5\\ 0&0&0&24\end{pmatrix},$$

从而由可逆变换 $\boldsymbol{X}=\boldsymbol{CY}$, 即

$$\begin{pmatrix}x_1\\ x_2\\ x_3\\ x_4\end{pmatrix}=\begin{pmatrix}1&-1&-6&-30\\ 1&1&4&-28\\ 0&0&1&5\\ 0&0&0&24\end{pmatrix}\begin{pmatrix}y_1\\ y_2\\ y_3\\ y_4\end{pmatrix}$$

将二次型 $f(x_1,x_2,x_3,x_4)$ 化为

$$\boldsymbol{Y}(\boldsymbol{C}^{\mathrm{T}}\boldsymbol{AC})\boldsymbol{Y}=y_1^2-y_2^2+24y_3^2-600y_4^2.$$

4.4.3 用正交变换化二次型为标准形

由定理 4.3.4 可知，实对称矩阵 $\boldsymbol{A}$ 经正交变换 $\boldsymbol{Q}$ 可以化成对角矩阵 Λ，下面的定理说明，利用合同初等变换 $\boldsymbol{C}$ 可以将 Λ 化为特殊对角矩阵 —— 对角矩阵的对角线元素为 1 或 -1 或 0.

定理 4.4.2 设 $\boldsymbol{A}$ 为 n 阶实对称矩阵，则存在可逆矩阵 $\boldsymbol{C}$，使得

$$\boldsymbol{C}^{\mathrm{T}}\boldsymbol{A}\boldsymbol{C}=\begin{pmatrix}\boldsymbol{E}_p & & \\ & -\boldsymbol{E}_q & \\ & & \boldsymbol{O}\end{pmatrix},$$

其中 p、q 分别为 $\boldsymbol{A}$ 的正、负特征值的个数.

证明 由 $\boldsymbol{A}$ 为实对称矩阵可知，存在正交矩阵 $\boldsymbol{Q}$，使得

$$\boldsymbol{Q}^{\mathrm{T}}\boldsymbol{A}\boldsymbol{Q}=\begin{pmatrix}\lambda_1 & & & \\ & \lambda_2 & & \\ & & \ddots & \\ & & & \lambda_n\end{pmatrix},$$

其中 $\lambda_1, \lambda_2, \cdots, \lambda_n$ 为 $\boldsymbol{A}$ 的全部特征值，且不妨设

$$\lambda_1>0,\cdots,\lambda_p>0,\ \ \lambda_{p+1}<0,\cdots,\lambda_{p+q}<0,\ \ \lambda_{p+q+1}=\cdots=\lambda_n=0.$$

令

$$\boldsymbol{D}=\begin{pmatrix}\frac{1}{\sqrt{\lambda_1}} & & & & & & & & \\ & \ddots & & & & & & & \\ & & \frac{1}{\sqrt{\lambda_p}} & & & & & & \\ & & & -\frac{1}{\sqrt{|\lambda_{p+1}|}} & & & & & \\ & & & & \ddots & & & & \\ & & & & & -\frac{1}{\sqrt{|\lambda_{p+q}|}} & & & \\ & & & & & & 1 & & \\ & & & & & & & \ddots & \\ & & & & & & & & 1\end{pmatrix},$$

且 $\boldsymbol{C}=\boldsymbol{Q}\boldsymbol{D}$，则由 $\boldsymbol{C}^{\mathrm{T}}\boldsymbol{A}\boldsymbol{C}=\boldsymbol{D}^{\mathrm{T}}(\boldsymbol{Q}^{\mathrm{T}}\boldsymbol{A}\boldsymbol{Q})\boldsymbol{D}$ 可得

$$\boldsymbol{C}^{\mathrm{T}}\boldsymbol{A}\boldsymbol{C}=\boldsymbol{D}^{\mathrm{T}}\begin{pmatrix}\lambda_1 & & & \\ & \lambda_2 & & \\ & & \ddots & \\ & & & \lambda_n\end{pmatrix}\boldsymbol{D}=\begin{pmatrix}\boldsymbol{E}_p & & \\ & -\boldsymbol{E}_q & \\ & & \boldsymbol{O}\end{pmatrix}.$$

∎

推论 4.4.2 设二次型 $f(x_1,x_2,\cdots,x_n)=\boldsymbol{X}^{\mathrm{T}}\boldsymbol{A}\boldsymbol{X}$ 的矩阵 $\boldsymbol{A}$ 为 n 阶实对称矩阵，则存在可逆线性变换 $\boldsymbol{X}=\boldsymbol{C}\boldsymbol{Y}$，将 $f(x_1,x_2,\cdots,x_n)$ 化成

$$\boldsymbol{Y}^{\mathrm{T}}(\boldsymbol{C}^{\mathrm{T}}\boldsymbol{A}\boldsymbol{C})\boldsymbol{Y}=z_1^2+\cdots+z_p^2-z_{p+1}^2-\cdots-z_{p+q}^2, \tag{4.4.2}$$

其中 p、q 分别为 $\boldsymbol{A}$ 的正、负特征值的个数.

推论 4.4.2 中的表达式 (4.4.2) 称为二次型 $f(x_1,x_2,\cdots,x_n)$ 的规范形.

例 4.4.5 求一个正交变换，化二次型

$$f(x_1,x_2,x_3)=3x_1^2+4x_1x_2+8x_1x_3+4x_2x_3+3x_3^2,$$

为标准形. 进一步，求一个可逆线性变换，化二次型 $f(x_1,x_2,x_3)$ 为规范形.

解 设二次型 $f(x_1,x_2,x_3)$ 的矩阵为 $\boldsymbol{A}$, 则 $\boldsymbol{A}$ 的特征方程为

$$|\lambda\boldsymbol{E}-\boldsymbol{A}|=\begin{vmatrix}\lambda-3&-2&-4\\-2&\lambda&-2\\-4&-2&\lambda-3\end{vmatrix}=(\lambda-8)(\lambda+1)^2=0,$$

故 $\boldsymbol{A}$ 的特征值为 $\lambda_1=8$, $\lambda_2=-1$, 从而由方程组

$$(\lambda_1\boldsymbol{E}-\boldsymbol{A})=\begin{pmatrix}5&-2&-4\\-2&8&-2\\-4&-2&5\end{pmatrix}\begin{pmatrix}x_1\\x_2\\x_3\end{pmatrix}=\begin{pmatrix}0\\0\\0\end{pmatrix}$$

解得基础解系为 $\boldsymbol{\xi}_1=(2,1,2)^{\mathrm{T}}$; 由方程组

$$(\lambda_2\boldsymbol{E}-\boldsymbol{A})\boldsymbol{X}=\begin{pmatrix}-4&-2&-4\\-2&-1&-2\\-4&-2&-4\end{pmatrix}\begin{pmatrix}x_1\\x_2\\x_3\end{pmatrix}=\begin{pmatrix}0\\0\\0\end{pmatrix}$$

解得基础解系为 $\boldsymbol{\xi}_2=(1,0,-1)^{\mathrm{T}}$, $\boldsymbol{\xi}_3=(1,-4,1)^{\mathrm{T}}$.

显然，$\boldsymbol{\xi}_1$, $\boldsymbol{\xi}_2$, $\boldsymbol{\xi}_3$ 为正交向量组，将其单位化，得

$$\boldsymbol{\eta}_1=\frac{1}{3}\begin{pmatrix}2\\1\\2\end{pmatrix},\quad \boldsymbol{\eta}_2=\frac{1}{\sqrt{2}}\begin{pmatrix}1\\0\\-1\end{pmatrix},\quad \boldsymbol{\eta}_3=\frac{1}{3\sqrt{2}}\begin{pmatrix}1\\-4\\1\end{pmatrix}.$$

令 $\boldsymbol{Q}=(\boldsymbol{\eta}_1\ \boldsymbol{\eta}_2\ \boldsymbol{\eta}_3)$, 则 $\boldsymbol{Q}$ 为正交矩阵，且由正交变换 $\boldsymbol{X}=\boldsymbol{Q}\boldsymbol{Y}$, 即

$$\begin{pmatrix}x_1\\x_2\\x_3\end{pmatrix}=\begin{pmatrix}\frac{2}{3}&\frac{1}{\sqrt{2}}&-\frac{1}{3\sqrt{2}}\\\frac{1}{3}&0&-\frac{2\sqrt{2}}{3}\\\frac{2}{3}&-\frac{1}{\sqrt{2}}&-\frac{1}{3\sqrt{2}}\end{pmatrix}\begin{pmatrix}y_1\\y_2\\y_3\end{pmatrix}$$

将二次型 $f(x_1,x_2,x_3)$ 化为标准形

$$\boldsymbol{Y}^{\mathrm{T}}(\boldsymbol{Q}^{\mathrm{T}}\boldsymbol{A}\boldsymbol{Q})\boldsymbol{Y}=8y_1^2-y_2^2-y_3^2.$$

另一方面，令 $\boldsymbol{D}=\mathrm{diag}\left(\dfrac{\sqrt{2}}{4},-1,-1\right)$, $\boldsymbol{C}=\boldsymbol{Q}\boldsymbol{D}$, 则

$$\boldsymbol{C}=\begin{pmatrix}\dfrac{2}{3} & \dfrac{1}{\sqrt{2}} & -\dfrac{1}{3\sqrt{2}}\\ \dfrac{1}{3} & 0 & -\dfrac{2\sqrt{2}}{3}\\ \dfrac{2}{3} & -\dfrac{1}{\sqrt{2}} & -\dfrac{1}{3\sqrt{2}}\end{pmatrix}\begin{pmatrix}\dfrac{\sqrt{2}}{4} & 0 & 0\\ 0 & -1 & 0\\ 0 & 0 & -1\end{pmatrix}=\begin{pmatrix}\dfrac{1}{3\sqrt{2}} & -\dfrac{1}{\sqrt{2}} & \dfrac{1}{3\sqrt{2}}\\ \dfrac{\sqrt{2}}{12} & 0 & \dfrac{2\sqrt{2}}{3}\\ \dfrac{1}{3\sqrt{2}} & \dfrac{1}{\sqrt{2}} & \dfrac{1}{3\sqrt{2}}\end{pmatrix},$$

从而由线性变换 $\boldsymbol{X}=\boldsymbol{C}\boldsymbol{Z}$, 即

$$\begin{pmatrix}x_1\\x_2\\x_3\end{pmatrix}=\begin{pmatrix}\dfrac{1}{3\sqrt{2}} & -\dfrac{1}{\sqrt{2}} & \dfrac{1}{3\sqrt{2}}\\ \dfrac{\sqrt{2}}{12} & 0 & \dfrac{2\sqrt{2}}{3}\\ \dfrac{1}{3\sqrt{2}} & \dfrac{1}{\sqrt{2}} & \dfrac{1}{3\sqrt{2}}\end{pmatrix}\begin{pmatrix}z_1\\z_2\\z_3\end{pmatrix}$$

将二次型 $f(x_1,x_2,x_3)$ 化为规范形

$$\boldsymbol{Z}^{\mathrm{T}}(\boldsymbol{C}^{\mathrm{T}}\boldsymbol{A}\boldsymbol{C})\boldsymbol{Z}=z_1^2-z_2^2-z_3^2.$$

例 4.4.6 求一个正交变换，化二次型

$$f(x_1,x_2,x_3,x_4)=4x_1x_2-2x_1x_3-2x_1x_4-2x_2x_3-2x_2x_4+4x_3x_4$$

为标准形. 进一步，求一个可逆线性变换，化二次型 $f(x_1,x_2,x_3,x_4)$ 为规范形.

解 设二次型 $f(x_1,x_2,x_3,x_4)$ 的矩阵为 $\boldsymbol{A}$, 则 $\boldsymbol{A}$ 的特征方程为

$$|\lambda\boldsymbol{E}-\boldsymbol{A}|=\begin{vmatrix}\lambda & -2 & 1 & 1\\ -2 & \lambda & 1 & 1\\ 1 & 1 & \lambda & -2\\ 1 & 1 & -2 & \lambda\end{vmatrix}=\lambda(\lambda+2)^2(\lambda-4)=0,$$

故 $\boldsymbol{A}$ 的特征值为 $\lambda_1=4$, $\lambda_2=-2$, $\lambda_3=0$, 从而由方程组

$$(\lambda_1\boldsymbol{E}-\boldsymbol{A})\boldsymbol{X}=\begin{pmatrix}4 & -2 & 1 & 1\\ -2 & 4 & 1 & 1\\ 1 & 1 & 4 & -2\\ 1 & 1 & -2 & 4\end{pmatrix}\begin{pmatrix}x_1\\x_2\\x_3\\x_4\end{pmatrix}=\begin{pmatrix}0\\0\\0\\0\end{pmatrix}$$

解得基础解系 $\boldsymbol{\xi}_1 = (-1,-1,1,1)^{\mathrm{T}}$; 由方程组

$$(\lambda_2 \boldsymbol{E} - \boldsymbol{A})\boldsymbol{X} = \begin{pmatrix} -2 & -2 & 1 & 1 \\ -2 & -2 & 1 & 1 \\ 1 & 1 & -2 & -2 \\ 1 & 1 & -2 & -2 \end{pmatrix}\begin{pmatrix} x_1 \\ x_2 \\ x_3 \\ x_4 \end{pmatrix} = \begin{pmatrix} 0 \\ 0 \\ 0 \\ 0 \end{pmatrix}$$

解得基础解系为 $\boldsymbol{\xi}_2 = (-1,1,0,0)^{\mathrm{T}}$, $\boldsymbol{\xi}_3 = (0,0,-1,1)^{\mathrm{T}}$; 由方程组

$$(\lambda_3 \boldsymbol{E} - \boldsymbol{A})\boldsymbol{X} = \begin{pmatrix} 0 & -2 & 1 & 1 \\ -2 & 0 & 1 & 1 \\ 1 & 1 & 0 & -2 \\ 1 & 1 & -2 & 0 \end{pmatrix}\begin{pmatrix} x_1 \\ x_2 \\ x_3 \\ x_4 \end{pmatrix} = \begin{pmatrix} 0 \\ 0 \\ 0 \\ 0 \end{pmatrix}$$

解得基础解系为 $\boldsymbol{\xi}_4 = (1,1,1,1)^{\mathrm{T}}$.

显然，$\boldsymbol{\xi}_1, \boldsymbol{\xi}_2, \boldsymbol{\xi}_3, \boldsymbol{\xi}_4$ 为正交向量组，将其单位化，得

$$\boldsymbol{\eta}_1 = \frac{1}{2}\begin{pmatrix} -1 \\ -1 \\ 1 \\ 1 \end{pmatrix}, \quad \boldsymbol{\eta}_2 = \frac{1}{\sqrt{2}}\begin{pmatrix} -1 \\ 1 \\ 0 \\ 0 \end{pmatrix}, \quad \boldsymbol{\eta}_3 = \frac{1}{\sqrt{2}}\begin{pmatrix} 0 \\ 0 \\ -1 \\ 1 \end{pmatrix}, \quad \boldsymbol{\eta}_4 = \frac{1}{2}\begin{pmatrix} 1 \\ 1 \\ 1 \\ 1 \end{pmatrix}.$$

令 $\boldsymbol{Q} = (\boldsymbol{\eta}_1\ \boldsymbol{\eta}_2\ \boldsymbol{\eta}_3\ \boldsymbol{\eta}_4)$, 则 $\boldsymbol{Q}$ 为正交矩阵，且由正交变换 $\boldsymbol{X} = \boldsymbol{QY}$, 即

$$\begin{pmatrix} x_1 \\ x_2 \\ x_3 \\ x_4 \end{pmatrix} = \begin{pmatrix} -\frac{1}{2} & -\frac{1}{\sqrt{2}} & 0 & \frac{1}{2} \\ -\frac{1}{2} & \frac{1}{\sqrt{2}} & 0 & \frac{1}{2} \\ \frac{1}{2} & 0 & -\frac{1}{\sqrt{2}} & \frac{1}{2} \\ \frac{1}{2} & 0 & \frac{1}{\sqrt{2}} & \frac{1}{2} \end{pmatrix}\begin{pmatrix} y_1 \\ y_2 \\ y_3 \\ y_4 \end{pmatrix}$$

将二次型 $f(x_1,x_2,x_3,x_4)$ 化为标准形

$$\boldsymbol{Y}^{\mathrm{T}}(\boldsymbol{Q}^{\mathrm{T}}\boldsymbol{AQ})\boldsymbol{Y} = 4y_1^2 - 2y_2^2 - 2y_3^2.$$

另一方面，令 $\boldsymbol{D} = \operatorname{diag}\left(\frac{1}{2}, -\frac{1}{\sqrt{2}}, -\frac{1}{\sqrt{2}}, 1\right)$, $\boldsymbol{C} = \boldsymbol{QD}$, 则

$$\boldsymbol{C} = \begin{pmatrix} -\frac{1}{2} & -\frac{1}{\sqrt{2}} & 0 & \frac{1}{2} \\ -\frac{1}{2} & \frac{1}{\sqrt{2}} & 0 & \frac{1}{2} \\ \frac{1}{2} & 0 & -\frac{1}{\sqrt{2}} & \frac{1}{2} \\ \frac{1}{2} & 0 & \frac{1}{\sqrt{2}} & \frac{1}{2} \end{pmatrix}\begin{pmatrix} \frac{1}{2} & 0 & 0 & 0 \\ 0 & -\frac{1}{\sqrt{2}} & 0 & 0 \\ 0 & 0 & -\frac{1}{\sqrt{2}} & 0 \\ 0 & 0 & 0 & 1 \end{pmatrix} = \begin{pmatrix} -\frac{1}{4} & \frac{1}{2} & 0 & \frac{1}{2} \\ -\frac{1}{4} & -\frac{1}{2} & 0 & \frac{1}{2} \\ \frac{1}{4} & 0 & \frac{1}{2} & \frac{1}{2} \\ \frac{1}{4} & 0 & -\frac{1}{2} & \frac{1}{2} \end{pmatrix},$$

从而由线性变换 $\boldsymbol{X}=\boldsymbol{C}\boldsymbol{Z}$, 即

$$\begin{pmatrix} x_1 \\ x_2 \\ x_3 \\ x_4 \end{pmatrix} = \begin{pmatrix} -\frac{1}{4} & \frac{1}{2} & 0 & \frac{1}{2} \\ -\frac{1}{4} & -\frac{1}{2} & 0 & \frac{1}{2} \\ \frac{1}{4} & 0 & \frac{1}{2} & \frac{1}{2} \\ \frac{1}{4} & 0 & -\frac{1}{2} & \frac{1}{2} \end{pmatrix} \begin{pmatrix} z_1 \\ z_2 \\ z_3 \\ z_4 \end{pmatrix}$$

将二次型 $f(x_1,x_2,x_3,x_4)$ 化为规范形

$$\boldsymbol{Z}^{\mathrm{T}}(\boldsymbol{C}^{\mathrm{T}}\boldsymbol{A}\boldsymbol{C})\boldsymbol{Z}=z_1^2-z_2^2-z_3^2.$$

4.4.4 正定二次型

由前面的讨论可知，二次型 $\boldsymbol{X}^{\mathrm{T}}\boldsymbol{A}\boldsymbol{X}$ 的标准形不是唯一的，下面的定理说明二次型 $\boldsymbol{X}^{\mathrm{T}}\boldsymbol{A}\boldsymbol{X}$ 的标准形含有正项个数和负项个数却是唯一的.

定理 4.4.3 (惯性定理)

设二次型 $f(x_1,x_2,\cdots,x_n)=\boldsymbol{X}^{\mathrm{T}}\boldsymbol{A}\boldsymbol{X}$ 的矩阵 $\boldsymbol{A}$ 的秩为 r, 且可化为标准形

$$c_1y_1^2+\cdots+c_py_p^2-c_{p+1}y_{p+1}^2-\cdots-c_ry_r^2\ \ (c_i>0,\ i=1,2,\cdots,r)$$

和标准形

$$d_1y_1^2+\cdots+d_sy_s^2-d_{s+1}y_{s+1}^2-\cdots-d_ry_r^2\ \ (d_i>0,\ i=1,2,\cdots,r),$$

则 $p=s$.

在定理 4.4.3 中，二次型 $\boldsymbol{X}^{\mathrm{T}}\boldsymbol{A}\boldsymbol{X}$ 的标准形中含正项的个数称为二次型的正惯性指数，二次型的标准形 $\boldsymbol{X}^{\mathrm{T}}\boldsymbol{A}\boldsymbol{X}$ 中含负项的个数称为二次型的负惯性指数. 由定理 4.4.2 可知，二次型 $\boldsymbol{X}^{\mathrm{T}}\boldsymbol{A}\boldsymbol{X}$ 的正惯性指数和负惯性指数分别等于矩阵 $\boldsymbol{A}$ 的正特征值个数和负特征值个数.

一般情况下，二次型 $\boldsymbol{X}^{\mathrm{T}}\boldsymbol{A}\boldsymbol{X}$ 的规范形中正项负项都可能有，如果 $R(\boldsymbol{A})=r$, 正惯性指数为 p, 则其规范形为

$$y_1^2+\cdots+y_p^2-y_{p+1}^2-\cdots-y_r^2\ \ (p<r).$$

但在经济学和工程技术各领域中，使用较多的 n 元二次型 $\boldsymbol{X}^{\mathrm{T}}\boldsymbol{A}\boldsymbol{X}$ 的正惯性指数为 n, 其规范形为

$$y_1^2+y_2^2+\cdots+y_n^2$$

或负惯性指数为 n, 其规范形为

$$-{z_1}^2-{z_2}^2-\cdots-{z_n}^2.$$

此时，二次型对应矩阵的特征值都是正数或都是负数. 为此我们引入如下定义.

定义 4.4.1 对于给定的 n 元二次型 $f(x_1,x_2,\cdots,x_n)=\boldsymbol{X}^{\mathrm{T}}\boldsymbol{A}\boldsymbol{X}$.

(1) 如果对 $\forall\,\boldsymbol{X}\in\mathbb{R}^n$, 当 $\boldsymbol{X}\neq\boldsymbol{O}$ 时，有

$$f(x_1,x_2,\cdots,x_n)=\boldsymbol{X}^{\mathrm{T}}\boldsymbol{A}\boldsymbol{X}>0,$$

则称 $f(x_1,x_2,\cdots,x_n)=\boldsymbol{X}^{\mathrm{T}}\boldsymbol{A}\boldsymbol{X}$ 为正定二次型，称 $\boldsymbol{A}$ 为正定矩阵；

(2) 如果对 $\forall\,\boldsymbol{X}\in\mathbb{R}^n$, 当 $\boldsymbol{X}\neq\boldsymbol{O}$ 时，有

$$f(x_1,x_2,\cdots,x_n)=\boldsymbol{X}^{\mathrm{T}}\boldsymbol{A}\boldsymbol{X}<0,$$

则称 $f(x_1,x_2,\cdots,x_n)=\boldsymbol{X}^{\mathrm{T}}\boldsymbol{A}\boldsymbol{X}$ 为负定二次型，称 $\boldsymbol{A}$ 为负定矩阵.

(3) 如果对 $\forall\,\boldsymbol{X}\in\mathbb{R}^n$, 当 $\boldsymbol{X}\neq\boldsymbol{O}$ 时，有

$$f(x_1,x_2,\cdots,x_n)=\boldsymbol{X}^{\mathrm{T}}\boldsymbol{A}\boldsymbol{X}\geqslant 0,$$

则称 $f(x_1,x_2,\cdots,x_n)=\boldsymbol{X}^{\mathrm{T}}\boldsymbol{A}\boldsymbol{X}$ 为半正定二次型，称 $\boldsymbol{A}$ 为半正定矩阵；

(4) 如果对 $\forall\,\boldsymbol{X}\in\mathbb{R}^n$, 当 $\boldsymbol{X}\neq\boldsymbol{O}$ 时，有

$$f(x_1,x_2,\cdots,x_n)=\boldsymbol{X}^{\mathrm{T}}\boldsymbol{A}\boldsymbol{X}\leqslant 0,$$

则称 $f(x_1,x_2,\cdots,x_n)=\boldsymbol{X}^{\mathrm{T}}\boldsymbol{A}\boldsymbol{X}$ 为半负定二次型，称 $\boldsymbol{A}$ 为半负定矩阵；

(5) 如果存在 $\boldsymbol{X}$, $\boldsymbol{Y}\in\mathbb{R}^n$, 使得

$$f(x_1,x_2,\cdots,x_n)=\boldsymbol{X}^{\mathrm{T}}\boldsymbol{A}\boldsymbol{X}>0,\quad f(y_1,y_2,\cdots,y_n)=\boldsymbol{Y}^{\mathrm{T}}\boldsymbol{A}\boldsymbol{Y}<0,$$

则称 $f(x_1,x_2,\cdots,x_n)=\boldsymbol{X}^{\mathrm{T}}\boldsymbol{A}\boldsymbol{X}$ 为不定二次型，称 $\boldsymbol{A}$ 为不定矩阵.

定理 4.4.4 设 $\boldsymbol{A}$ 为 n 阶实对称矩阵，则下列结论等价：

(1) $\boldsymbol{A}$ 为正定矩阵； (2) $\boldsymbol{A}$ 的特征值全为正数；

(3) $\boldsymbol{A}$ 合同于 $\boldsymbol{E}_n$； (4) 存在可逆矩阵 $\boldsymbol{C}$, 使得 $\boldsymbol{A}=\boldsymbol{C}^{\mathrm{T}}\boldsymbol{C}$.

证明 (1)$\Longrightarrow$(2).

设 $\boldsymbol{A}$ 为正定矩阵，λ 为 $\boldsymbol{A}$ 的任意一个特征值，则存在非零向量 $\boldsymbol{\xi}$, 使得

$$\boldsymbol{A}\boldsymbol{\xi}=\lambda\boldsymbol{\xi},\quad \boldsymbol{\xi}^{\mathrm{T}}\boldsymbol{\xi}=\langle\boldsymbol{\xi},\boldsymbol{\xi}\rangle>0,$$

故由 $\boldsymbol{A}$ 为正定矩阵可得

$$\lambda\boldsymbol{\xi}^{\mathrm{T}}\boldsymbol{\xi}=\boldsymbol{\xi}^{\mathrm{T}}(\lambda\boldsymbol{\xi})=\boldsymbol{\xi}^{\mathrm{T}}\boldsymbol{A}\boldsymbol{\xi}>0,$$

从而 $\lambda>0$. 由 λ 的任意性可知，$\boldsymbol{A}$ 的特征值全为正数.

(2)$\Longrightarrow$(3).

设 $\boldsymbol{A}$ 的特征值全为正数，则由推论 4.4.2 可知，存在可逆矩阵 $\boldsymbol{C}$, 使得

$$\boldsymbol{C}^{\mathrm{T}}\boldsymbol{A}\boldsymbol{C}=\boldsymbol{E}_n.$$

(3)$\Longrightarrow$(4).

设 $\boldsymbol{A}$ 合同于 $\boldsymbol{E}_n$, 则存在可逆矩阵 $\boldsymbol{P}$, 使得

$$\boldsymbol{P}^{\mathrm{T}}\boldsymbol{A}\boldsymbol{P}=\boldsymbol{E}_n.$$

取 $\boldsymbol{C}=\boldsymbol{P}^{-1}$, 则 $\boldsymbol{C}$ 为可逆矩阵, 且

$$\boldsymbol{C}^{\mathrm{T}}\boldsymbol{C}=(\boldsymbol{P}^{-1})^{\mathrm{T}}\boldsymbol{E}_n\boldsymbol{P}^{-1}=(\boldsymbol{P}^{-1})^{\mathrm{T}}(\boldsymbol{P}^{\mathrm{T}}\boldsymbol{A}\boldsymbol{P})\boldsymbol{P}^{-1}=\boldsymbol{A}.$$

(4)$\Longrightarrow$(1).

设存在可逆矩阵 $\boldsymbol{C}$, 使得 $\boldsymbol{A}=\boldsymbol{C}^{\mathrm{T}}\boldsymbol{C}$, 则对 $\forall\ \boldsymbol{X}\in\mathbb{R}^n$, 当 $\boldsymbol{X}\neq\boldsymbol{O}$ 时, 由 $\boldsymbol{C}$ 为可逆矩阵可知, $\boldsymbol{C}\boldsymbol{X}\neq\boldsymbol{O}$, 从而

$$\boldsymbol{X}^{\mathrm{T}}\boldsymbol{A}\boldsymbol{X}=\boldsymbol{X}^{\mathrm{T}}\boldsymbol{C}^{\mathrm{T}}\boldsymbol{C}\boldsymbol{X}=(\boldsymbol{C}\boldsymbol{X})^{\mathrm{T}}(\boldsymbol{C}\boldsymbol{X})=\langle\boldsymbol{C}\boldsymbol{X},\boldsymbol{C}\boldsymbol{X}\rangle>0.$$

由 $\boldsymbol{X}$ 的任意性可知, $\boldsymbol{A}$ 为正定矩阵. ▌

类似于定理 4.4.4, 可以给出一个实对称矩阵为负定矩阵的充分必要条件.

利用行列式可以得到另一个充分必要条件.

定理 4.4.5 设 $\boldsymbol{A}=(a_{ij})_{n\times n}$ 为实对称矩阵, 则 $\boldsymbol{A}$ 为正定矩阵的充分必要条件是 $|\boldsymbol{A}|$ 的各阶顺序主子式都是正的, 即

$$\begin{vmatrix} a_{11} & a_{12} & \cdots & a_{1k} \\ a_{21} & a_{22} & \cdots & a_{2k} \\ \cdots & \cdots & \cdots & \cdots \\ a_{k1} & a_{k2} & \cdots & a_{kk} \end{vmatrix}>0,\quad k=1,2,\cdots,n.$$

推论 4.4.3 设 $\boldsymbol{A}=(a_{ij})_{n\times n}$ 为实对称矩阵, 则 $\boldsymbol{A}$ 为负定矩阵的充分必要条件是 $|\boldsymbol{A}|$ 的各阶顺序主子式满足

$$(-1)^k\begin{vmatrix} a_{11} & a_{12} & \cdots & a_{1k} \\ a_{21} & a_{22} & \cdots & a_{2k} \\ \cdots & \cdots & \cdots & \cdots \\ a_{k1} & a_{k2} & \cdots & a_{kk} \end{vmatrix}>0,\quad k=1,2,\cdots,n.$$

例 4.4.7 判断矩阵 $\boldsymbol{A}$ 是否为正定矩阵, 其中

$$\boldsymbol{A}=\begin{pmatrix} 3 & -1 & 1 \\ -1 & 4 & 0 \\ 1 & 0 & 1 \end{pmatrix}.$$

解 计算 $\boldsymbol{A}$ 的各阶顺序主子式, 得

$$a_{11}=3>0,\quad \begin{vmatrix} a_{11} & a_{12} \\ a_{21} & a_{22} \end{vmatrix}=\begin{vmatrix} 3 & -1 \\ -1 & 4 \end{vmatrix}=11>0,\quad |\boldsymbol{A}|=7>0,$$

从而由定理 4.4.5 可知, $\boldsymbol{A}$ 为正定矩阵.

例 4.4.8 确定 t 的取值范围，使二次型

$$f(x_1,x_2,x_3)=x_1^2+x_2^2+5x_3^2+2tx_1x_2-2x_1x_3+4x_2x_3$$

为正定二次型.

解 设二次型 $f(x_1,x_2,x_3)$ 的矩阵为 $\boldsymbol{A}$, 则

$$\boldsymbol{A}=\begin{pmatrix}1&t&-1\\t&1&2\\-1&2&5\end{pmatrix},$$

从而计算 $\boldsymbol{A}$ 的各阶顺序主子式，得

$$a_{11}=1,\quad \begin{vmatrix}1&t\\t&1\end{vmatrix}=1-t^2,\quad \begin{vmatrix}1&t&-1\\t&1&2\\-1&2&5\end{vmatrix}=-(4+5t)t.$$

要使 $\boldsymbol{A}$ 为正定矩阵， t 应满足不等式组

$$\begin{cases}1-t^2>0,\\(4+5t)t<0,\end{cases}$$

解得 $-\dfrac{4}{5}<t<0$, 从而当 $-\dfrac{4}{5}<t<0$ 时， $f(x_1,x_2,x_3)$ 为正定二次型.

例 4.4.9 设 $\boldsymbol{A}=(a_{ij})_{n\times n}$ 为实对称正定矩阵，求二次实值函数

$$f(x_1,x_2,\cdots,x_n)=\sum_{i,j=1}^{n}a_{ij}x_ix_j-2\sum_{i=1}^{n}b_ix_i$$

的极值.

解 令

$$\boldsymbol{X}=\begin{pmatrix}x_1\\x_2\\\vdots\\x_n\end{pmatrix},\quad \boldsymbol{B}=\begin{pmatrix}b_1\\b_2\\\vdots\\b_n\end{pmatrix},$$

则由 $\boldsymbol{X}^{\mathrm{T}}\boldsymbol{B}=\boldsymbol{B}^{\mathrm{T}}\boldsymbol{X}$ 及 $\boldsymbol{A}$ 为可逆矩阵可得

$$\begin{aligned}f(x_1,x_2,\cdots,x_n)&=\boldsymbol{X}^{\mathrm{T}}\boldsymbol{A}\boldsymbol{X}-2\boldsymbol{B}^{\mathrm{T}}\boldsymbol{X}\\&=(\boldsymbol{X}-\boldsymbol{A}^{-1}\boldsymbol{B})^{\mathrm{T}}\boldsymbol{A}(\boldsymbol{X}-\boldsymbol{A}^{-1}\boldsymbol{B})-\boldsymbol{B}^{\mathrm{T}}\boldsymbol{A}^{-1}\boldsymbol{B},\end{aligned}$$

故由 $\boldsymbol{A}$ 为正定矩阵可知，对 $\forall\ \boldsymbol{X}\in\mathbb{R}^n$, 有

$$(\boldsymbol{X}-\boldsymbol{A}^{-1}\boldsymbol{B})^{\mathrm{T}}\boldsymbol{A}(\boldsymbol{X}-\boldsymbol{A}^{-1}\boldsymbol{B})\geqslant 0,$$

从而

$$f(x_1,x_2,\cdots,x_n)\geqslant -\boldsymbol{B}^{\mathrm{T}}\boldsymbol{A}^{-1}\boldsymbol{B}.$$

即当 $\boldsymbol{X}=\boldsymbol{A}^{-1}\boldsymbol{B}$ 时, $f(x_1,x_2,\cdots,x_n)$ 取到最小值 $-\boldsymbol{B}^{\mathrm{T}}\boldsymbol{A}^{-1}\boldsymbol{B}$.

例 4.4.10 设 $\boldsymbol{A}$ 为 n 阶可逆矩阵, 证明 $\boldsymbol{A}^{\mathrm{T}}\boldsymbol{A}$ 为正定矩阵.

证明 对 $\forall\,\boldsymbol{X}\in\mathbb{R}^n$, 且 $\boldsymbol{X}\neq\boldsymbol{O}$, 则由 $\boldsymbol{A}$ 为 n 阶可逆矩阵可知, $\boldsymbol{AX}\neq\boldsymbol{O}$, 故

$$\boldsymbol{X}^{\mathrm{T}}(\boldsymbol{A}^{\mathrm{T}}\boldsymbol{A})\boldsymbol{X}=(\boldsymbol{AX})^{\mathrm{T}}(\boldsymbol{AX})=\langle\boldsymbol{AX},\boldsymbol{AX}\rangle>0,$$

从而由 $\boldsymbol{X}$ 的任意性可知, $\boldsymbol{A}^{\mathrm{T}}\boldsymbol{A}$ 为正定矩阵.

例 4.4.11 设 $\boldsymbol{A}$ 为 n 阶正定矩阵, 证明 $\boldsymbol{A}^{-1}$ 和 $\boldsymbol{A}^*$ 均为正定矩阵.

证明 设 $\lambda_1,\lambda_2,\cdots,\lambda_n$ 为 $\boldsymbol{A}$ 的 n 个特征值, 则由 $\boldsymbol{A}$ 为正定矩阵可得

$$|\boldsymbol{A}|>0,\quad \lambda_i>0,\quad i=1,2,\cdots,n,$$

故 $\boldsymbol{A}^{-1}$ 的特征值为

$$\frac{1}{\lambda_i}>0,\quad i=1,2,\cdots,n,$$

$\boldsymbol{A}^*=|\boldsymbol{A}|\boldsymbol{A}^{-1}$ 的特征值为

$$\frac{1}{\lambda_i}\,|\boldsymbol{A}|>0,\quad i=1,2,\cdots,n,$$

从而 $\boldsymbol{A}^{-1}$ 与 $\boldsymbol{A}^*$ 均为正定矩阵.

例 4.4.12 设 $\boldsymbol{A}$ 与 $\boldsymbol{B}$ 均为 n 阶正定矩阵, 问矩阵 $\boldsymbol{A}+\boldsymbol{B}$, $\boldsymbol{A}-\boldsymbol{B}$, $\boldsymbol{AB}$ 是否为正定矩阵?

解 对 $\forall\,\boldsymbol{X}\in\mathbb{R}^n$, 且 $\boldsymbol{X}\neq\boldsymbol{O}$, 则由 $\boldsymbol{A}$、$\boldsymbol{B}$ 为 n 阶正定矩阵可得

$$\boldsymbol{X}^{\mathrm{T}}\boldsymbol{AX}>0,\quad \boldsymbol{X}^{\mathrm{T}}\boldsymbol{BX}>0,$$

从而

$$\boldsymbol{X}^{\mathrm{T}}(\boldsymbol{A}+\boldsymbol{B})\boldsymbol{X}=\boldsymbol{X}^{\mathrm{T}}\boldsymbol{AX}+\boldsymbol{X}^{\mathrm{T}}\boldsymbol{BX}>0,$$

即 $\boldsymbol{A}+\boldsymbol{B}$ 为正定矩阵.

矩阵 $\boldsymbol{A}-\boldsymbol{B}$ 不一定是正定矩阵. 例如, $\boldsymbol{A}=2\boldsymbol{E}$ 与 $\boldsymbol{B}=\boldsymbol{E}$ 均为正定矩阵, 从而

$$\boldsymbol{A}-\boldsymbol{B}=\boldsymbol{E}$$

为正定矩阵. 又如 $\boldsymbol{A}=\boldsymbol{E}$ 与 $\boldsymbol{B}=2\boldsymbol{E}$ 均为正定矩阵, 从而

$$\boldsymbol{A}-\boldsymbol{B}=-\boldsymbol{E}$$

为负定矩阵.

矩阵 $\boldsymbol{AB}$ 不一定是正定矩阵. 例如, 容易验证矩阵

$$\boldsymbol{A}=\begin{pmatrix}1&1&0\\1&2&0\\0&0&2\end{pmatrix},\quad \boldsymbol{B}=\begin{pmatrix}1&-1&0\\-1&2&0\\0&0&1\end{pmatrix}$$

均为正定矩阵, 但

$$\boldsymbol{AB}=\begin{pmatrix}1&1&0\\1&2&0\\0&0&2\end{pmatrix}\begin{pmatrix}1&-1&0\\-1&2&0\\0&0&1\end{pmatrix}=\begin{pmatrix}0&1&0\\-1&3&0\\0&0&2\end{pmatrix}$$

不是正定矩阵.

习题　4.4

4.4.1 用配方法将下列二次型化为标准形, 并写出所用的可逆线性变换:

(1) $f(x_1,x_2,x_3)=x_1^2+5x_1x_2-3x_2x_3$;

(2) $f(x_1,x_2,x_3)=2x_1^2+5x_2^2+5x_3^2+4x_1x_2-4x_1x_3-8x_2x_3$;

(3) $f(x_1,x_2,x_3,x_4)=x_1x_2+x_2x_3+x_3x_4$.

4.4.2 求一个正交变换, 使得下列二次型化成标准形:

(1) $f(x_1,x_2,x_3)=2x_1^2+3x_2^2+3x_3^2+4x_2x_3$;

(2) $f(x_1,x_2,x_3,x_4)=x_1^2+x_2^2+x_3^2+x_4^2+2x_1x_2-2x_1x_4-2x_2x_3+2x_3x_4$.

4.4.3 求参数 a 的取值范围, 使得下列二次型为正定二次型:

(1) $f(x_1,x_2,x_3)=2x_1^2+x_2^2+x_3^2+2x_1x_2+ax_2x_3$;

(2) $\boldsymbol{X}^{\mathrm{T}}\boldsymbol{AX}=(x_1,\ x_2,\ x_3)\begin{pmatrix}2-a&1&0\\1&1&0\\0&0&a+3\end{pmatrix}\begin{pmatrix}x_1\\x_2\\x_3\end{pmatrix}$.

4.4.4 证明: 实对称正定矩阵的对角线上元素都大于零.

4.4.5 证明: 设 $\boldsymbol{A}$ 为 n 阶实对称矩阵, 则 $\boldsymbol{A}$ 为可逆矩阵的充分必要条件是存在矩阵 $\boldsymbol{B}$, 使得 $\boldsymbol{AB}+\boldsymbol{BA}$ 为正定矩阵.

4.4.6 证明: 设 $\boldsymbol{A}$、$\boldsymbol{B}$、$\boldsymbol{A}-\boldsymbol{B}$ 均为正定矩阵, 则 $\boldsymbol{B}^{-1}-\boldsymbol{A}^{-1}$ 为正定矩阵.

总习题　4

4.1 求矩阵 $\boldsymbol{A}$ 的特征值和对应的特征向量, 其中

$$\boldsymbol{A}=\begin{pmatrix}1&2&2\\2&1&2\\2&2&1\end{pmatrix}.$$

4.2 设 λ 为 n 阶矩阵 $\boldsymbol{A}$ 的一个特征值，求矩阵 $\boldsymbol{A}^2$，$\boldsymbol{A}^2+5\boldsymbol{A}-3\boldsymbol{E}$ 的一个特征值.

4.3 证明：如果 n 阶矩阵 $\boldsymbol{A}$ 的每一行元素之和均为 1, 则 1 是 $\boldsymbol{A}$ 的一个特征值.

4.4 证明：如果 λ_1，λ_2 是矩阵 $\boldsymbol{A}$ 的不同特征值，$\boldsymbol{\xi}_1$，$\boldsymbol{\xi}_2$ 是分别属于 λ_1，λ_2 的特征向量，则 $\boldsymbol{\xi}_1+\boldsymbol{\xi}_2$ 不是 $\boldsymbol{A}$ 的特征向量.

4.5 设矩阵 $\boldsymbol{A}$ 与对角矩阵 $\boldsymbol{\Lambda}=\mathrm{diag}(5,-4,y)$ 相似，求 x，y 的值，其中

$$\boldsymbol{A}=\begin{pmatrix}1&-2&-4\\-2&x&-2\\-4&-2&1\end{pmatrix}.$$

4.6 求一个正交矩阵 $\boldsymbol{P}$, 使得 $\boldsymbol{P}^{-1}\boldsymbol{A}\boldsymbol{P}$ 为对角矩阵，其中

$$\boldsymbol{A}=\begin{pmatrix}0&-1&1\\-1&0&1\\1&1&0\end{pmatrix}.$$

4.7 问当 a, b, c 取何值时，矩阵 $\boldsymbol{A}$ 可对角化，其中

$$\boldsymbol{A}=\begin{pmatrix}1&0&0&0\\a&1&0&0\\2&b&2&0\\2&3&c&2\end{pmatrix}.$$

4.8 设 $\boldsymbol{A}=\begin{pmatrix}3&-2\\-2&3\end{pmatrix}$, 求 $f(\boldsymbol{A})=\boldsymbol{A}^{100}-5\boldsymbol{A}^9$.

4.9 设 $\boldsymbol{\alpha}=(a_1,a_2,\cdots,a_n)^{\mathrm{T}}$ 为非零向量，$\boldsymbol{A}=\boldsymbol{\alpha}\boldsymbol{\alpha}^{\mathrm{T}}$, 求一个可逆矩阵 $\boldsymbol{Q}$, 使得 $\boldsymbol{Q}^{-1}\boldsymbol{A}\boldsymbol{Q}$ 为对角矩阵，并写出对角矩阵.

4.10 设 $\boldsymbol{A}$ 为 2 阶矩阵，且 $|\boldsymbol{A}|<0$, 求证 $\boldsymbol{A}$ 相似于一个对角矩阵.

4.11 求矩阵 $\boldsymbol{A}$ 的特征值和特征向量，其中

$$\boldsymbol{A}=\begin{pmatrix}2&1&1\\2&3&4\\-1&-1&-2\end{pmatrix}.$$

4.12 设矩阵 $\boldsymbol{A}$ 有 3 个线性无关的特征向量，求 x，y 应满足的条件，其中

$$\boldsymbol{A}=\begin{pmatrix}0&0&1\\x&1&y\\1&0&0\end{pmatrix}.$$

4.13 求一个可逆矩阵 $\boldsymbol{P}$, 使得 $\boldsymbol{P}^{-1}\boldsymbol{A}\boldsymbol{P}=\boldsymbol{B}$, 其中

$$\boldsymbol{A}=\begin{pmatrix}-1&2&-2\\-2&3&-1\\2&-2&4\end{pmatrix},\quad \boldsymbol{B}=\begin{pmatrix}1&0&-1\\1&2&1\\2&2&3\end{pmatrix}.$$

4.14 证明：设 $\boldsymbol{A}$ 与 $\boldsymbol{B}$ 均为实对称矩阵，则存在正交矩阵 $\boldsymbol{Q}$, 使得 $\boldsymbol{Q}^{-1}\boldsymbol{A}\boldsymbol{Q}=\boldsymbol{B}$ 的充分必要条件是 $\boldsymbol{A}$ 与 $\boldsymbol{B}$ 的特征值相同.

4.15 设 n 阶实对称矩阵 $\boldsymbol{A}$ 满足 $\boldsymbol{A}^3=\boldsymbol{E}_n$, 求证 $\boldsymbol{A}=\boldsymbol{E}_n$.

4.16 设 $\boldsymbol{A}$ 与 $\boldsymbol{B}$ 均为实对称矩阵, 且存在正交矩阵 $\boldsymbol{Q}$, 使得 $\boldsymbol{Q}^{-1}\boldsymbol{AQ}$ 与 $\boldsymbol{Q}^{-1}\boldsymbol{BQ}$ 同时成为对角矩阵, 求证 $\boldsymbol{AB}=\boldsymbol{BA}$.

4.17 求一个正交矩阵 $\boldsymbol{Q}$, 使得 $\boldsymbol{Q}^{-1}\boldsymbol{AQ}$ 为对角矩阵, 其中矩阵 $\boldsymbol{A}$ 由下式确定:

(1) $\boldsymbol{A}=\begin{pmatrix}1&0&2\\0&1&2\\2&2&-1\end{pmatrix}$;　　(2) $\boldsymbol{A}=\begin{pmatrix}3&1&1\\1&3&-1\\1&-1&3\end{pmatrix}$.

4.18 已知矩阵

$$\boldsymbol{A}=\begin{pmatrix}7&4&-1\\4&7&-1\\-4&-4&x\end{pmatrix}$$

的特征值为 $\lambda_1=\lambda_2=3,\ \lambda_3=12$, 求 x 的值和 $\boldsymbol{A}$ 的特征向量.

4.19 已知 3 阶矩阵 $\boldsymbol{A}$ 的特征值为 $1,\ 2,-4$, 且 $\boldsymbol{B}=\boldsymbol{A}^2-3\boldsymbol{E}$, 求 $|\boldsymbol{B}|$ 的值.

4.20 已知 3 阶矩阵 $\boldsymbol{A}$ 的特征值为 1, 2, 3, 求 $\boldsymbol{A}^2\boldsymbol{A}^*-3\boldsymbol{E}$ 的值.

4.21 已知矩阵

$$\boldsymbol{A}=\begin{pmatrix}7&4&-1\\4&7&-1\\-4&x&4\end{pmatrix}$$

的一个特征值为 12, 求 x 的值和另外两个特征值.

4.22 证明: $\mathrm{diag}(\lambda_1,\lambda_2,\cdots,\lambda_n)$ 与 $\mathrm{diag}(\lambda_{i1},\lambda_{i2},\cdots,\lambda_{in})$ 相似, 其中 $i_1,\ i_2,\cdots,i_n$ 是从 $1,2,\cdots,n$ 中任选的一个排列.

4.23 设 $\boldsymbol{A}$ 与 $\boldsymbol{B}$ 相似, $\boldsymbol{C}$ 与 $\boldsymbol{D}$ 相似, 证明 $\begin{pmatrix}\boldsymbol{A}&\boldsymbol{O}\\\boldsymbol{O}&\boldsymbol{C}\end{pmatrix}$ 与 $\begin{pmatrix}\boldsymbol{B}&\boldsymbol{O}\\\boldsymbol{O}&\boldsymbol{D}\end{pmatrix}$ 相似.

4.24 设

$$\boldsymbol{A}=\begin{pmatrix}1&x&1\\x&1&y\\1&y&1\end{pmatrix},\quad \boldsymbol{B}=\begin{pmatrix}0&0&0\\0&1&0\\0&0&2\end{pmatrix}.$$

如果 $\boldsymbol{A}$ 与 $\boldsymbol{B}$ 相似, 求 $x,\,y$ 的值和一个可逆矩阵 $\boldsymbol{P}$, 使得 $\boldsymbol{P}^{-1}\boldsymbol{AP}=\boldsymbol{B}$.

4.25 已知 k 为正整数, 求 $\boldsymbol{A}^k$ 的表达式, 其中

$$\boldsymbol{A}=\begin{pmatrix}1&4&2\\0&-3&4\\0&4&3\end{pmatrix}.$$

4.26 设矩阵 $\boldsymbol{A}$ 的一个特征值为 3, 求 x 的值和一个可逆矩阵 $\boldsymbol{P}$, 使得 $(\boldsymbol{AP})^{\mathrm{T}}(\boldsymbol{AP})$ 为对角矩阵, 其中

$$\boldsymbol{A}=\begin{pmatrix}0&1&0&0\\1&0&0&0\\0&0&x&1\\0&0&1&2\end{pmatrix}.$$

4.27 设

$$A=\begin{pmatrix}1&1&x\\1&x&1\\x&1&1\end{pmatrix},\quad X=\begin{pmatrix}x_1\\x_2\\x_3\end{pmatrix},\quad B=\begin{pmatrix}1\\1\\-2\end{pmatrix},$$

且 $\boldsymbol{AX}=\boldsymbol{B}$, 求 x 的值和一个正交矩阵 $\boldsymbol{Q}$, 使得 $\boldsymbol{Q}^{-1}\boldsymbol{AQ}$ 为对角矩阵.

4.28 已知实对称矩阵

$$A=\begin{pmatrix}a&1&1\\1&a&-1\\1&-1&a\end{pmatrix},$$

求一个可逆矩阵 $\boldsymbol{P}$, 使得 $\boldsymbol{P}^{-1}\boldsymbol{AP}$ 为对角矩阵，并求 $|\boldsymbol{A}-\boldsymbol{E}|$ 的值.

4.29 设 $\boldsymbol{A}$ 与 $\boldsymbol{B}$ 均为 n 阶实对称矩阵，且存在正交矩阵 $\boldsymbol{Q}$, 使得 $\boldsymbol{Q}^{-1}\boldsymbol{AQ}$ 和 $\boldsymbol{Q}^{-1}\boldsymbol{BQ}$ 均为对角矩阵，求证 $\boldsymbol{AB}$ 也是实对称矩阵.

4.30 用可逆线性变换将下列二次型化为标准形，并利用矩阵验算所得结果：

(1) $f(x_1,x_2,x_3,x_4)=x_4^2+2x_1x_2-2x_1x_3+2x_1x_4+2x_2x_3-2x_2x_4+4x_3x_4$;

(2) $f(x_1,x_2,x_3,x_4)=8x_1x_4+2x_2x_3+8x_2x_4+2x_3x_4$;

(3) $f(x_1,x_2,x_3,x_4)=x_1^2+2x_2^2+x_4^2+4x_1x_2+4x_1x_3+2x_1x_4+2x_2x_3+2x_2x_4+2x_3x_4$;

(4) $f(x_1,x_2,\cdots,x_{2n})=\sum\limits_{k=1}^{n}x_kx_{2n-k+1}=x_1x_{2n}+x_2x_{2n-1}+\cdots+x_nx_{n+1}$.

4.31 用正交线性变换将下列二次型化为标准形：

(1) $f(x_1,x_2,x_3)=x_1^2-2x_2^2+x_3^2+4x_1x_2+8x_1x_3+4x_2x_3$;

(2) $f(x_1,x_2,x_3)=-2x_1x_2-2x_1x_3-2x_2x_3$.

4.32 证明： $\mathrm{diag}(\lambda_1,\lambda_2,\cdots,\lambda_n)$ 与 $\mathrm{diag}(\lambda_{i1},\lambda_{i2},\cdots,\lambda_{in})$ 合同，其中 i_1, $i_2,\cdots,i_n$ 是从 $1,2,\cdots,n$ 中任选的一个排列.

4.33 判断下列二次型是否为正定二次型：

(1) $f(x_1,x_2,x_3)=10x_1^2+2x_2^2+x_3^2+8x_1x_2+24x_1x_3-28x_2x_3$;

(2) $f(x_1,x_2,x_3)=x_1^2+2x_2^2+x_3^2-2x_1x_2+2x_1x_3$.

4.34 设 $\boldsymbol{A}$、$\boldsymbol{B}$、$\boldsymbol{D}$ 均为 n 阶实矩阵，且 $\begin{pmatrix}\boldsymbol{A}&\boldsymbol{B}\\\boldsymbol{B}^{\mathrm{T}}&\boldsymbol{D}\end{pmatrix}$ 为正定矩阵，证明 $\boldsymbol{D}-\boldsymbol{B}^{\mathrm{T}}\boldsymbol{A}^{-1}\boldsymbol{B}$ 也为正定矩阵.

4.35 证明： $\boldsymbol{A}$ 为正定矩阵，其中

$$A=\begin{pmatrix}1&\frac{1}{n}&\frac{1}{n}&\cdots&\frac{1}{n}&\frac{1}{n}\\\frac{1}{n}&1&\frac{1}{n}&\cdots&\frac{1}{n}&\frac{1}{n}\\\cdots&\cdots&\cdots&\cdots&\cdots&\cdots\\\frac{1}{n}&\frac{1}{n}&\frac{1}{n}&\cdots&1&\frac{1}{n}\\\frac{1}{n}&\frac{1}{n}&\frac{1}{n}&\cdots&\frac{1}{n}&1\end{pmatrix}.$$

4.36 已知矩阵 $\boldsymbol{A}$ 与 $\boldsymbol{B}$ 满足 $\boldsymbol{B}^2=\boldsymbol{A}$, 求 $\boldsymbol{B}$ 的表达式, 其中

$$\boldsymbol{A}=\begin{pmatrix}3&1&1\\1&3&-1\\1&-1&3\end{pmatrix}.$$

4.37 设 3 阶实对称矩阵 $\boldsymbol{A}$ 的秩为 2, 且 $\boldsymbol{A}^2+2\boldsymbol{A}=\boldsymbol{O}$.

(1) 求 $\boldsymbol{A}$ 的所有特征值;

(2) 问当 k 取何值时, $\boldsymbol{A}+k\boldsymbol{E}$ 为正定矩阵.

4.38 已知实二次型

$$f(x_1,x_2,x_3)=2x_1^2+3x_2^2+3x_3^2+2tx_2x_3\quad(t>0)$$

可以用正交线性变换化为标准形 $2y_1+y_2^2+5y_3^2$:

(1) 求参数 t 的值和所用的正交矩阵;

(2) 证明: 在条件 $x_1^2+x_2^2+x_3^2=1$ 下, $f(x_1,x_2,x_3)$ 的最大值为 5.

4.39 设 $\boldsymbol{A}$ 与 $\boldsymbol{B}$ 均为 n 阶正定矩阵, 证明 $\boldsymbol{A}+2\boldsymbol{B}$ 也是正定矩阵.

4.40 设 $\boldsymbol{A}$ 与 $\boldsymbol{B}$ 均为 n 阶正定矩阵, 证明 $\boldsymbol{A}^{-1}+\boldsymbol{B}^{-1}$ 也是正定矩阵.

4.41 设 $\boldsymbol{A}$ 为 n 阶正定矩阵, 证明 $|\boldsymbol{A}+\boldsymbol{E}|>1$.

4.42 设 $\boldsymbol{A}$ 为 n 阶正定矩阵, 证明 $|\boldsymbol{A}+\boldsymbol{A}^{-1}|\geqslant|2\boldsymbol{E}_n|$.

4.43 已知实二次型

$$f(x_1,x_2,x_3)=a(x_1^2+x_2^2+x_3^2)+4x_1x_2+4x_1x_3+4x_2x_3$$

通过正交线性变换 $\boldsymbol{X}=\boldsymbol{QY}$ 化为标准形 $6y_1^2$, 求 a 的值.

4.44 设 $f(x_1,x_2,\cdots,x_n)=\boldsymbol{X}^{\mathrm{T}}\boldsymbol{AX}$ 为实二次型, $\boldsymbol{A}$ 的特征值 $\lambda_1,\lambda_2,\cdots,\lambda_n$ 满足

$$\lambda_1\leqslant\lambda_2\leqslant\cdots\leqslant\lambda_n,$$

证明: 对任意 n 维列向量 $\boldsymbol{X}$, 有

$$\lambda_1\boldsymbol{X}^{\mathrm{T}}\boldsymbol{X}\leqslant\boldsymbol{X}^{\mathrm{T}}\boldsymbol{AX}\leqslant\lambda_n\boldsymbol{X}^{\mathrm{T}}\boldsymbol{X}.$$

4.45 设 $\boldsymbol{A}$ 为 n 阶实对称矩阵, 证明: 存在 $c>0$, 使得对任意 n 维列向量 $\boldsymbol{X}$, 有

$$|\boldsymbol{X}^{\mathrm{T}}\boldsymbol{AX}|\leqslant c\boldsymbol{X}^{\mathrm{T}}\boldsymbol{X}.$$

4.46 证明: 设 $\boldsymbol{A}$ 为 n 阶实对称矩阵, 且 $R(\boldsymbol{A})=r$, 则 $\boldsymbol{A}$ 可表示成 r 个秩等于 1 的对称矩阵之和.

4.47 证明: 设 $\boldsymbol{A}$ 为 n 阶实对称矩阵, 且 $|\boldsymbol{A}|<0$, 则存在非零的 n 维向量 $\boldsymbol{X}$, 使得

$$|\boldsymbol{X}^{\mathrm{T}}\boldsymbol{AX}|<0.$$

4.48 证明: 设 $\boldsymbol{A}$ 为 n 阶正定矩阵, 则 $\boldsymbol{A}^3$ 也为正定矩阵.

4.49 证明: 设 $\boldsymbol{A}$ 为 n 阶正定矩阵, 则存在正定矩阵 $\boldsymbol{B}$ 及 $m\in\mathbb{Z}^+$, 使得 $\boldsymbol{B}^m=\boldsymbol{A}$.

习题参考答案与提示

第 1 章　矩阵

习题 1.1

1.1.1　公司每天的销售量可用矩阵表示为

$$\begin{pmatrix} 890 & 780 & 350 & 610 \\ 140 & 480 & 750 & 310 \\ 590 & 570 & 450 & 460 \end{pmatrix},$$

其中每天销售纯净水的总量分别为 甲 $= 2630$, 乙 $= 1680$, 丙 $= 2070$.

1.1.2　方程组的系数及常数项矩阵为

$$\begin{pmatrix} 1 & 1 & 1 & 6 \\ 1 & -2 & 1 & 0 \\ 2 & 3 & -1 & 5 \end{pmatrix},$$

方程组的解为 $x_1 = 1$, $x_2 = 2$, $x_3 = 3$.

习题 1.2

1.2.1　(1) $\begin{pmatrix} 6 & 12 & -21 \\ -10 & -50 & 17 \\ 2 & 14 & -1 \end{pmatrix}$;　　(2) $(9\ \ -7\ \ 9)$;

(3) $ax^2 + by^2 + cz^2 + 2dxy + 2exz + 2fyz$;

(4) $\begin{pmatrix} 3 & -2 & 6 & 4 \\ -3 & 2 & -6 & -4 \\ 6 & -4 & 12 & 8 \\ 0 & 0 & 0 & 0 \end{pmatrix}$;　　(5) $\begin{pmatrix} \lambda^n & n\lambda^{n-1} & \dfrac{n(n-1)}{2}\lambda^{n-2} \\ 0 & \lambda^n & n\lambda^{n-1} \\ 0 & 0 & \lambda^n \end{pmatrix}$;

(6) $\begin{pmatrix} a_{11} + 2a_{31} & a_{12} + 2a_{32} & a_{13} + 2a_{33} \\ a_{21} & a_{22} & a_{23} \\ a_{31} & a_{32} & a_{33} \end{pmatrix}$.

1.2.2　$f(\boldsymbol{A}) = \begin{pmatrix} -9 & 22 \\ -22 & 13 \end{pmatrix}$,　$f(\boldsymbol{B}) = \begin{pmatrix} -4 & 9 & 6 \\ 0 & -10 & 0 \\ 0 & 0 & 2 \end{pmatrix}$.

1.2.3　(1) $\begin{pmatrix} 4 & 3 & -9 \\ -\dfrac{5}{2} & -\dfrac{3}{2} & \dfrac{13}{2} \end{pmatrix}$;　　(2) $\begin{pmatrix} \dfrac{9}{2} & -\dfrac{49}{8} \\ 5 & -\dfrac{7}{2} \end{pmatrix}$;

(3) 任意二阶数量矩阵;　　(4) $\boldsymbol{X} = \begin{pmatrix} \dfrac{1}{2} & 1 \\ -1 & 1 \end{pmatrix}$.

1.2.4 (1) 错; (2) 对;

(3) 错; (4) 对;

(5) 错; (6) 错.

1.2.7 (1) n 阶对角矩阵; (2) $\left\{\begin{pmatrix} a & b \\ 0 & a \end{pmatrix} \middle| \, a,\, b \in \mathbb{R}\right\}$;

(3) $\left\{\begin{pmatrix} a & 0 & 0 \\ 3c-3a & c & 2b \\ 3b & b & b+c \end{pmatrix} \middle| \, a,\, b,\, c \in \mathbb{R}\right\}$.

习题 1.3

1.3.1 (1) 错; (2) 对;

(3) 错; (4) 错;

(5) 错; (6) 对;

(7) 错; (8) 错.

1.3.2 (1) $\begin{pmatrix} \frac{1}{8} & -\frac{5}{8} & 0 & 0 \\ \frac{1}{8} & \frac{3}{8} & 0 & 0 \\ 0 & 0 & \frac{1}{2} & -\frac{1}{6} \\ 0 & 0 & 0 & \frac{1}{3} \end{pmatrix}$; (2) $\begin{pmatrix} \frac{1}{2} & -\frac{1}{2} & \frac{19}{2} & -\frac{5}{2} \\ \frac{1}{2} & \frac{1}{2} & \frac{1}{2} & -\frac{1}{2} \\ 0 & 0 & 1 & 0 \\ 0 & 0 & -4 & 1 \end{pmatrix}$.

1.3.3 (1) $\begin{pmatrix} -\boldsymbol{B}^{-1}\boldsymbol{C}\boldsymbol{A}^{-1} & \boldsymbol{B}^{-1} \\ \boldsymbol{A}^{-1} & \boldsymbol{O} \end{pmatrix}$; (2) $\begin{pmatrix} \boldsymbol{A}^{-1} & \boldsymbol{O} \\ -\boldsymbol{B}^{-1}\boldsymbol{C}\boldsymbol{A}^{-1} & \boldsymbol{B}^{-1} \end{pmatrix}$;

(3) $\begin{pmatrix} \boldsymbol{O} & \boldsymbol{B}^{-1} \\ \boldsymbol{A}^{-1} & -\boldsymbol{A}^{-1}\boldsymbol{C}\boldsymbol{B}^{-1} \end{pmatrix}$; (4) $\begin{pmatrix} \boldsymbol{A}^{-1} & -\boldsymbol{A}^{-1}\boldsymbol{C}\boldsymbol{B}^{-1} \\ \boldsymbol{O} & \boldsymbol{B}^{-1} \end{pmatrix}$.

1.3.4 $\boldsymbol{X} = -\boldsymbol{A}^{-1}\boldsymbol{B}$.

1.3.5 (1) $\begin{pmatrix} \boldsymbol{E}_m & \boldsymbol{X}+\boldsymbol{Y} \\ \boldsymbol{O} & \boldsymbol{E}_n \end{pmatrix}$, $\begin{pmatrix} \boldsymbol{E}_m & \boldsymbol{X} \\ \boldsymbol{O} & \boldsymbol{E}_n \end{pmatrix}^{-1} = \begin{pmatrix} \boldsymbol{E}_m & -\boldsymbol{X} \\ \boldsymbol{O} & \boldsymbol{E}_n \end{pmatrix}$;

(2) $\begin{pmatrix} \boldsymbol{E}_m & \boldsymbol{O} \\ \boldsymbol{X}+\boldsymbol{Y} & \boldsymbol{E}_n \end{pmatrix}$, $\begin{pmatrix} \boldsymbol{E}_m & \boldsymbol{O} \\ \boldsymbol{X} & \boldsymbol{E}_n \end{pmatrix}^{-1} = \begin{pmatrix} \boldsymbol{E}_m & \boldsymbol{O} \\ -\boldsymbol{X} & \boldsymbol{E}_n \end{pmatrix}$.

习题 1.4

1.4.1 设 $\boldsymbol{A}$ 按列分块为 $\boldsymbol{A} = (\boldsymbol{A}_1, \cdots, \boldsymbol{A}_n)$, 则 $\boldsymbol{AP} = (\boldsymbol{A}_3, \boldsymbol{A}_1, \boldsymbol{A}_5, \boldsymbol{A}_4, \boldsymbol{A}_2, \boldsymbol{A}_6, \cdots, \boldsymbol{A}_n)$; 设 $\boldsymbol{A}$ 按行分块为 $\boldsymbol{A} = (\boldsymbol{B}_1, \cdots, \boldsymbol{B}_n)^{\mathrm{T}}$, 则 $\boldsymbol{PA} = (\boldsymbol{B}_2, \boldsymbol{B}_5, \boldsymbol{B}_1, \boldsymbol{B}_4, \boldsymbol{B}_3, \boldsymbol{B}_6, \cdots, \boldsymbol{B}_n)^{\mathrm{T}}$.

1.4.2 (1) $\begin{pmatrix} 1 & 0 & 0 \\ -2 & 1 & 0 \\ 7 & -2 & 1 \end{pmatrix}$; (2) $\begin{pmatrix} 0 & \frac{1}{3} & \frac{1}{3} \\ -1 & \frac{2}{3} & -\frac{1}{3} \\ 0 & \frac{1}{3} & -\frac{2}{3} \end{pmatrix}$;

(3) $\begin{pmatrix} 0 & 0 & 0 & 1 \\ 0 & 0 & \frac{1}{2} & 0 \\ 0 & \frac{1}{3} & 0 & 0 \\ \frac{1}{4} & 0 & 0 & 0 \end{pmatrix}$；　　(4) $\begin{pmatrix} 1 & 0 & 0 & 0 \\ 0 & 0 & 0 & 1 \\ 0 & 0 & 1 & 0 \\ 0 & 1 & 0 & 0 \end{pmatrix}$.

1.4.3　(1) $\begin{pmatrix} 22 & -6 & -26 & 17 \\ -17 & 5 & 20 & -13 \\ -1 & 0 & 2 & -1 \\ 4 & -1 & -5 & 3 \end{pmatrix}$；　　(2) $\frac{1}{4}\begin{pmatrix} 1 & 1 & 1 & 1 \\ 1 & 1 & -1 & -1 \\ 1 & -1 & 1 & -1 \\ 1 & -1 & -1 & 1 \end{pmatrix}$；

(3) $\frac{1}{16}\begin{pmatrix} 8 & -4 & 2 & -1 \\ 0 & 8 & -4 & 2 \\ 0 & 0 & 8 & -4 \\ 0 & 0 & 0 & 8 \end{pmatrix}$；　　(4) $\frac{1}{33}\begin{pmatrix} 16 & -8 & 4 & -2 & 1 \\ 1 & 16 & -8 & 4 & -2 \\ -2 & 1 & 16 & -8 & 4 \\ 4 & -2 & 1 & 16 & -8 \\ -8 & 4 & -2 & 1 & 16 \end{pmatrix}$；

(5) $\begin{pmatrix} 1 & -1 & 0 & \cdots & 0 \\ 0 & 1 & -1 & \cdots & 0 \\ \cdots & \cdots & \cdots & \cdots & \cdots \\ 0 & \cdots & 0 & 1 & -1 \\ 0 & \cdots & \cdots & 0 & 1 \end{pmatrix}$；　　(6) $\frac{1}{6}\begin{pmatrix} 5 & -4 & 3 & -2 & 1 \\ -4 & 8 & -6 & 4 & -2 \\ 3 & -6 & 9 & -6 & 3 \\ -2 & 4 & -6 & 8 & -4 \\ 1 & -2 & 3 & -4 & 5 \end{pmatrix}$；

(7) $\frac{1}{a^2-b^2}\begin{pmatrix} a & 0 & 0 & -b \\ 0 & a & -b & 0 \\ 0 & -b & a & 0 \\ -b & 0 & 0 & a \end{pmatrix}$；

(8) $-\frac{1}{a_i}\begin{pmatrix} 1 & \cdots & 0 & a_1 & 0 & \cdots & 0 \\ \cdots & \cdots & \cdots & \cdots & \cdots & \cdots & \cdots \\ 0 & \cdots & 1 & a_{i-1} & 0 & \cdots & 0 \\ 0 & \cdots & 0 & -1 & 0 & \cdots & 0 \\ 0 & \cdots & 0 & a_{i+1} & 1 & \cdots & 0 \\ \cdots & \cdots & \cdots & \cdots & \cdots & \cdots & \cdots \\ 0 & \cdots & 0 & a_n & 0 & \cdots & 1 \end{pmatrix}$.

1.4.5　(1) 错误；　　(2) 正确；

(3) 错误；　　(4) 正确；

(5) 正确；　　(6) 正确.

1.4.6　$\boldsymbol{X} = \frac{1}{24}\begin{pmatrix} -94 & 32 & 30 \\ 55 & -8 & -3 \end{pmatrix}$.

1.4.7　$\boldsymbol{B} = \mathrm{diag}(3,2,1)$.

1.4.8 $\boldsymbol{B}=\begin{pmatrix}3 & -8 & -6\\ 2 & -9 & -6\\ -2 & 12 & 9\end{pmatrix}$.

1.4.11 (1) 2; (2) 3;

(3) 4; (4) 3.

1.4.14 (1) $x_1=-\dfrac{2}{9}$, $x_2=\dfrac{17}{9}$, $x_3=\dfrac{10}{9}$; (2) $x_1=\dfrac{1}{3}$, $x_2=0$, $x_3=-\dfrac{1}{3}$.

习题 1.5

1.5.1 (1) $x_1=-1$, $x_2=-1$, $x_3=0$, $x_4=1$;

(2) $x_1=2-c_1-4c_2$, $x_2=3-c_1-5c_2$, $x_3=c_1$, $x_4=c_2$, 其中 c_1, c_2 为任意常数.

1.5.2 当 $\lambda=3$ 或 $\lambda=1$ 时，方程组有解.

1.5.3 当 $\lambda=1$ 或 $\lambda=2$ 时，方程组无解.

1.5.4 (1) 正确; (2) 错误;

(3) 错误; (4) 错误;

(5) 正确; (6) 正确.

1.5.5 (1) 当 $\lambda\neq-2$ 且 $\lambda\neq1$ 时无解; 当 $\lambda=1$ 或 $\lambda=-2$ 时，方程组有解.

$\lambda=1$ 时的解为 $x_1=1+c_1$, $x_2=c_1$, $x_3=c_1$, 其中 c_1 为任意常数;

$\lambda=-2$ 时的解为 $x_1=2+c_1$, $x_2=2+c_1$, $x_3=c_1$, 其中 c_1 为任意常数.

(2) 当 $\lambda\neq2$ 时，方程组的解为 $x_1=-3c_1+\dfrac{7\lambda-10}{\lambda-2}$, $x_2=\dfrac{2-2\lambda}{\lambda-2}$,

$x_3=c_1+\dfrac{1}{\lambda-2}$, $x_4=c_1$, 其中 c_1 为任意常数.

1.5.7 方程组有解的充分必要条件是 $\sum\limits_{i=1}^{5}a_i=0$. 当该方程组有解时，其解为

$$\begin{cases}x_1=-a_5+c_1,\\ x_2=a_2+a_3+a_4+c_1,\\ x_3=a_3+a_4+c_1,\\ x_4=a_4+c_1,\\ x_5=c_1,\quad \text{其中 } c_1 \text{ 为任意常数}.\end{cases}$$

总习题 1

1.2 设 $\boldsymbol{A}=(a_{ij})_{n\times n}$, 则由已知条件可得

$$\begin{pmatrix}a_{11} & a_{12} & \cdots & a_{1n}\\ a_{21} & a_{22} & \cdots & a_{2n}\\ \cdots & \cdots & \cdots & \cdots\\ a_{n1} & a_{n2} & \cdots & a_{nn}\end{pmatrix}\begin{pmatrix}1\\1\\ \vdots\\1\end{pmatrix}=a\begin{pmatrix}1\\1\\ \vdots\\1\end{pmatrix}.$$

1.3 用数学归纳法.

1.9 (1) $\begin{pmatrix}1&0\\0&2\end{pmatrix}\begin{pmatrix}1&3\\0&1\end{pmatrix}$;

(2) $\begin{pmatrix}1&0&0\\1&1&0\\0&0&1\end{pmatrix}\begin{pmatrix}1&0&0\\0&2&0\\0&0&1\end{pmatrix}\begin{pmatrix}1&0&0\\0&1&0\\0&0&3\end{pmatrix}$.

1.12 将 $\boldsymbol{A}$ 写成等价分解的形式, 再适当分块做乘法.

1.13 将 $\boldsymbol{A}$ 写成 $(a_1,a_2,\cdots,a_n)(b_1,b_2,\cdots,b_n)^{\mathrm{T}}$ 的形式.

1.15 (1) A B C; (2) A B C;

(3) A B D; (4) B C D.

1.16 充分性的证明可取某些特殊的 $\boldsymbol{X}$ 代入条件 $\boldsymbol{X}^{\mathrm{T}}\boldsymbol{A}\boldsymbol{X}=\boldsymbol{O}$.

1.17 证明：设 $\boldsymbol{A}$ 与 $\boldsymbol{B}$ 均为 n 阶矩阵, 且 $\boldsymbol{AB}=\boldsymbol{E}$, 则 $\boldsymbol{BA}=\boldsymbol{E}$.

1.18 (1) 如果交换 $\boldsymbol{A}$ 的 i, j 两行后得 $\boldsymbol{B}$, 则交换 $\boldsymbol{A}^{-1}$ 的 i, j 两列后得 $\boldsymbol{B}^{-1}$;

(2) 如果将 $\boldsymbol{A}$ 的第 i 行乘以 k 后得 $\boldsymbol{B}$, 则将 $\boldsymbol{A}^{-1}$ 的第 i 列乘以 $\dfrac{1}{k}$ 后得 $\boldsymbol{B}^{-1}$.

1.20 用数学归纳法.

1.21 矩阵 $\boldsymbol{M}=\begin{pmatrix}\boldsymbol{A}&\boldsymbol{C}\\\boldsymbol{O}&\boldsymbol{B}\end{pmatrix}$ 可经初等变换化为 $\begin{pmatrix}\boldsymbol{A}_1&\boldsymbol{C}_1\\\boldsymbol{O}&\boldsymbol{B}\end{pmatrix}$, 其中 $\boldsymbol{A}_1=\begin{pmatrix}\boldsymbol{E}_r&\boldsymbol{O}\\\boldsymbol{O}&\boldsymbol{O}\end{pmatrix}$.

1.23 利用等价分解.

1.24 (1) $\begin{pmatrix}1&0\\-1&1\end{pmatrix}\begin{pmatrix}1&1-a^{-1}\\0&1\end{pmatrix}\begin{pmatrix}1&0\\a&1\end{pmatrix}\begin{pmatrix}1&a^{-2}-a^{-1}\\0&1\end{pmatrix}$;

(2) 当 $a\neq 0$ 时, 有 $\begin{pmatrix}a&b\\c&d\end{pmatrix}=\begin{pmatrix}1&0\\a^{-1}c&1\end{pmatrix}\begin{pmatrix}a&0\\0&a^{-1}\end{pmatrix}\begin{pmatrix}1&a^{-1}b\\0&1\end{pmatrix}$;

当 $a=0$ 时, 可经初等变换化为 $a\neq 0$ 情形.

1.25 可按如下步骤证明：

(1) $\Longrightarrow$ (2) $\Longrightarrow$ (3) $\Longrightarrow$ (4) $\Longrightarrow$ (5) $\Longrightarrow$ (6) $\Longrightarrow$ (1);

(1) $\Longleftrightarrow$ (7); (1) $\Longleftrightarrow$ (8); (1) $\Longleftrightarrow$ (9); (1) $\Longleftrightarrow$ (10).

第 2 章 矩阵的行列式

习题 2.1

2.1.1 不一定.

2.1.2 (1) 25; (2) -1;

(3) $27, -2(x^3+y^3)$; (4) $a_{14}a_{23}a_{32}a_{41}$;

(5) $ab(cf-ed)$; (6) 0.

2.1.3 (1) $(-1)^{\frac{n(n-1)}{2}}\cdot n!$; (2) $(-1)^{\frac{(n-1)(n-2)}{2}}\cdot n!$;

2.1.5 (1) $x_1=1,\ x_2=2,\ x_3=3$; (2) $x_1=x_2=0,\ x_3=2,\ x_4=-2$;

(3) $x_1=0,\ x_2=1,\ x_3=2,\ x_4=3$.

习题 2.2

2.2.2 (1) -22; (2) 356.

2.2.3 (1) $(-1)^{n-1}\cdot(n-1)$; (2) $(a-2b)^{n-1}[a+(n-2)b]$;

(3) $n=1$ 时, a_1-b_1; $n=2$ 时, $(a_1-a_2)(b_1-b_2)$; $n\geqslant 3$ 时, 0;

(4) $(-m)^{n-1}\left(\sum\limits_{i=1}^{n}a_i-m\right)$.

2.2.4 (1) 78; (2) 80.

2.2.5 (1) -57; (2) 198;

(3) 630; (4) 117.

习题 2.3

2.3.1 (1) $(a^2-b^2)^2$; (2) -3.

2.3.2 (1) $(a-b)^3$; (2) $-2(x^3+x^3)$.

2.3.3 (1) $6(n-3)!$; (2) $(x-a_1)(x-a_2)\cdots(x-a_n)$;

(3) $x^n+(-1)^{n+1}y^n$; (4) $\prod\limits_{n\geqslant i>j\geqslant 1}(x_i-x_j)$;

(5) $x_1\cdots x_n+a_1x_2\cdots x_n+\cdots+a_1\cdots a_{n-1}x_n+a_1\cdots a_n$.

2.3.5 (1) 错误; (2) 错误;

(3) 错误; (3) 正确.

习题 2.4

2.4.1 (1) B C D; (2) A B D;

2.4.3 将矩阵 $\boldsymbol{A}+\boldsymbol{B}=\boldsymbol{AB}$ 变形为 $(\boldsymbol{A}-\boldsymbol{E})(\boldsymbol{B}-\boldsymbol{E})=\boldsymbol{E}$.

2.4.5 $\dfrac{1}{6}\begin{pmatrix}-1 & -2\\ -3 & 0\end{pmatrix}$.

2.4.6 (1) $x=\dfrac{9}{8},\ y=\dfrac{1}{4},\ z=\dfrac{1}{2},\ t=\dfrac{5}{8}$;

(2) $x_1=\dfrac{2}{3},\ x_2=-\dfrac{1}{6},\ x_3=0$.

2.4.10 矩阵 $\begin{pmatrix}a_1 & b_1\\ a_2 & b_2\\ a_3 & b_3\end{pmatrix}$ 的秩为 2, 且 $\begin{vmatrix}a_1 & b_1 & c_1\\ a_2 & b_2 & c_2\\ a_3 & b_3 & c_3\end{vmatrix}=0$.

2.4.12 (1) 分 $\boldsymbol{A}$ 可逆与不可逆两种情形讨论;

(2) 分 $\boldsymbol{A}$ 的秩为 $n,\ n-1$, 小于 $n-1$ 三种情形来讨论.

2.4.13 利用等式 $\boldsymbol{A}(\boldsymbol{A}+\boldsymbol{B})\boldsymbol{B}=(\boldsymbol{A}+\boldsymbol{B})$.

2.4.14 左端可看成对 $\begin{pmatrix} \boldsymbol{A} & \boldsymbol{O} \\ -\boldsymbol{E} & \boldsymbol{B} \end{pmatrix}$ 施以一系列行消法变换.

2.4.17 对等式左端施以块消法变换.

2.4.18 将行列式左端写成 Vandermonde 行列式及其转置行列式之积.

2.4.19 左端可写成 $|\boldsymbol{SAS}^{-1}|$.

2.4.22 首先，存在可逆矩阵 $\boldsymbol{P}_1$ 使

$$\boldsymbol{P}_1(\boldsymbol{A} \quad \boldsymbol{B}) = (\boldsymbol{X} \quad \boldsymbol{Y})$$

为阶梯形，进一步存在可逆矩阵 $\boldsymbol{P}_2$ 使

$$\boldsymbol{P}_2\begin{pmatrix} \boldsymbol{A} & \boldsymbol{B} \\ \boldsymbol{C} & \boldsymbol{D} \end{pmatrix} = \begin{pmatrix} \boldsymbol{X} & \boldsymbol{Y} \\ \boldsymbol{O} & \boldsymbol{O} \end{pmatrix},$$

由此易证 $\boldsymbol{C} = \boldsymbol{PA}$, 进一步 $R\left[\begin{pmatrix} \boldsymbol{A} \\ \boldsymbol{PA} \end{pmatrix}\right] = r$.

总习题 2

2.2 25.

2.3 (1) $(x_1 - 1)\cdots(x_n - 1)\prod\limits_{n\geqslant i>j\geqslant 1}(x_i - x_j)$;

(2) n 为偶数时 $(a^2 - b^2)^{\frac{n}{2}}$, n 为奇数时 0;

(3) $(-1)^{n-1}\cdot(n-1)x^{n-2}$.

(4) $(-2)\cdot(n-2)!$;

(5) 将各列按和劈开，$\prod\limits_{i=1}^{n} a_i + \sum\limits_{j=1}^{n}\prod\limits_{\substack{i=1\\ i\neq j}}^{n} a_i$;

2.4 (1) $x = 3,\ y = 1$; (2) $x = 1,\ y = 2,\ z = 3$;

(3) $x_1 = 3,\ x_2 = -4,\ x_3 = -1,\ x_4 = 1$;

(4) $x_1 = 1,\ x_2 = 2,\ x_3 = 3,\ x_4 = -1$.

2.6 (1) 提示：利用 Laplace 展开定理证明;

(2) 提示：用行列式的性质;

(3) 提示：将第 2 行至第 n 行分别乘以 -1 加到第 1 行，再按第 1 行展开;

(4) 提示：用数学归纳法.

2.9 (1) 1;

(2) $(-1)^n\prod\limits_{i=1}^{n} a_i + (-1)^{n-1}\prod\limits_{i=1}^{n-1} a_i + \cdots + a_2\cdot a_1 - a_1 + 1$;

(3) 化为 Vandermonde 行列式，$\prod\limits_{n+1\geqslant i>j\geqslant 1}(a_j b_i - a_i b_j)$;

(4) 各列按和劈开，$1 + \sum\limits_{i=1}^{n} x_i^2$.

2.10　利用消法变换.

2.11　先化 $(2,1)$ 位置非零，再化 $(1,1)$ 位置为 1.

2.12　按一行展开，注意每个 2 阶子式最大值为 1.

2.13　各列按和拆分.

2.14　(1) 将对角线上元素写成 $(x_i - a_ib_i) + a_ib_i$ 形式，然后将各列按和劈开

$$\sum_{j=1}^{n} a_jb_j \prod_{\substack{i=1\\ i\neq j}}^{n} (x_i - a_ib_i) + \prod_{i=1}^{n} (x_i - a_ib_i);$$

(2) 将第一列乘以 -1 加于其余各列

$$\frac{\prod\limits_{n\geqslant i>j\geqslant 1} (x_i - x_j)(y_i - y_j)}{\prod\limits_{i=1}^{n}\prod\limits_{j=1}^{n} (x_i + y_j)};$$

(3) $a^n + a^{n-1}b + \cdots + ab^{n-1} + b^n$;

(4) 将 (1,1) 位置的 x 写成 $(x-z)+z$, 于是可得递推公式

$$D_n = (x-z)D_{n-1} + z(x-y)^{n-1},$$

同理又得一递推公式

$$D_n = (x-y)D_{n-1} + y(x-z)^{n-1},$$

解方程组得

$$D_n = \frac{z(x-y)^n - y(x-z)^n}{z-y} \quad (\text{整式}).$$

第 3 章　向量空间与线性方程组

习题 3.2

3.2.1　$\boldsymbol{\alpha} = -\dfrac{1}{2}\boldsymbol{\alpha}_1 + \dfrac{1}{2}\boldsymbol{\alpha}_2 - \dfrac{1}{2}\boldsymbol{\alpha}_3$.

3.2.2　(1) 线性无关;　(2) 线性无关;

(3) 线性相关;　(4) 线性无关;

3.2.3　(1) 对;　(2) 对;

(3) 错;　(4) 对;

(5) 错;　(6) 对;

(7) 错;　(8) 错;

(9) 对;　(10) 对.

3.2.4　(1) $\lambda = \dfrac{-1\pm\sqrt{5}}{2}$ 或 $\lambda = 1$;　(2) $\lambda = -3$ 或 $\lambda = 1$; (3) $\lambda \neq \dfrac{2}{5}$.

3.2.5　$1 \neq x + y$.

3.2.6　$\lambda \neq -3$.

习题 3.3

3.3.1 (1) 秩 2; 极大无关组 $\boldsymbol{\alpha}_1$, $\boldsymbol{\alpha}_2$; $\boldsymbol{\alpha}_3 = 3\boldsymbol{\alpha}_1 + \boldsymbol{\alpha}_2$, $\boldsymbol{\alpha}_1 = \boldsymbol{\alpha}_1$, $\boldsymbol{\alpha}_2 = \boldsymbol{\alpha}_2$.

(2) 秩 3; 极大无关组 $\boldsymbol{\alpha}_1$, $\boldsymbol{\alpha}_2$, $\boldsymbol{\alpha}_3$; $\boldsymbol{\alpha}_1 = \boldsymbol{\alpha}_1$, $\boldsymbol{\alpha}_2 = \boldsymbol{\alpha}_2$, $\boldsymbol{\alpha}_3 = \boldsymbol{\alpha}_3$.

(3) 秩 2; 极大无关组 $\boldsymbol{\alpha}_1$, $\boldsymbol{\alpha}_2$; $\boldsymbol{\alpha}_1 = \boldsymbol{\alpha}_1$, $\boldsymbol{\alpha}_2 = \boldsymbol{\alpha}_2$, $\boldsymbol{\alpha}_3 = \boldsymbol{\alpha}_1 - 2\boldsymbol{\alpha}_2$.

(4) 秩 2; 极大无关组 $\boldsymbol{\alpha}_1$, $\boldsymbol{\alpha}_2$; $\boldsymbol{\alpha}_1 = \boldsymbol{\alpha}_1$, $\boldsymbol{\alpha}_2 = \boldsymbol{\alpha}_2$, $\boldsymbol{\alpha}_3 = 3\boldsymbol{\alpha}_1 + \boldsymbol{\alpha}_2$.

3.3.10 反证法, 若 $\boldsymbol{\alpha}_{i_1}, \cdots. \boldsymbol{\alpha}_{i_r}$ 不是极大无关组, 则它可扩充为极大无关组, 与 $R(S) = r$ 矛盾.

习题 3.4

3.4.1 (1) 构成子空间, 维数 1, 基 $(1\ \ 0\ \ -1)^{\mathrm{T}}$;

(2) 不构成;

(3) 构成, 维数 1, 基为 $(1\ \ 1\ \ 0)^{\mathrm{T}}$;

(4) 构成, 维数 2, 基为 $(1\ \ 2\ \ 0)^{\mathrm{T}}$, $(0\ \ 0\ \ 3)^{\mathrm{T}}$;

(5) 不构成.

(6) 构成, 维数 3, 基为 $(1\ \ 0\ \ 0)^{\mathrm{T}}$, $(1\ \ 2\ \ 0)^{\mathrm{T}}$, $(0\ \ 0\ \ 3)^{\mathrm{T}}$;

3.4.2 基 $\boldsymbol{\alpha}_1$, $\boldsymbol{\alpha}_2$, $\boldsymbol{\alpha}_4$, 维数 3, 向量 $\boldsymbol{\alpha}$ 在此基下的坐标是 $(-50, 33, -14)$.

3.4.3 $\boldsymbol{\alpha}$ 在此基下的坐标为 $(1, 2, -1, -5)$.

3.4.4 过渡矩阵为 $\dfrac{1}{27}\begin{pmatrix} -152 & -45 & -29 \\ 43 & 36 & 13 \\ -58 & -36 & -10 \end{pmatrix}$, $\boldsymbol{\alpha}$ 在基 $\boldsymbol{\alpha}_1$, $\boldsymbol{\alpha}_2$, $\boldsymbol{\alpha}_3$ 下的坐标为 $(1, 2, 2)$.

3.4.5 向量 $\boldsymbol{\alpha}_1$, $\boldsymbol{\alpha}_2$, $\boldsymbol{\alpha}_3$ 分别化为 $\boldsymbol{\beta}_1$, $\boldsymbol{\beta}_2$, $\boldsymbol{\beta}_3$, 其中

$$\boldsymbol{\beta}_1 = \begin{pmatrix} \dfrac{2\sqrt{5}}{5} \\ -\dfrac{\sqrt{5}}{5} \\ 0 \end{pmatrix}, \quad \boldsymbol{\beta}_2 = \begin{pmatrix} \dfrac{2\sqrt{5}}{15} \\ \dfrac{4\sqrt{5}}{15} \\ \dfrac{\sqrt{5}}{3} \end{pmatrix}, \quad \boldsymbol{\beta}_3 = \begin{pmatrix} \dfrac{1}{3} \\ \dfrac{2}{3} \\ -\dfrac{2}{3} \end{pmatrix}.$$

3.4.6 (1) 正确 (2) 错误

习题 3.5

3.5.1 (1) $\boldsymbol{\alpha}_1 = \begin{pmatrix} 2 \\ 1 \\ 0 \\ 0 \\ 0 \end{pmatrix}$, $\boldsymbol{\alpha}_2 = \begin{pmatrix} 3 \\ 0 \\ 1 \\ -1 \\ 0 \end{pmatrix}$, $\boldsymbol{\alpha}_3 = \begin{pmatrix} 1 \\ 0 \\ 0 \\ 1 \\ 1 \end{pmatrix}$;

(2) $\boldsymbol{\alpha}_1=\begin{pmatrix}1\\-2\\1\\0\\0\end{pmatrix}$, $\boldsymbol{\alpha}_2=\begin{pmatrix}1\\-2\\0\\1\\0\end{pmatrix}$, $\boldsymbol{\alpha}_3=\begin{pmatrix}5\\-6\\0\\0\\1\end{pmatrix}$;

(3) $\boldsymbol{\alpha}_1=\begin{pmatrix}-1\\1\\1\\0\end{pmatrix}$, $\boldsymbol{\alpha}_2=\begin{pmatrix}2\\-1\\0\\1\end{pmatrix}$;

(4) $\boldsymbol{\alpha}_1=\begin{pmatrix}1\\-1\\0\\0\\\vdots\\0\\0\end{pmatrix}$, $\boldsymbol{\alpha}_2=\begin{pmatrix}1\\0\\-1\\0\\\vdots\\0\\0\end{pmatrix}$, $\cdots$, $\boldsymbol{\alpha}_{n-1}=\begin{pmatrix}1\\0\\0\\0\\\vdots\\0\\-1\end{pmatrix}$;

(5) $\boldsymbol{\alpha}=\begin{pmatrix}1\\\vdots\\1\end{pmatrix}$.

3.5.2 (1) $\begin{pmatrix}x_1\\x_2\\x_3\\x_4\end{pmatrix}=k\begin{pmatrix}\frac{1}{4}\\-\frac{1}{2}\\-\frac{3}{4}\\1\end{pmatrix}+\begin{pmatrix}\frac{1}{4}\\-\frac{1}{2}\\\frac{1}{4}\\0\end{pmatrix}$, k 任意;

(2) $\begin{pmatrix}x_1\\x_2\\x_3\\x_4\\x_5\end{pmatrix}=\begin{pmatrix}1\\-1\\0\\0\\0\end{pmatrix}+k_1\begin{pmatrix}-\frac{4}{5}\\\frac{7}{5}\\1\\0\\0\end{pmatrix}+k_2\begin{pmatrix}\frac{1}{5}\\-\frac{3}{5}\\0\\1\\0\end{pmatrix}+k_3\begin{pmatrix}-\frac{11}{5}\\-\frac{2}{5}\\0\\0\\1\end{pmatrix}$,

其中 k_1, k_2, k_3 任意.

3.5.3 (1) $\lambda\neq-2$ 且 $\lambda\neq1$ 时有唯一解

$$x_1=\frac{\lambda-1}{\lambda+2},\quad x_2=x_3=-\frac{3}{\lambda+2};$$

(2) $\lambda=-2$ 时无解;

(3) $\lambda=1$ 时，解为 $\begin{pmatrix}x_1\\x_2\\x_3\end{pmatrix}=\begin{pmatrix}-2\\0\\0\end{pmatrix}+k_1\begin{pmatrix}-1\\1\\0\end{pmatrix}+k_2\begin{pmatrix}-1\\0\\1\end{pmatrix}$, k_1, k_2 任意.

3.5.7 当 $\lambda=7$ 时， $x=k\begin{pmatrix}1\\-1\end{pmatrix}$, k 为任意非零数；

当 $\lambda=-1$ 时， $x=k\begin{pmatrix}3\\1\end{pmatrix}$, k 为任意非零数.

3.5.8 $\boldsymbol{B}=\begin{pmatrix}2&2&0\\1&1&0\end{pmatrix}$.

总习题 3

3.1 (1) C D; (2) A C D;

(3) B; (4) A C;

(5) B C; (6) B D;

3.2 $\lambda=-1$.

3.3 (1) 当 $\lambda=0$ 且 $a\neq 2$ 时无解；当 $b\neq 2a-1$ 时无解；当 $\lambda=0$, $a=2$, $b=3$ 时，解为

$$\begin{pmatrix}x_1\\x_2\\x_3\\x_4\end{pmatrix}=\begin{pmatrix}0\\1\\0\\0\end{pmatrix}+k_1\begin{pmatrix}0\\-1\\1\\0\end{pmatrix}+k_2\begin{pmatrix}-1\\0\\0\\1\end{pmatrix},\quad 其中\ k_1, k_2\ 任意;$$

当 $\lambda\neq 0$ 且 $b=2a-1$ 时，解为

$$\begin{pmatrix}x_1\\x_2\\x_3\\x_4\end{pmatrix}=\begin{pmatrix}\dfrac{(a-2)(\lambda-1)}{\lambda}\\3-a\\0\\\dfrac{a-2}{\lambda}\end{pmatrix}+k\begin{pmatrix}0\\-1\\1\\0\end{pmatrix},\quad 其中\ k\ 任意.$$

(2) $a=0$ 无解；当 $a\neq 0$ 且 $a\neq b$ 时，解为

$$x_1=\frac{a-1}{a},\quad x_2=\frac{1}{a},\quad x_3=0;$$

当 $a\neq 0$ 且 $a=b$ 时，解为

$$\begin{pmatrix}x_1\\x_2\\x_3\end{pmatrix}=\begin{pmatrix}\dfrac{a-1}{a}\\\dfrac{1}{a}\\0\end{pmatrix}+k_1\begin{pmatrix}0\\1\\1\end{pmatrix},\quad 其中\ k_1\ 任意.$$

(3) $\lambda=0$ 无解；当 $\lambda\neq 0$ 且 $\lambda\neq 1$ 时，解为

$$x_1=\frac{\lambda^2+3\lambda-9}{\lambda^2},\quad x_2=\frac{9}{\lambda^2},\quad x_3=\frac{3(3-\lambda^2)}{\lambda^2};$$

当 $\lambda=1$ 时，解为

$$\begin{pmatrix} x_1 \\ x_2 \\ x_3 \end{pmatrix} = \begin{pmatrix} 1 \\ -3 \\ 0 \end{pmatrix} + k_1 \begin{pmatrix} -1 \\ 2 \\ 1 \end{pmatrix}, \quad \text{其中 } k_1 \text{ 任意.}$$

(4) 当 $a=-2$ 时，无解；当 $a\neq 1$ 且 $a\neq -2$ 时，解为

$$x_1=-\frac{a^2+a+1}{a+2},\quad x_2=\frac{1-a^2}{a+2},\quad x_3=\frac{(1+a)(a^2+a+1)}{a+2};$$

当 $a=1$ 时，解为

$$\begin{pmatrix} x_1 \\ x_2 \\ x_3 \end{pmatrix} = \begin{pmatrix} 1 \\ 0 \\ 0 \end{pmatrix} + k_1 \begin{pmatrix} -1 \\ 1 \\ 0 \end{pmatrix} + k_2 \begin{pmatrix} -1 \\ 0 \\ 1 \end{pmatrix}, \quad \text{其中 } k_1, k_2 \text{ 任意.}$$

(5) 当 $b=0$ 时无解；当 $b\neq 0$ 且 $a=1$ 时无解；当 $b\neq \frac{1}{2}$ 且 $a=1$ 时无解；当 $b\neq 0$ 且 $a\neq 1$ 时，解为

$$x_1=\frac{1-2b}{b(1-a)},\quad x_2=\frac{1}{b},\quad x_3=\frac{4b-2ab-1}{b(1-a)};$$

当 $b=\frac{1}{2}$ 且 $a=1$ 时，解为

$$\begin{pmatrix} x_1 \\ x_2 \\ x_3 \end{pmatrix} = \begin{pmatrix} 2 \\ 2 \\ 0 \end{pmatrix} + k_1 \begin{pmatrix} -1 \\ 0 \\ 1 \end{pmatrix}, \quad \text{其中 } k_1 \text{ 任意.}$$

3.5 先证明 $\boldsymbol{AX}=\boldsymbol{E}_n$ 的解 $\boldsymbol{X}$ 的存在性.

3.8 设此 n 点位于直线 $ax+by=c$ 上，则方程组

$$ax_i+by_i=c \quad (i=1,\cdots,n)$$

有解.

3.9 (1) 利用分块乘法把问题变为线性方程组；

(2) $a\neq 4$；

(3) $a=4$，$\boldsymbol{B}$ 可取 $\begin{pmatrix} 1 & 0 & 0 \\ 1 & 2 & 0 \\ -1 & -1 & 0 \end{pmatrix}$.

3.10 $\boldsymbol{A}=\begin{pmatrix} 1 & 1 \\ 1 & 1 \end{pmatrix}$ 与 $\boldsymbol{B}=\begin{pmatrix} 1 & 1 \\ 0 & 0 \end{pmatrix}$ 等价，但显然列向量组不等价. 此例亦说明行初等变换可能改变行向量组的线性关系.

3.13 用反证法.

3.15 证明两个向量组等价，或证明两向量组分别构成的矩阵之间的过渡矩阵是可逆矩阵.

3.17 $\boldsymbol{\alpha}$ 在 $\boldsymbol{\alpha}_1$, $\boldsymbol{\alpha}_2$, $\boldsymbol{\alpha}_3$, $\boldsymbol{\alpha}_4$ 下的坐标为 $(1,1,1,-1)$, 基底之间的过渡矩阵为

$$\begin{pmatrix} -1 & -3 & 2 & 1 \\ 1 & 1 & -3 & -3 \\ -2 & 2 & 5 & 3 \\ 0 & 0 & 0 & 2 \end{pmatrix}.$$

3.20 (1) $\begin{pmatrix} 0 \\ 0 \\ 1 \\ 0 \end{pmatrix}$, $\begin{pmatrix} -1 \\ 1 \\ 0 \\ 1 \end{pmatrix}$; (2) $k\begin{pmatrix} -1 \\ 1 \\ 1 \\ 1 \end{pmatrix}$ $(k \neq 0)$;

(3) 解以 $\begin{pmatrix} 0 & 1 & 1 & 0 \\ -1 & 0 & 0 & 1 \end{pmatrix}$ 为系数矩阵的线性方程组，求其基础解系为

$$\boldsymbol{\xi}_1 = \begin{pmatrix} 0 \\ -1 \\ 1 \\ 0 \end{pmatrix}, \quad \boldsymbol{\xi}_2 = \begin{pmatrix} 1 \\ 0 \\ 0 \\ 1 \end{pmatrix},$$

故所求方程组为 $\begin{cases} x_2 - x_3 = 0, \\ x_1 + x_4 = 0. \end{cases}$

3.21 $\begin{pmatrix} x_1 \\ x_2 \\ x_3 \\ x_4 \end{pmatrix} = \begin{pmatrix} \frac{1}{2} \\ \frac{9}{2} \\ 4 \\ 4 \end{pmatrix} + k\begin{pmatrix} -3 \\ 9 \\ -2 \\ 10 \end{pmatrix}$, k 任意.

3.22 无解的充要条件是 a_1, a_2, a_3, a_4 两两不等. 此时必有 $a_i = \pm 1$, 故有三种情形

(i) $x_1 + x_2 + x_3 = 1$ 解为

$$\begin{pmatrix} x_1 \\ x_2 \\ x_3 \end{pmatrix} = \begin{pmatrix} 1 \\ 0 \\ 0 \end{pmatrix} + k_1\begin{pmatrix} -1 \\ 1 \\ 0 \end{pmatrix} + k_2\begin{pmatrix} -1 \\ 0 \\ 1 \end{pmatrix}, \quad \text{其中 } k_1, k_2 \text{ 任意;}$$

(ii) $x_1 - x_2 + x_3 = -1$ 解为

$$\begin{pmatrix} x_1 \\ x_2 \\ x_3 \end{pmatrix} = \begin{pmatrix} -1 \\ 0 \\ 0 \end{pmatrix} + k_1\begin{pmatrix} 1 \\ 1 \\ 0 \end{pmatrix} + k_2\begin{pmatrix} -1 \\ 0 \\ 1 \end{pmatrix}, \quad \text{其中 } k_1, k_2 \text{ 任意;}$$

(iii) $\begin{cases} x_1 + x_2 + x_3 = 1, \\ x_1 - x_2 + x_3 = -1 \end{cases}$ 解为

$$\begin{pmatrix} x_1 \\ x_2 \\ x_3 \end{pmatrix} = \begin{pmatrix} -1 \\ 1 \\ 1 \end{pmatrix} + k\begin{pmatrix} 1 \\ 0 \\ -1 \end{pmatrix}, \quad \text{其中 } k \text{ 任意.}$$

3.23　将 $\boldsymbol{A}$ 的行看成线性方程组的解.

3.25　条件与结论都等价于“ $\boldsymbol{B}$ 可由 $\boldsymbol{A}$ 的列向量线性表示”.

3.26　取出 m 个相当于去掉 $t-m$ 个.

3.29　设 $\boldsymbol{A}=(a_{ij})_{t\times s}$, $\boldsymbol{C}=(\boldsymbol{\alpha}_1,\cdots,\boldsymbol{\alpha}_t)$, $\boldsymbol{B}=(\boldsymbol{\beta}_1,\cdots,\boldsymbol{\beta}_s)$, 易见线性方程组 $\boldsymbol{BX}=\boldsymbol{O}$ 只有零解 $\Longleftrightarrow \boldsymbol{CAX}=\boldsymbol{O}$ 只有零解 $\Longleftrightarrow \boldsymbol{AX}=\boldsymbol{O}$ 只有零解, 由此易得 $\boldsymbol{\beta}_1, \boldsymbol{\beta}_2,\cdots,\boldsymbol{\beta}_s$ 线性相关 $\Longleftrightarrow R(\boldsymbol{A})<s$.

3.30　由上题易证.

3.32　由总习题 3.17 易证.

3.33　$\boldsymbol{AX}=\boldsymbol{O}$ 与 $\begin{pmatrix}\boldsymbol{A}\\\boldsymbol{B}\end{pmatrix}\boldsymbol{X}=\boldsymbol{O}$ 同解, 从而 $R(\boldsymbol{A})=R\left[\begin{pmatrix}\boldsymbol{A}\\\boldsymbol{B}\end{pmatrix}\right]$.

3.36　x 任意, $y\neq\dfrac{66}{13}$.

3.39　对矩阵 $(\boldsymbol{\alpha}_1,\boldsymbol{\alpha}_2,\boldsymbol{\alpha}_3,\boldsymbol{\beta}_1,\boldsymbol{\beta}_2)$ 进行行初等变换化前 3 列 $(\boldsymbol{\alpha}_1,\boldsymbol{\alpha}_2,\boldsymbol{\alpha}_3)$ 为阶梯形, 容易验证 $\boldsymbol{\beta}_1$, $\boldsymbol{\beta}_2\in L(\boldsymbol{\alpha}_1,\boldsymbol{\alpha}_2,\boldsymbol{\alpha}_3)$; 同理, 对矩阵 $(\boldsymbol{\beta}_1,\boldsymbol{\beta}_2,\boldsymbol{\alpha}_1,\boldsymbol{\alpha}_2,\boldsymbol{\alpha}_3)$ 进行行初等变换化前 2 列 $(\boldsymbol{\beta}_1,\boldsymbol{\beta}_2)$ 为阶梯形, 易说明 $\boldsymbol{\alpha}_1$, $\boldsymbol{\alpha}_2$, $\boldsymbol{\alpha}_3\in L(\boldsymbol{\beta}_1,\boldsymbol{\beta}_2)$.

3.40　看如下两组向量

$$\boldsymbol{\alpha}_1=\begin{pmatrix}1\\0\\0\end{pmatrix},\ \boldsymbol{\alpha}_2=\begin{pmatrix}0\\1\\0\end{pmatrix};\quad \boldsymbol{\beta}_1=\begin{pmatrix}1\\0\\1\end{pmatrix},\ \boldsymbol{\beta}_2=\begin{pmatrix}0\\1\\1\end{pmatrix}.$$

3.41　证必要性取 $\boldsymbol{\beta}=\boldsymbol{\alpha}_1+\cdots+\boldsymbol{\alpha}_r$; 证充分性用反证法.

3.42　对 r 用数学归纳法, $r=1$ 即总习题 3.13 题.

3.46　设法证 $(\boldsymbol{E}-\boldsymbol{A})\boldsymbol{X}=\boldsymbol{O}$ 只有零解. 利用总习题 2.22.

3.47　维数 $n-r$.

3.48　(5, −2, −3, −4).

第 4 章　相似矩阵与二次型

习题 4.1

4.1.1　由 $\boldsymbol{A}$, $\boldsymbol{B}$ 均相似于对角矩阵 $\mathrm{diag}(2,1,-1)$ 可知, $\boldsymbol{A}$ 与 $\boldsymbol{B}$ 相似.

4.1.2　当 $y=-2$ 时, $\boldsymbol{A}$ 相似于对角矩阵 $\mathrm{diag}(-1,2,-2)$.

4.1.3　二次型的系数矩阵为 $\begin{pmatrix}1&2&0\\2&2&1\\0&1&3\end{pmatrix}$.

4.1.4　$f(x_1,x_2,x_3)=x_1^2+2x_2^2+3x_3^2+4x_1x_2+8x_1x_3-2x_2x_3$.

4.1.5　(1) $f(x,y,z)=(x,\ y,\ z)\begin{pmatrix}1&2&1\\2&4&2\\1&2&1\end{pmatrix}\begin{pmatrix}x\\y\\z\end{pmatrix}$;

(2) $f(x,y,z)=(x,\ y,\ z)\begin{pmatrix}1&-1&-2\\-1&1&-2\\-2&-2&-7\end{pmatrix}\begin{pmatrix}x\\y\\z\end{pmatrix}$.

4.1.6 (1) $\begin{pmatrix}2&2\\2&1\end{pmatrix}$; (2) $\begin{pmatrix}1&3&5\\3&5&7\\5&7&9\end{pmatrix}$.

习题 4.2

4.2.1 (1) 特征值 $\lambda_1=-1,\ \lambda_2=2,\ \lambda_3=-3$, 对应的特征向量

$$\boldsymbol{\eta}_1=k\begin{pmatrix}1\\2\\3\end{pmatrix},\quad \boldsymbol{\eta}_2=k\begin{pmatrix}0\\0\\1\end{pmatrix},\quad \boldsymbol{\eta}_3=k\begin{pmatrix}0\\5\\2\end{pmatrix}\quad (k\neq 0).$$

(2) 特征值 $\lambda_1=-2,\ \lambda_2=1$, 对应的特征向量

$$\boldsymbol{\eta}_1=k\begin{pmatrix}-1\\-1\\1\end{pmatrix}\quad (k\neq 0),$$

$$\boldsymbol{\eta}_2=k_1\begin{pmatrix}-1\\1\\0\end{pmatrix}+k_2\begin{pmatrix}1\\0\\1\end{pmatrix}\quad (k_1,\ k_2\ \text{不同时为}\ 0).$$

(3) 特征值 $\lambda_1=2,\ \lambda_2=-4$, 对应的特征向量

$$\boldsymbol{\eta}_1=k_1\begin{pmatrix}0\\1\\2\end{pmatrix}+k_2\begin{pmatrix}1\\0\\1\end{pmatrix}\quad (k_1,\ k_2\ \text{不同时为}\ 0,)$$

$$\boldsymbol{\eta}_2=k\begin{pmatrix}1\\-2\\3\end{pmatrix}\quad (k\neq 0).$$

(4) 特征值 $\lambda_1=3,\ \lambda_2=1$, 对应的特征向量

$$\boldsymbol{\eta}_1=k\begin{pmatrix}-1\\-1\\1\end{pmatrix},\quad \boldsymbol{\eta}_2=k\begin{pmatrix}3\\1\\-3\end{pmatrix}\quad (k\neq 0).$$

(5) 特征值 $\lambda=0$, 对应的特征向量 $k(1\ \ 0\ \ 0)^{\mathrm{T}}\ (k\neq 0)$.

(6) 特征值 $\lambda_1=2,\ \lambda_2=-2$, 对应的特征向量

$$\boldsymbol{\eta}_1=k_1\begin{pmatrix}1\\1\\0\\0\end{pmatrix}+k_2\begin{pmatrix}1\\0\\1\\0\end{pmatrix}+k_3\begin{pmatrix}1\\0\\0\\1\end{pmatrix}\quad (k_1,k_2,k_3\ \text{不同时为}\ 0),$$

$$\boldsymbol{\eta}_2 = k\begin{pmatrix}-1\\1\\1\\1\end{pmatrix} \quad (k \neq 0).$$

4.2.2　特征值即对角线上的全部元素.

4.2.3　设 $\lambda_1, \lambda_2, \cdots, \lambda_n$ 为 n 阶矩阵 $\boldsymbol{A}$ 的 n 个特征值，则由 $|\boldsymbol{A}| = \lambda_1\lambda_2\cdots\lambda_n$ 可知，$|\boldsymbol{A}| = 0$ 的充分必要条件是存在 λ_i，使得 $\lambda_i = 0$.

4.2.4　$x = 4$, $y = 5$.

4.2.5　$\boldsymbol{A}$ 的特征值为 $\lambda_1 = 1$, $\lambda_2 = 1$, $\lambda_3 = 2$, 对应的特征向量为

$$\boldsymbol{\xi}_1 = c_1\begin{pmatrix}1\\0\\1\end{pmatrix}, \quad \boldsymbol{\xi}_2 = c_2\begin{pmatrix}0\\0\\1\end{pmatrix}, \text{ 其中 } c_1, c_2 \text{ 为任意非零常数;}$$

$f(\boldsymbol{A})$ 的特征值为 $\lambda_1 = 5$, $\lambda_2 = 5$, $\lambda_3 = 6$, 对应的特征向量为

$$\boldsymbol{\eta}_1 = c_1\begin{pmatrix}1\\0\\-1\end{pmatrix}, \quad \boldsymbol{\eta}_2 = c_2\begin{pmatrix}0\\0\\1\end{pmatrix}, \text{ 其中 } c_1, c_2 \text{ 为任意非零常数;}$$

4.2.6　$$\boldsymbol{A}^k = \frac{1}{3}\begin{pmatrix}-1+4(-2)^k & 2-2(-2)^k\\ -2+2(-2)^k & 4-(-2)^k\end{pmatrix}.$$

习题 4.3

4.3.1　由 $|\boldsymbol{A}-\boldsymbol{E}| = |\boldsymbol{A}+2\boldsymbol{E}| = |\boldsymbol{A}+5\boldsymbol{E}| = 0$ 可知，$\boldsymbol{A}$ 的特征值为 1, −2, −5, 故 $\boldsymbol{A}$ 与对角矩阵 $\Lambda = \mathrm{diag}(1,-2,-5)$ 相似．$|\boldsymbol{A}| = 10$, $|\boldsymbol{A}+3\boldsymbol{E}| = |\Lambda+3\boldsymbol{E}| = -8$.

4.3.2　提示：$\boldsymbol{A}$ 与对角矩阵相似 $\Longleftrightarrow$ $\boldsymbol{A}$ 有 3 个线性无关的特征向量．由此可得 $x = 3$.

4.3.3　(1) $$\boldsymbol{Q} = \frac{1}{3}\begin{pmatrix}1 & 2 & 2\\ 2 & 1 & -2\\ 2 & -2 & 1\end{pmatrix}, \quad \boldsymbol{Q}^{-1}\boldsymbol{A}\boldsymbol{Q} = \begin{pmatrix}-2 & 0 & 0\\ 0 & 1 & 0\\ 0 & 0 & 4\end{pmatrix};$$

(2) $$\boldsymbol{Q} = \frac{1}{3\sqrt{2}}\begin{pmatrix}\sqrt{2} & 0 & 4\\ 2\sqrt{2} & 3 & -1\\ -2\sqrt{2} & 3 & 1\end{pmatrix}, \quad \boldsymbol{Q}^{-1}\boldsymbol{A}\boldsymbol{Q} = \begin{pmatrix}10 & 0 & 0\\ 0 & 1 & 0\\ 0 & 0 & 1\end{pmatrix}.$$

4.3.4　提示：如果 $\boldsymbol{A} \sim \boldsymbol{B}$, 则 $\boldsymbol{A}$ 与 $\boldsymbol{B}$ 有相同的特征值．由此可得 $x = 0$, $y = 0$ 及

$$\boldsymbol{P} = \begin{pmatrix}0 & 0 & 1\\ 2 & 1 & 0\\ -1 & 1 & -1\end{pmatrix}, \quad \boldsymbol{P}^{-1}\boldsymbol{A}\boldsymbol{P} = \boldsymbol{B}.$$

4.3.5　提示：利用矩阵的相似对角化来求 $\boldsymbol{A}^{100}$, 得

$$\boldsymbol{A}^{100} = \begin{pmatrix}1 & 0 & 5^{100}-1\\ 0 & 5^{100} & 0\\ 0 & 0 & 5^{100}\end{pmatrix}.$$

4.3.6 提示：利用反证法证明 $\boldsymbol{A}=\boldsymbol{E}$, 矛盾.

习题 4.4

4.4.1 (1) $f(x_1,x_2,x_3)$ 的标准形为 $y_1^2-\frac{25}{4}y_2^2+\frac{9}{25}y_3^2$, 所用的可逆线性变换为

$$\begin{pmatrix}x_1\\x_2\\x_3\end{pmatrix}=\begin{pmatrix}1&-\frac{2}{5}&\frac{3}{5}\\0&1&-\frac{6}{25}\\0&0&1\end{pmatrix}\begin{pmatrix}y_1\\y_2\\y_3\end{pmatrix};$$

(2) $f(x_1,x_2,x_3)$ 的标准形为 $2y_1^2+3y_2^2+\frac{5}{3}y_3^2$, 所用的可逆线性变换为

$$\begin{pmatrix}x_1\\x_2\\x_3\end{pmatrix}=\begin{pmatrix}1&-1&\frac{1}{3}\\0&1&\frac{2}{3}\\0&0&1\end{pmatrix}\begin{pmatrix}y_1\\y_2\\y_3\end{pmatrix};$$

(3) $f(x_1,x_2,x_3,x_4)$ 的标准形为 $y_1^2-y_2^2+y_3^2-y_4^2$, 所用的可逆线性变换为

$$\begin{pmatrix}x_1\\x_2\\x_3\\x_4\end{pmatrix}=\begin{pmatrix}1&1&-1&-1\\1&-1&0&0\\0&0&1&1\\0&0&1&-1\end{pmatrix}\begin{pmatrix}y_1\\y_2\\y_3\\y_4\end{pmatrix}.$$

4.4.2 (1) $f(x_1,x_2,x_3)$ 的标准形为 $2y_1^2+5y_2^2+y_3^2$, 所用的可逆线性变换为

$$\begin{pmatrix}x_1\\x_2\\x_3\end{pmatrix}=\begin{pmatrix}1&0&0\\0&\frac{1}{\sqrt{2}}&\frac{1}{\sqrt{2}}\\0&\frac{1}{\sqrt{2}}&\frac{1}{\sqrt{2}}\end{pmatrix}\begin{pmatrix}y_1\\y_2\\y_3\end{pmatrix};$$

(2) $f(x_1,x_2,x_3,x_4)$ 的标准形为 $-y_1^2+3y_2^2+y_3^2+y_4^2$, 所用的可逆线性变换为

$$\begin{pmatrix}x_1\\x_2\\x_3\\x_4\end{pmatrix}=\begin{pmatrix}\frac{1}{2}&\frac{1}{2}&\frac{1}{\sqrt{2}}&0\\-\frac{1}{2}&\frac{1}{2}&0&\frac{1}{\sqrt{2}}\\-\frac{1}{2}&-\frac{1}{2}&-\frac{1}{\sqrt{2}}&0\\\frac{1}{2}&-\frac{1}{2}&0&\frac{1}{\sqrt{2}}\end{pmatrix}\begin{pmatrix}y_1\\y_2\\y_3\\y_4\end{pmatrix};$$

4.4.3 (1) $-\sqrt{2}<x<\sqrt{2}$; (2) $-3<x<1$.

4.4.4 提示：利用合同初等变换使得任意一个对角线上的元素到右上角.

4.4.5 如果 $\boldsymbol{A}$ 不是可逆矩阵, 不妨设 $\boldsymbol{A}=\boldsymbol{Q}\mathrm{diag}(\lambda_1,\lambda_2,\cdots,\lambda_{n-1},0)\boldsymbol{Q}^{-1}$, 其中 $\boldsymbol{Q}$ 为正交矩阵, 则由此可知, $\boldsymbol{AB}+\boldsymbol{BA}$ 为正定矩阵等价于

$$\mathrm{diag}(\lambda_1,\lambda_2,\cdots,\lambda_{n-1},0)\boldsymbol{B}_1+\boldsymbol{B}_1\mathrm{diag}(\lambda_1,\lambda_2,\cdots,\lambda_{n-1},0)$$

为正定矩阵. 此矩阵的右下角元素为零. 矛盾，此矛盾说明充分性成立.

4.4.6　考察 $\boldsymbol{B}^{-1}-\boldsymbol{A}^{-1}$ 的特征值.

总习题 4

4.1　$\boldsymbol{A}$ 的特征值为 $\lambda_1=5$, $\lambda_2=\lambda_3=-1$, 对应于 $\lambda_1=5$ 的特征向量为

$$\boldsymbol{\xi}_1=c_1\begin{pmatrix}1\\1\\1\end{pmatrix},\quad \text{其中 } c_1 \text{ 为任意非零常数},$$

对应于 $\lambda_2=\lambda_3=-1$ 的特征向量为

$$\boldsymbol{\xi}_2=c_1\begin{pmatrix}-1\\1\\0\end{pmatrix}+c_2\begin{pmatrix}-1\\0\\1\end{pmatrix},\quad \text{其中 } c_2, c_3 \text{ 为任意不同时为零的常数}.$$

4.2　$\boldsymbol{A}^2$ 的一个特征值为 λ^2, $\boldsymbol{A}^2+5\boldsymbol{A}-3\boldsymbol{E}$ 的一个特征值为 $\lambda^2+5\lambda-3$.

4.3　取 $\boldsymbol{\xi}=(1,1,\cdots,1)^{\mathrm{T}}$, 由 $\boldsymbol{A\xi}=\boldsymbol{\xi}$ 可知，$\lambda=1$ 为 $\boldsymbol{A}$ 的特征值.

4.4　用反证法推出 $\boldsymbol{\xi}_1$, $\boldsymbol{\xi}_2$ 线性相关，矛盾.

4.5　提示：利用相似矩阵的特征多项式相同可知，$x=4$, $y=5$.

4.6　$\boldsymbol{A}$ 的特征值为 $\lambda_1=-2$, $\lambda_2=\lambda_3=1$, 正交矩阵为 $\boldsymbol{P}$, 对角矩阵为 $\boldsymbol{P}^{-1}\boldsymbol{AP}$, 其中

$$\boldsymbol{P}=\begin{pmatrix}-\dfrac{1}{\sqrt3} & -\dfrac{1}{\sqrt2} & \dfrac{1}{\sqrt6}\\ -\dfrac{1}{\sqrt3} & \dfrac{1}{\sqrt2} & \dfrac{1}{\sqrt6}\\ \dfrac{1}{\sqrt3} & 0 & \dfrac{2}{\sqrt6}\end{pmatrix},\quad \boldsymbol{P}^{-1}\boldsymbol{AP}=\begin{pmatrix}-2&0&0\\0&1&0\\0&0&1\end{pmatrix}.$$

4.7　当 $a=c=0$, b 为任意常数时，$\boldsymbol{A}$ 可对角化.

4.8　提示：用正交矩阵将 $\boldsymbol{A}$ 对角化，得

$$\boldsymbol{P}=\frac{1}{\sqrt2}\begin{pmatrix}1&1\\1&-1\end{pmatrix},\quad \boldsymbol{P}^{-1}\boldsymbol{AP}=\begin{pmatrix}1&0\\0&5\end{pmatrix},\quad f(\boldsymbol{A})=\begin{pmatrix}-2&-2\\-2&-2\end{pmatrix}.$$

4.9　提示：$\lambda_1=\sum\limits_{i=1}^{n}a_i^2$ 为 $\boldsymbol{A}$ 的一个特征值，$\boldsymbol{\alpha}$ 为属于 λ_1 的一个特征向量. 由 $R(\boldsymbol{A})=1$ 可知，存在正交矩阵 $\boldsymbol{Q}$, 使得 $\boldsymbol{Q}^{-1}\boldsymbol{AQ}$ 为对角矩阵，其中

$$\boldsymbol{Q}=\begin{pmatrix}a_1 & -a_2 & -a_3 & \cdots & -a_n\\ a_2 & a_1 & 0 & \cdots & 0\\ a_3 & 0 & a_1 & \cdots & 0\\ \cdots & \cdots & \cdots & \cdots & \cdots\\ a_n & 0 & 0 & \cdots & a_1\end{pmatrix},\quad \boldsymbol{Q}^{-1}\boldsymbol{AQ}=\operatorname{diag}(\lambda_1,0,\cdots,0).$$

4.10　提示：$\boldsymbol{A}$ 有两个不同的特征值，故对应的两个特征向量线性无关.

4.11 $\boldsymbol{A}$ 的特征值为 3, 1, −1, 特征向量为

$$\boldsymbol{\xi}_1 = c_1\begin{pmatrix}-2\\-3\\1\end{pmatrix},\quad \boldsymbol{\xi}_2 = c_2\begin{pmatrix}-1\\1\\0\end{pmatrix},\quad \boldsymbol{\xi}_3 = c_3\begin{pmatrix}0\\1\\-1\end{pmatrix},$$

其中 c_1, c_2, c_3 为任意非零常数.

4.12 $x+y=0$.

4.13 $\boldsymbol{P}=\dfrac{1}{2}\begin{pmatrix}-2&-4&0\\2&0&1\\6&6&2\end{pmatrix}$, 这里 $\boldsymbol{P}$ 不是唯一的.

4.14 提示：利用 $\boldsymbol{Q}^{-1}\boldsymbol{A}\boldsymbol{Q}=\boldsymbol{Q}^{-1}\boldsymbol{A}^{\mathrm{T}}\boldsymbol{Q}=\mathrm{diag}(\lambda_1,\lambda_2,\cdots,\lambda_n)$.

4.15 提示：利用 $\boldsymbol{Q}^{-1}\boldsymbol{A}\boldsymbol{Q}=\boldsymbol{Q}^{-1}\boldsymbol{A}^{\mathrm{T}}\boldsymbol{Q}=\mathrm{diag}(\lambda_1,\lambda_2,\cdots,\lambda_n)$, 得 $\lambda_1=\cdots=\lambda_n=1$.

4.16 提示：利用 $\boldsymbol{Q}^{-1}\boldsymbol{A}\boldsymbol{Q}=\boldsymbol{Q}^{-1}\boldsymbol{A}^{\mathrm{T}}\boldsymbol{Q}=\mathrm{diag}(\lambda_1,\lambda_2,\cdots,\lambda_n)$.

4.17 (1) $\boldsymbol{Q}=\begin{pmatrix}\dfrac{1}{\sqrt2}&\dfrac{1}{\sqrt3}&\dfrac{1}{\sqrt6}\\-\dfrac{1}{\sqrt2}&\dfrac{1}{\sqrt3}&\dfrac{1}{\sqrt6}\\0&\dfrac{1}{\sqrt3}&-\dfrac{2}{\sqrt6}\end{pmatrix}$, $\boldsymbol{Q}^{-1}\boldsymbol{A}\boldsymbol{Q}=\mathrm{diag}(1,3,-3)$;

(2) $\boldsymbol{Q}=\begin{pmatrix}-\dfrac{1}{\sqrt3}&\dfrac{1}{\sqrt2}&\dfrac{1}{\sqrt6}\\\dfrac{1}{\sqrt3}&\dfrac{1}{\sqrt2}&-\dfrac{1}{\sqrt6}\\\dfrac{1}{\sqrt3}&0&\dfrac{2}{\sqrt6}\end{pmatrix}$, $\boldsymbol{Q}^{-1}\boldsymbol{A}\boldsymbol{Q}=\mathrm{diag}(1,4,4)$.

4.18 $x=4$, 特征向量为

$\boldsymbol{\xi}_1=c_1\begin{pmatrix}1\\0\\4\end{pmatrix}$, $\boldsymbol{\xi}_2=c_2\begin{pmatrix}0\\1\\4\end{pmatrix}$, $\boldsymbol{\xi}_3=c_3\begin{pmatrix}-1\\-1\\1\end{pmatrix}$, 其中 c_1, c_2, c_3 为任意非零常数.

4.19 $|\boldsymbol{B}|=-26$.

4.20 $\boldsymbol{A}^2\boldsymbol{A}^*-3\boldsymbol{E}$ 的特征值为 3, 9, 15.

4.21 $x=4$, $\boldsymbol{A}$ 的特征值为 12, 3, 3.

4.22 提示：利用初等变换.

4.23 提示：由 $\boldsymbol{P}^{-1}\boldsymbol{A}\boldsymbol{P}=\boldsymbol{B}$, $\boldsymbol{Q}^{-1}\boldsymbol{C}\boldsymbol{Q}=\boldsymbol{D}$ 推得

$$\begin{pmatrix}\boldsymbol{P}&\boldsymbol{O}\\\boldsymbol{O}&\boldsymbol{Q}\end{pmatrix}\begin{pmatrix}\boldsymbol{A}&\boldsymbol{O}\\\boldsymbol{O}&\boldsymbol{C}\end{pmatrix}\begin{pmatrix}\boldsymbol{P}^{-1}&\boldsymbol{O}\\\boldsymbol{O}&\boldsymbol{Q}^{-1}\end{pmatrix}=\begin{pmatrix}\boldsymbol{B}&\boldsymbol{O}\\\boldsymbol{O}&\boldsymbol{D}\end{pmatrix}.$$

4.24 $x=y=0$, $\boldsymbol{P}=\begin{pmatrix}1&0&1\\0&1&0\\1&0&1\end{pmatrix}$.

4.25 $\boldsymbol{A}^k=\begin{pmatrix}1 & 2[5^{k-1}-(-5)^{k-1}] & -1+4\cdot 5^{k-1}+(-5)^{k-1}\\ 0 & 5^{k-1}+4(-5)^{k-1} & 2[5^{k-1}-(-5)^{k-1}]\\ 0 & 2[5^{k-1}-(-5)^{k-1}] & 4\cdot 5^{k-1}+(-5)^{k-1}\end{pmatrix}$.

4.26 $x=2,\quad \boldsymbol{P}=\begin{pmatrix}1 & 0 & 0 & 0\\ 0 & 1 & 0 & 0\\ 0 & 0 & \frac{1}{\sqrt{2}} & \frac{1}{\sqrt{2}}\\ 0 & 0 & -\frac{1}{\sqrt{2}} & \frac{1}{\sqrt{2}}\end{pmatrix}$.

4.27 $x=-2,\quad \boldsymbol{Q}=\begin{pmatrix}\frac{1}{\sqrt{3}} & \frac{1}{\sqrt{6}} & \frac{1}{\sqrt{2}}\\ \frac{1}{\sqrt{3}} & -\frac{2}{\sqrt{6}} & 0\\ \frac{1}{\sqrt{3}} & \frac{1}{\sqrt{6}} & \frac{1}{\sqrt{2}}\end{pmatrix}$.

4.28 $\boldsymbol{P}=\begin{pmatrix}1 & 1 & -1\\ 1 & 0 & 1\\ 0 & 1 & 1\end{pmatrix}$, $\boldsymbol{P}^{-1}\boldsymbol{A}\boldsymbol{P}=\begin{pmatrix}a+1 & 0 & 0\\ 0 & a+1 & 0\\ 0 & 0 & a-2\end{pmatrix}$, $|\boldsymbol{A}-\boldsymbol{E}|=a^2(a-3)$.

4.29 提示：利用 $\boldsymbol{Q}^{\mathrm{T}}\boldsymbol{A}\boldsymbol{B}\boldsymbol{Q}=\boldsymbol{Q}^{\mathrm{T}}\boldsymbol{A}\boldsymbol{Q}\boldsymbol{Q}^{\mathrm{T}}\boldsymbol{B}\boldsymbol{Q}$.

4.30 (1) $f(x_1,x_2,x_3,x_4)$ 的标准形为 $2y_1^2-\frac{1}{2}y_2^2+2y_3^2+3y_4^2$, 所用线性变换为

$$\begin{pmatrix}x_1\\ x_2\\ x_3\\ x_4\end{pmatrix}=\begin{pmatrix}1 & -\frac{1}{2} & -1 & 1\\ 1 & \frac{1}{2} & 1 & -1\\ 0 & 0 & 1 & 0\\ 0 & 0 & 0 & 1\end{pmatrix}\begin{pmatrix}y_1\\ y_2\\ y_3\\ y_4\end{pmatrix};$$

(2) $f(x_1,x_2,x_3,x_4)$ 的标准形为 $8y_1^2-2y_2^2+2y_3^2-\frac{1}{2}y_4^2$, 所用线性变换为

$$\begin{pmatrix}x_1\\ x_2\\ x_3\\ x_4\end{pmatrix}=\begin{pmatrix}1 & -\frac{1}{2} & -\frac{5}{4} & -\frac{3}{8}\\ 0 & 1 & \frac{5}{4} & \frac{3}{8}\\ 0 & 0 & 1 & -\frac{1}{2}\\ 1 & -\frac{1}{2} & -\frac{1}{4} & \frac{1}{8}\end{pmatrix}\begin{pmatrix}y_1\\ y_2\\ y_3\\ y_4\end{pmatrix};$$

(3) $f(x_1,x_2,x_3,x_4)$ 的标准形为 $y_1^2-2y_2^2+\frac{1}{2}y_3^2$, 所用线性变换为

$$\begin{pmatrix}x_1\\ x_2\\ x_3\\ x_4\end{pmatrix}=\begin{pmatrix}1 & -2 & 1 & -1\\ 0 & 1 & -\frac{3}{2} & 1\\ 0 & 0 & 1 & -1\\ 0 & 0 & 0 & 1\end{pmatrix}\begin{pmatrix}y_1\\ y_2\\ y_3\\ y_4\end{pmatrix};$$

(4) $f(x_1,x_2,\cdots,x_2n)$ 的标准形为 $\sum\limits_{i=1}^{n}(y_i^2-y_{2n-i+1}^2)$, 所用线性变换为

$$\begin{pmatrix} x_1\\ \vdots\\ x_n\\ \vdots\\ x_{n+1}\\ \vdots\\ x_{2n}\end{pmatrix}=\begin{pmatrix}1 &&&&& 1\\ &\ddots &&& \iddots &\\ && 1 & 1 &&\\ && 1 & 1 &&\\ & \iddots &&& \ddots &\\ 1 &&&&& -1\end{pmatrix}\begin{pmatrix} y_1\\ \vdots\\ y_n\\ \vdots\\ y_{n+1}\\ \vdots\\ y_{2n}\end{pmatrix}.$$

4.31 (1) $f(x_1,x_2,x_3)$ 的标准形为 $-3y_1^2-3y_2^2+6y_3^2$, 所用线性变换为

$$\begin{pmatrix}x_1\\x_2\\x_3\end{pmatrix}=\begin{pmatrix}\frac{1}{\sqrt{2}} & \frac{1}{3\sqrt{2}} & \frac{2}{3}\\ 0 & -\frac{4}{3\sqrt{2}} & \frac{1}{3}\\ -\frac{1}{\sqrt{2}} & \frac{1}{3\sqrt{2}} & \frac{2}{3}\end{pmatrix}\begin{pmatrix}y_1\\y_2\\y_3\end{pmatrix};$$

(2) $f(x_1,x_2,x_3)$ 的标准形为 $-2y_1^2+y_2^2+y_3^2$, 所用线性变换为

$$\begin{pmatrix}x_1\\x_2\\x_3\end{pmatrix}=\begin{pmatrix}\frac{1}{\sqrt{3}} & -\frac{1}{\sqrt{2}} & -\frac{1}{\sqrt{6}}\\ \frac{1}{\sqrt{3}} & \frac{1}{\sqrt{2}} & -\frac{1}{\sqrt{6}}\\ \frac{1}{\sqrt{3}} & 0 & \frac{2}{\sqrt{6}}\end{pmatrix}\begin{pmatrix}y_1\\y_2\\y_3\end{pmatrix};$$

4.32 提示：利用合同变换.

4.33 提示：判断系数矩阵的顺序主子式大于零.

4.34 选取 $\boldsymbol{P}=\begin{pmatrix}\boldsymbol{E}_n & -\boldsymbol{A}^{-1}\boldsymbol{B}\\ \boldsymbol{O} & \boldsymbol{E}_n\end{pmatrix}$, 考察 $\boldsymbol{P}^{\mathrm{T}}\begin{pmatrix}\boldsymbol{A} & \boldsymbol{B}\\ \boldsymbol{B}^{\mathrm{T}} & \boldsymbol{D}\end{pmatrix}$.

4.35 提示：判断系数矩阵的顺序主子式大于零.

4.37 (1) $\lambda_1=\lambda_2=-1,\ \lambda_3=0$; (2) $k>2$.

4.36 $\boldsymbol{B}=\frac{1}{3}\begin{pmatrix}5 & 1 & 1\\ 1 & 5 & -1\\ 1 & -1 & 5\end{pmatrix}$.

4.38 (1) $t=2$, 所用正交线性变换为

$$\begin{pmatrix}x_1\\x_2\\x_3\end{pmatrix}=\begin{pmatrix}1 & 0 & 0\\ 0 & \frac{1}{\sqrt{2}} & \frac{1}{\sqrt{2}}\\ 0 & -\frac{1}{\sqrt{2}} & \frac{1}{\sqrt{2}}\end{pmatrix}\begin{pmatrix}y_1\\y_2\\y_3\end{pmatrix};$$

(2) 注意到 $x_1^2+x_2^2+x_3^2=y_1^2+y_2^2+y_3^2=1$, 取 $y_1=y_2=0,\ y_3=\pm1$.

4.39　提示：由 $\boldsymbol{X}^{\mathrm{T}}\boldsymbol{A}\boldsymbol{X}>0$ 及 $\boldsymbol{X}^{\mathrm{T}}(2\boldsymbol{B})\boldsymbol{X}>0$ 可推得.

4.40　提示：由 $\boldsymbol{A}^{-1}$, $\boldsymbol{B}^{-1}$ 为正定矩阵，利用上一题结论.

4.41　提示：利用正定矩阵的特征值及均大于零的条件.

4.42　提示：设 λ 为 $\boldsymbol{A}$ 的特征值，则 $\dfrac{1}{\lambda}$ 为 $\boldsymbol{A}^{-1}$ 的特征值，且 $\lambda+\dfrac{1}{\lambda}\geqslant 2$.

4.43　$a=2$.

4.44　提示：存在正交矩阵 $\boldsymbol{Q}$, 使得 $\boldsymbol{Q}^{-1}\boldsymbol{A}\boldsymbol{Q}=\operatorname{diag}(\lambda_1,\lambda_2,\cdots,\lambda_n)$.

4.45　提示：取 $c=\max\{|\lambda_1|,\ |\lambda_2|,\cdots,|\lambda_n|\}$.

4.46　提示：存在正交矩阵 $\boldsymbol{Q}$, 使得 $\boldsymbol{Q}^{-1}\boldsymbol{A}\boldsymbol{Q}=\operatorname{diag}(\lambda_1,\lambda_2,\cdots,\lambda_n)$.

4.47　提示：利用可逆线性变换 $\boldsymbol{X}=\boldsymbol{C}\boldsymbol{Y}$, 使得 $\boldsymbol{X}^{\mathrm{T}}\boldsymbol{A}\boldsymbol{X}$ 化为规范形 $\sum\limits_{i=1}^{p}y_i^2-\sum\limits_{i=p+1}^{n}y_i^2$. 选取 $\boldsymbol{X}=\boldsymbol{C}\boldsymbol{\varepsilon}_n$.

4.48　提示：存在正交矩阵 $\boldsymbol{Q}$, 使得 $\boldsymbol{Q}^{-1}\boldsymbol{A}\boldsymbol{Q}=\operatorname{diag}(\lambda_1,\lambda_2,\cdots,\lambda_n)$.

4.49　提示：存在正交矩阵 $\boldsymbol{Q}$, 使得 $\boldsymbol{Q}^{-1}\boldsymbol{A}\boldsymbol{Q}=\operatorname{diag}(\lambda_1,\lambda_2,\cdots,\lambda_n)$.

参考书目

[1] 曹重光编著. 线性代数. 赤峰：内蒙古科学技术出版社， 1999.

[2] 李素娟编著. 线性代数. 哈尔滨：哈尔滨出版社， 2003.

[3] 曹重光，于宪君，张显编著. 线性代数 (经管类). 北京：科学出版社， 2007.

[4] 同济大学应用数学系编. 线性代数及其应用. 北京：高等教育出版社， 2004.

[5] 卢刚主编. 线性代数 (第二版). 北京：高等教育出版社， 2004.

[6] 杨文茂，李全英编著. 空间解析几何. 武汉：武汉大学出版社， 2006.

[7] 徐阳，杨兴云编著. 空间解析几何及其应用. 哈尔滨：哈尔滨工业大学出版社，2006.

[8] 吉米多维奇著. 数学分析习题集. 北京：人民教育出版社， 1958.